Nova medicina quântica

AMIT GOSWAMI
& VALENTINA R. ONISOR

Nova medicina quântica

Saúde integral, prevenção
e cura de doenças

TRADUÇÃO:
**MARCELLO
BORGES**

goya

NOVA MEDICINA QUÂNTICA

TÍTULO ORIGINAL:
Quantum Integrative Medicine

CAPA:
Violaine Cadinot

PREPARAÇÃO DE TEXTO:
Maria Carolina Rodrigues

PROJETO GRÁFICO:
Desenho Editorial

REVISÃO:
Isabela Talarico
Tássia Carvalho

DIREÇÃO EXECUTIVA:
Betty Fromer

COMUNICAÇÃO:
Giovanna de Lima Cunha
Júlia Forbes
Maria Clara Villas

DIREÇÃO EDITORIAL:
Adriano Fromer Piazzi

PUBLISHER:
Luara França

COMERCIAL:
Giovani das Graças
Gustavo Mendonça
Lidiana Pessoa
Roberta Saraiva

EDITORIAL:
Andréa Bergamaschi
Caíque Gomes
Débora Dutra Vieira
Juliana Brandt
Luiza Araujo

FINANCEIRO:
Adriana Martins
Helena Telesca

COPYRIGHT © AMIT GOSWAMI E VALENTINA ONISOR, 2022
COPYRIGHT © EDITORA ALEPH, 2023
(EDIÇÃO EM LÍNGUA PORTUGUESA PARA O BRASIL)

TODOS OS DIREITOS RESERVADOS.
PROIBIDA A REPRODUÇÃO, NO TODO OU EM PARTE, ATRAVÉS DE
QUAISQUER MEIOS.

**DADOS INTERNACIONAIS DE CATALOGAÇÃO NA PUBLICAÇÃO (CIP)
DE ACORDO COM ISBD**

G682n Goswami, Amit
Nova medicina quântica: saúde integral, prevenção e cura de doenças /
Amit Goswami, Valentina R. Onisor ; traduzido por Marcello Borges. -
São Paulo : Goya, 2023.
272 p. ; 16cm x 23cm.

Tradução de: Quantum integrative medicine: a new paradigm for health,
disease prevention, and healing
ISBN: 978-85-7657-562-7

1. Física quântica. 2. Teoria quântica. 3. Física. 4. Ciência. 5. Filosofia.
6. Medicina. 7. Medicina quântica. I. Onisor, Valentina R. II. Borges,
Marcello. III. Título.

2023-650	CDD 530.12
	CDU 530.145

ELABORADO POR VAGNER RODOLFO DA SILVA - CRB-8/9410

ÍNDICES PARA CATÁLOGO SISTEMÁTICO:
1. Teoria quântica 530.12
2. Teoria quântica 530.145

GOYA
É UM SELO DA EDITORA ALEPH LTDA.

Rua Tabapuã, 81, cj. 134
04533-010 – São Paulo – SP – Brasil
Tel.: [55 11] 3743-3202
www.editoraaleph.com.br

Este livro é dedicado aos estudantes de medicina que praticarão a medicina integrativa em sua profissão, aos pesquisadores que se aprofundarão nesse paradigma e a todos os interessados no tema.

sumário

Prefácio 09

Introdução: Agora a medicina quântica integrativa
está madura.. 13

PARTE 1 – UMA NOVA PERSPECTIVA PARA A CIÊNCIA
            DA MEDICINA 33

1. Hardware e software: por que precisamos ir além
   do corpo material para que o sistema de saúde
   e a medicina quântica funcionem 35

2. Conhece-te a ti mesmo, médico quântico................................. 55

3. Prevenção: uma perspectiva nova e essencial........................ 67

4. Ressonância: o segredo para sermos positivos
   e a consciência expandida, o bem-estar e
   a felicidade que isso traz 77

5. Quem é o curador? 89

PARTE 2 – A CIÊNCIA QUÂNTICA DA SAÚDE HOLÍSTICA
            E DA MEDICINA PREVENTIVA....................................... 101

6. Medicina do corpo vital: princípios gerais, acupuntura e
   homeopatia 103

7. Medicina comparativa: integrando Ayurveda e medicina tradicional chinesa 117

8. Lição 1 da medicina preventiva: tipos de corpo e estilos de vida correspondentes 133

9. Lição 2 da medicina preventiva: a ciência quântica dos chakras 147

10. Mente quântica: significado, emoções e medicina 157

11. A ciência quântica do chakra cardíaco e o câncer de mama em mulheres 171

12. Lição 3 da medicina preventiva: como lidar com a mentalização 181

PARTE 3 — LIBERANDO O PODER PLENO DA MEDICINA QUÂNTICA INTEGRATIVA 187

13. Lição 4 da medicina preventiva: nutrição 189

14. Lição 5 da medicina preventiva: yoga quântica para uma cura quântica 217

15. Lição 6 da medicina preventiva: vá mais fundo em sua prática de cura quântica 225

16. Gerontologia quântica: viva quanticamente, viva com saúde, viva mais, morra feliz 233

17. Lição 7 da medicina preventiva: saúde holística sob a visão quântica 257

Bibliografia 263

prefácio

Eu, Amit, trabalho com saúde e cura desde 1999, após ter sido inspirado pelo Dalai Lama a aplicar as ideias integrativas da ciência quântica a problemas práticos do cotidiano das pessoas. Meu livro *O médico quântico*, originalmente publicado em 2004, é o resultado de meus primeiros esforços.

A ciência da medicina, tal como a vemos hoje, tem dois problemas sérios. O primeiro, e principal, é que existem diversos sistemas médicos desiguais baseados em paradigmas distintos de saúde. A moderna medicina alopática, por exemplo, baseia-se na primazia da matéria (ou seja, o corpo material é a única coisa que existe para nós) e, em particular, na biologia molecular (ou seja, a biologia é a química das moléculas), que funciona em certos compartimentos de doenças, como aquelas causadas por bactérias e vírus, mas é relativamente ineficaz para doenças crônicas, além de ter efeitos colaterais perigosos. Ademais, a cura pela alopatia elimina os sintomas físicos, mas os pacientes continuam sofrendo.

No caso de doenças crônicas, sistemas médicos tradicionais e muito antigos — desenvolvidos na Índia (Ayurveda) e na China (medicina tradicional chinesa) há milênios —, aliados a um sistema médico relativamente moderno chamado de homeopatia, tendem a funcionar muito melhor, e sem efeitos colaterais. Coletivamente, estes e outros sistemas médicos tradicionais e antigos são chamados de sistemas médicos alternativos (ou complementares). Seus paradigmas de saúde incluem conceitos não materiais, como corpo vital e corpo mental, além do já conhecido corpo físico.

Em segundo lugar, a medicina alopática moderna baseia-se, principalmente, em evidências. Na física, que é a base fundamental de toda ciência na visão de mundo materialista, um paradigma científico apropriado exige tanto teoria quanto evidências. Em outras palavras, a ciência baseada em evidências está fadada a ser incompleta e inconsistente.

Os sistemas médicos alternativos têm teorias, mas baseiam-se em uma visão antiquada de mundo dualista (postulando mente e matéria como entidades separadas), deixando sem solução a inoportuna questão sobre como essas entidades distintas, que não têm nada em comum, interagem.

A física quântica nos oferece a metafísica integrativa necessária: a consciência é a base de toda a existência, na qual matéria e mente são possibilidades quânticas entre as quais a consciência pode fazer escolhas.

Minha primeira tarefa consistiu em usar a nova metafísica quântica para proporcionar uma ciência básica aos sistemas de medicina alternativa, minha primeira tentativa de integrar a medicina. Isso foi feito em *O médico quântico.*

Contudo, ainda faltava algo crucial: uma teoria unificada da saúde e orientada para o desenvolvimento de uma ciência da medicina como ciência da saúde, capaz de tratar a doença como um distúrbio da saúde. Se descobrirmos tal teoria, conseguiremos prevenir as doenças antes que elas se formem.

Uma tarefa dessa magnitude requer muita experiência. Em 2016, a dra. Valentina Onisor, que estudou tanto medicina alopática quanto a maioria dos sistemas de medicina alternativa — como Ayurveda, yoga, naturopatia, aromaterapia e homeopatia —, uniu-se à minha jornada. Quando ainda estava na faculdade, Valentina já buscava uma medicina integrativa. Desde então, estamos pesquisando juntos o desenvolvimento de uma medicina integrativa baseada na ciência quântica.

Este livro é a culminação de nossos esforços e representa a união de nossas vozes. Acreditamos que nossa missão foi bem-sucedida. É claro que será necessário pesquisar muito mais para comprovar os detalhes, mas a abordagem básica já foi confirmada por dados empíricos.

Quem é o nosso público? Nossa intenção foi fazer com que este livro fosse útil tanto para leigos, ou seja, consumidores da medicina, quanto para profissionais, que fornecem tal medicina. Ademais, queremos que este livro atenda estudantes de mestrado e de doutorado em nosso próprio empreendimento educacional, sob os auspícios do Departamento de Ciência Quântica da Saúde, Prosperidade e Felicidade, da Universidade de Tecnologia de Jaipur, na Índia. Um órgão, aliás, plenamente filiado ao governo da Índia.

Foi uma tarefa difícil encontrar as palavras certas para conversar com públicos tão distintos. Resolvemos, então, adotar um estilo mais acessível, sem pretextos. Nesse espírito, apresentamos este material em primeira pessoa ao longo da maior parte do livro; mas lembre-se: somos ambos coautores de todos os parágrafos.

Também queremos agradecer a Atish Mozumder, Ph.D., e a Krishanu Goswami por suas minuciosas críticas deste manuscrito em seus primeiros estágios.

AMIT GOSWAMI
VALENTINA R. ONISOR

introdução

agora a medicina quântica integrativa está madura

Pós-materialistas, inclusive médicos de vanguarda, costumam falar de medicina integrativa no contexto da saúde holística de nosso corpo. Hoje, há certa aceitação da ideia de que a mente é importante e de que o amor é importante para a saúde e a cura. Naturalmente, porém, não existe uma nova teoria viável da mente ou do amor que seja diferente daquilo que os materialistas entendem como sendo a mente. Amor, emoções etc. são epifenômenos da matéria e considera-se que não desempenham papel algum.

Entretanto, muitas descobertas recentes exigem que desenvolvamos uma nova postura ao falar da saúde e da cura:

1. A descoberta mais crucial vem da física quântica: a consciência é a base de toda a existência, de todas as nossas experiências. Toda ciência precisa basear-se na primazia da consciência. Por que isso é importante? A medicina alopática moderna é mecânica, totalmente objetiva. Mesmo nas extensões holísticas da medicina moderna, as pessoas tentam manter a objetividade. A visão de mundo quântica está dizendo que essa visão é míope. Você conta e a subjetividade de seu médico também conta no que concerne à saúde e à cura.

2. Além do corpo bioquímico, temos um corpo bioelétrico na pele que é sensível a nossos sentimentos. Dessa forma, a medição

desse biocampo nos permite medir sentimentos. Nossa experiência dos sentimentos, apesar de subjetiva, é real e até mensurável, embora de forma indireta. Essas medições estão demonstrando a viabilidade científica da ideia de que temos um corpo vital não físico associado ao físico.

3. Da mesma forma, a técnica de imagem por ressonância magnética funcional — fMRI (do inglês, functional Magnetic Resonance Imaging) nos permite medir mudanças no cérebro enquanto mudamos nosso pensamento. Nossas experiências de pensamento também são mensuráveis e reais, apesar de a mente não ser física.

4. Nosso estilo de vida é tão importante (ou até mais) quanto as doenças que contraímos por meio de ferimentos, bactérias e vírus, mesmo quando mantemos boa higiene. De modo específico, o estresse emocional negativo causa várias doenças crônicas; em contraste, emoções positivas, significado e propósito levam à saúde e prolongam a longevidade.

5. Nossa fisiologia, ou seja, as funções dos órgãos, não tem origem genética; em vez disso, é epigenética, com origem externa aos genes. Sua fonte é não local e, portanto, não material. Por que isso é importante? Porque a fisiologia humana não é uma característica permanente; ela muda através da criatividade.

6. Temos pequenos "cérebros" nas áreas corporais do coração, bem como nas do umbigo. Na ciência quântica, isso significa que essas áreas do corpo possuem autoidentidade. As experiências criativas dos sentimentos nessas áreas são positivas, como a autoestima (no umbigo) e o amor (no coração). Sua positividade é sumamente importante para a saúde e a cura.

Respondendo ao salutar desenvolvimento dos dados empíricos, a pesquisa apresentada neste livro produziu uma teoria — muito necessária — da saúde e da cura humanas. Um ingrediente crucial dessa teoria é uma ciência dos sentimentos e das emoções com a incorporação da ideia de centros de sentimento, localizados não só no cérebro como também no corpo, chamados chakras.

Com essas duas pontas — teoria e experimento — da ciência da saúde e da cura à nossa disposição, conseguimos chegar finalmente à integração completa das medicinas convencionais e alternativas, um esforço iniciado com a publicação da edição em inglês do livro de Amit, *O médico quântico*, em 2004.

Na ausência de uma teoria da saúde, a medicina convencional foi forçada a se manter centrada nas doenças. Só quando você tem uma doença é que os estudos clínicos podem desenvolver drogas ou cirurgias (ou radiação, no caso do câncer), e seu médico alopático o trata para aliviar seus sintomas. Claro que pode ser dada uma orientação preventiva limitada com base em procedimentos aprimorados de diagnóstico; contudo, mesmo essa orientação cobre apenas sintomas físicos e o corpo físico. E o resto de você?

A medicina alternativa — Ayurveda e medicina tradicional chinesa — tem espírito preventivo, mas seus esforços são limitados por conta da natureza incompleta das teorias dessas tradições.

Declaramos que a integração apresentada aqui — a medicina quântica integrativa — é uma medicina preventiva autêntica. Tivemos sucesso em proporcionar as técnicas mais avançadas de nutrição para todos os nossos cinco corpos: físico, vital, mental, alma (supramental) e espírito. Tudo isso a fim de oferecer um guia confiável para a prevenção de doenças.

O desenvolvimento teórico mais importante dessa integração preventiva da medicina é este: afirmamos que a fisiologia elevada dos órgãos nas áreas do umbigo e do coração tem se mostrado disponível universalmente para toda a humanidade há milênios. Essa fisiologia superior nos manteve distantes de doenças crônicas como o câncer. Hoje, tudo isso está mudando rapidamente, por causa de uma visão de mundo e de um estilo de vida imperfeitos. A fisiologia presumida pela medicina convencional não está certa nesse ponto, e tampouco a fisiologia humana é certa e imutável. Nós redescobrimos o mecanismo de mudança da fisiologia dos órgãos com certo detalhamento científico e prático. Chamamos isso de criatividade vital.

Você pode até se mostrar um pouco incerto sobre a criatividade mental no que diz respeito ao desenvolvimento interior. Será possível lidar com a criatividade vital, o desenvolvimento interior na área vital? O item 6 apresentado na página anterior mostra que você tem diversos "eus" em seu corpo. Você tem familiaridade com experiências no umbigo e no coração desde criança, mas a cultura materialista o mantém distante dessas experiências, deturpando sentimentos, em especial os sentimentos do corpo. Resgate-os. Nós vamos lhe mostrar como. Então, a criatividade vital deixará de aparecer.

Elaboração

A prática médica convencional — a medicina moderna ou alopática — baseia-se na filosofia do monismo material, ou seja, na primazia da matéria. Assim, a importância da mensagem da física quântica é tão pouco ambígua quanto adequada ao momento: é necessário fazer uma revisão radical da medicina moderna. A crise nos sistemas de saúde que vemos hoje exige uma ação imediata para se chegar a essa mudança de paradigma.

Os itens 2, 3 e 4 da lista apresentada indicam algumas áreas nas quais a mudança é mais necessária. Sabemos que, além das experiências sensoriais do mundo material, temos também experiências emocionais: pensamentos misturados com sentimentos; pensamentos puros; e, para algumas pessoas, até sentimentos puros. Com certeza, essas experiências afetam nosso senso de bem-estar: sentimo-nos estressados pelas emoções negativas e, do mesmo modo, sentimo-nos felizes e expandidos quando somos capazes de ter emoções positivas.

Agora que sabemos que nosso estilo de vida é importante para a nossa saúde, que um estilo de vida no qual o estresse emocional negativo significa doença e que emoções positivas predominantes significam bem-estar, não seria bom contar com uma ciência da saúde que também levasse em conta essas experiências, que já sabemos serem mensuráveis? Aquilo que sentimos é energia. Tradicionalmente chamada de *prana* na Índia, onde a existência dessa energia foi percebida oficialmente pela primeira vez, ela também foi amplamente estudada na China e é conhecida como *chi*. No Brasil, a conhecemos como energia vital. A energia vital é uma quantidade mensurável.

Em *O médico quântico* (2004), eu (Amit) falei do uso da fotografia Kirlian para a medição do campo biológico associado a nossos sentimentos. Além disso, temos agora as pesquisas do fotógrafo e escritor japonês dr. Masaru Emoto sobre a água, mostrando como o emprego de diversas palavras emocionais (pronunciadas ou mesmo pensadas) afeta a formação de cristais de água. Embora tenha sido muito criticado pela falta de metodologia de pesquisa e de uma teoria crível, os experimentos do dr. Emoto, que foram replicados por Dean Radin, um pesquisador norte-americano de credenciais elevadas, mostram claramente que a cristalização da água pode ser influenciada por emoções humanas.

Mais definitiva ainda é a evidência da emissão coerente de biofótons pelo biocampo dinâmico de uma pessoa com coração despertado, encontrada pelo psicólogo italiano Gioacchino Pagliaro.

O que podemos pensar? Os objetos do pensamento traduzem significados, e os dados de imagem por ressonância magnética funcional demonstram que estes também são mensuráveis. (Você pode encontrar mais detalhes sobre isso em nosso livro *The quantum brain*, publicado em 2021.) Para termos uma ciência da saúde que inclui essas experiências, basta termos uma base teoricamente inclusiva.

A física quântica nos proporciona essa nova base de inclusividade, que é tão necessária. A física quântica nos deu a ciência da consciência, há tanto buscada, começando pela ideia de que a consciência é a base de toda a existência, de todos os objetos de nossa experiência, bem como do *self* ou do sujeito/experimentador. Nesse território, objetos quânticos de experiência — objetos materiais sensoriais, de energia vital e significado mental — existem como possibilidades de escolha da consciência. O ato de escolher é chamado de causação descendente.

Estamos familiarizados com experiências que se manifestam no cérebro, tanto pensamentos quanto emoções puras. Nessas experiências, a consciência se identifica com o cérebro, uma identidade que chamamos de ego. A escolha manifesta os objetos multifacetados e ondulatórios de possibilidade quântica, convertendo-os em um objeto monofacetado da experiência, semelhante a uma partícula. Nós, como *self*-ego, tornamo-nos observadores da experiência. O aspecto crucial desse processo é a capacidade cerebral de criação de memórias.

O que os novos dados (item 6 da lista anterior) nos dizem é que há capacidades similares de criação de memórias no corpo e nas regiões do coração e do umbigo, aquilo que na antiguidade os indianos chamavam de chakras. Isso sugere que podemos experimentar sentimentos puros nesses chakras, e também que há autoidentidades em alguns desses chakras.

Por que isso é importante? Quando conhecer as evidências, você irá se espantar. Eis uma prévia: a experiência comum que muitas pessoas, especialmente homens, sentem no coração é a defesa. Nesse caso, o sistema imunológico (na forma da função da glândula timo, que distingue entre o "mim" e o "não mim") está no comando. No entanto, algumas pessoas vivenciam de fato a emoção positiva do amor no mesmo local. Isso acontece porque o sistema imunológico ficou momentaneamente suspenso nessas pessoas e, em momentos como esse, o coração — normalmente, uma bomba de sangue — adquire uma nova função: o amor.

Esses aspectos da experiência das pessoas têm se mantido obscuros por alguns motivos: 1) o sistema dos chakras não foi levado a sério por muito tempo, porque não havia uma teoria sólida para apoiá-lo; 2) a glândula timo realiza a maior parte de seu trabalho defensivo durante nossos primeiros anos de desenvolvimento; então, quando a defesa se instala, na forma do sistema linfático, ela permanece quase adormecida, embora não de todo; 3) não sabíamos que o coração podia ficar coerente e quântico até uma revelação experimental do Heart Math Institute da Califórnia, que ficou famoso justamente por essa pesquisa revolucionária.

Esse resultado é muito importante, porque significa uma coisa fantástica: nossa fisiologia não é fixa; nossos órgãos podem ser despertados, agregando funções adicionais de positividade. Imagine como seria benéfico para nossa saúde, como medida preventiva, se pudéssemos aprender a cultivar essa característica. Será que poderíamos prevenir o câncer despertando o coração? Ou doenças cardíacas? Será que o diabetes tipo 2 pode ser prevenido se despertarmos o chakra umbilical, ou do plexo solar, e criarmos um novo pâncreas, quanticamente estabilizado? Podemos prevenir o Alzheimer despertando o chakra frontal, ou do terceiro olho, para sermos curiosos, mesmo na velhice?

Uma nova era de cuidados com a saúde está prestes a começar, e este livro também foi escrito para comemorar esse passo. Esse novo sistema, que contempla efeitos materiais e de estilo de vida em uma ciência da saúde inclusiva, será chamado de medicina quântica integrativa.

Quando codificaram a energia vital, os indianos e os chineses também perceberam a importância dessa energia para a saúde e a cura. Coerentemente, postularam a ideia de um corpo vital e de um corpo mental dos quais provêm nossos sentimentos e pensamentos. Postularam ainda que, quando esses corpos, especialmente o corpo vital, agem errado, ficamos doentes. Os sistemas de cura resultantes são o Ayurveda e a medicina tradicional chinesa, respectivamente. Hoje, rotulamos esses sistemas medicinais como medicinas alternativas ou complementares. Portanto, você também pode entender nosso livro como a cientificação da medicina alternativa, além da integração entre a medicina convencional e a alternativa.

Geralmente, a medicina convencional baseia-se em evidências, mas isso não é uma virtude. O espírito da ciência — a exploração da Verdade — exige que tenhamos tanto teoria quanto experimentação para construir a ciência. Mas a única teoria que a medicina convencional tem para mostrar é a teoria dos germes. Sistemas alternativos de medicina, por outro lado, baseiam-se em teorias e em metafísicas individuais que não são inteiramente científicas. Neste livro, propomos uma autêntica ciência para toda a medicina, dotada tanto de aspectos teóricos quanto experimentais.

Eu (Amit) já tentei integrar os dois sistemas, mas o sucesso de *O médico quântico* foi limitado, porque minha compreensão sobre os problemas da saúde ainda era limitada. Além disso, parte dos dados nem sequer se encontravam disponíveis. Por isso foi tão importante essa minha parceria com Valentina, que é formada em Medicina. Também obtive, desde então, revelações de novos dados que me ajudaram consideravelmente a melhorar aquele esforço anterior.

Ambos nos comprometemos a fazer com que este livro apresente uma medicina integrativa viável. É um chamado claro para a transformação de curadores, pacientes e clientes — e, de fato, toda a indústria da saúde. É um chamado para transformar a mentalidade orientada para doenças em ênfase no bem-estar e na prevenção. Um chamado para uma abordagem integrativa da saúde com base em uma ciência apropriada. Um chamado para mudar a ideia de que nascemos com um sistema fisiológico fixo que não pode ser aprimorado. Um chamado para a transformação, para que curadores passem de uma orientação profissional mecanicista para uma orientação transformadora. E, por fim, um chamado para o ativismo político dos profissionais da cura contra a grande indústria farmacêutica e as organizações profissionais que a apoiam.

Física quântica

Os objetos da física quântica são objetos que existem em dois domínios complementares:

1. O domínio da potencialidade, no qual os objetos quânticos são ondas de possibilidades.
2. O domínio de nosso espaço e tempo familiares, no qual os objetos quânticos mostram sua natureza de partículas, quando sua onda de potencialidade se manifesta. Em outras palavras, ondas consistentes de muitas possibilidades (por exemplo, com muitas posições ao mesmo tempo) tornam-se uma única partícula concreta (em uma posição de cada vez).

Na física newtoniana, partículas são partículas, e ondas são ondas; partícula e onda são vistas, então, como movimentos incompatíveis. As partículas só podem estar em um lugar de cada vez; mesmo quando se movem, descrevem uma trajetória. As ondas, por seu lado, espalham-se e podem estar em muitos lugares ao mesmo tempo. Partículas e ondas são fenômenos materiais no espaço-tempo, presumindo que seja esse o único domínio da realidade.

Como a física newtoniana veio antes, o conceito de um único domínio da realidade já estava bem estabelecido quando a física quântica foi descoberta. Inicialmente, quase todos achavam que o domínio da potencialidade da física quântica fosse uma bobagem metafísica. Muitos cientistas, talvez a maioria, ainda tentam negar sua validade.

Em 1982, a metafísica quântica, essa suposição metafísica implícita da física quântica — de que existe um domínio da potencialidade além do domínio familiar do espaço e do tempo — tornou-se ciência, não só teoria, e também fato experimental comprovado. Os investigadores responsáveis demonstraram comunicação mais rápida que a luz entre objetos quânticos de potencialidade depois de terem interagido e se correlacionado — uma propriedade chamada de não localidade. Como objetos no espaço e no tempo só podem se comunicar em uma velocidade inferior à da luz, esse experimento foi conclusivo: o domínio da potencialidade situa-se fora do espaço-tempo.

Antes mesmo disso, o físico e matemático húngaro John von Newmann já havia demonstrado matematicamente o inegável efeito do observador: só quando um observador humano (que difere dos objetos inanimados por ser dotado de autoconsciência) realiza uma medição é que uma onda quântica de potencialidade colapsa (ou se manifesta) em partícula manifestada. Em outras palavras, a medição quântica manifesta o objeto, sem dúvida, mas também divide o domínio da potencialidade em sujeito (autoconsciente) e objeto de experiência.

Em 1993, data de publicação em inglês do livro *O universo autoconsciente*, eu (Amit) desenvolvi um paradigma integrativo da ciência quântica, identificando o domínio da potencialidade da física quântica com a consciência como base de toda a existência. Nesse terreno, tanto objetos físicos materiais quanto objetos não físicos e não materiais podem existir como potencialidades quânticas da consciência. Quando o físico se manifesta, temos o corpo material; simultaneamente, a manifestação do não material resulta em corpos não materiais. Dessa forma, a ciência quântica proporciona uma base metafísica para a integração das medicinas convencionais e alternativas.

Temos quatro mundos de experiência: físico (sensações), vital (sentimentos), mental (pensamentos) e supramental (intuições). Não mencionei a intuição antes, mas ela é uma das funções dos órgãos para a qual precisamos despertar os chakras. Normalmente, aquilo que você sente no chakra cardíaco é a defensividade e a vulnerabilidade; mas quando você desperta esse chakra, ele acorda para a função do amor, que é um arquétipo intuitivo. Quando você desperta o chakra umbilical, além dos sentimentos habitualmente relacionados à segurança, como orgulho e insegurança, você experimenta sentimentos de autoestima ou amor-próprio, ou seja, também manifesta uma expressão do arquétipo do amor. De modo similar, se o chakra frontal desperta, o neocórtex entra em operação e nos proporciona, além do pensamento racional, uma nova função do pensamento intuitivo, com acesso a experiências arquetípicas em geral, algo que não tínhamos antes desse despertar.

Os antigos pensadores abordavam esse assunto de maneira simplista: existem quatro mundos de experiência, e um corpo para cada um desses mundos, e qualquer um desses corpos pode ficar doente. Por isso, precisamos de um sistema médico que nos ajude a curar um corpo doente. Esses pensadores não ofereceram uma solução ao problema não tão pequeno do dualismo da interação: como esses corpos diferentes interagem um com o outro? Por exemplo, como o corpo vital doente faz o corpo físico adoecer?

Nossa experiência com computadores permite uma metáfora monista para descrever a situação. Os computadores vêm com um hardware físico, no qual cada componente segue as leis da física. Depois, um operador humano escreve programas com a ajuda de sua mente para instruir os diversos componentes do hardware a realizar funções intencionais. As leis do software, então, baseiam-se na lógica mental; não têm nada a ver com as leis da física.

Usando essa ideia, os órgãos físicos constituem o hardware; a consciência cria funções orgânicas como programas epigenéticos de instrução para os genes produzirem as proteínas funcionais adequadas, isso tudo com a ajuda das potencialidades de seu mundo vital. Logo, o software é chamado de vital e o conglomerado de todos os softwares vitais é o corpo vital.

Seria o equivalente ao acúmulo de memórias para cada tipo de experiência que, juntas, produzem softwares funcionais para o bom funcionamento do órgão físico que seria o hardware — incluindo a fisiologia —, ambos regidos por infinitas possibilidades que existem na base do ser da própria consciência. Os seres humanos não têm um, mas cinco corpos, que derivam dessa combinação de hardware e software (Figura 1). O bom senso diz que cada um desses corpos pode ficar doente, e também que deve ser possível curar cada um desses corpos. Para ser completa, a medicina precisa, então, lidar com todos os cinco corpos do ser humano.

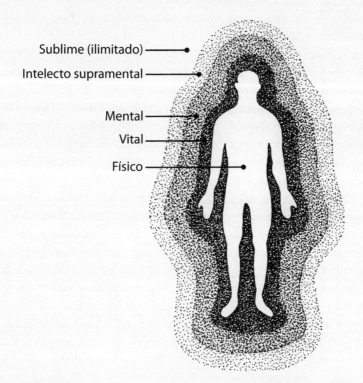

Figura 1. Os cinco corpos do ser humano. Para uma boa saúde, cada um desses corpos requer cuidados.

Estamos todos interessados na saúde e na cura, bem como em nosso bem-estar físico. Todos nós buscamos o bem-estar quando não o temos, ou quando somos afetados por alguma doença. No entanto, com a nítida divisão da medicina em dois campos — convencional e alternativo —, costuma ser difícil escolher o método mais adequado de cura quando precisamos dela. Que critérios deveríamos adotar para fazer essa escolha? A combinação de técnicas de cura é melhor do que uma única técnica específica? O que deveríamos fazer para manter a saúde, para prevenir as doenças desde cedo? Podemos nos curar sem instrumentos físicos ou químicos de cura? Na ausência de uma ciência da medicina propriamente dita, as respostas para essas questões dependem da pessoa para quem você pergunta.

Será que pelo menos algumas dessas histórias de curas espontâneas de câncer e outras doenças sérias são verdadeiras? Os especialistas dizem que sim, mas será que a cura espontânea pode ser acessível para todos? Especialistas de algumas tradições da medicina meneiam teimosamente a cabeça; outros dizem que sim, mas não sabem nos dizer *como* de forma convincente.

Será que, quando chegarmos à meia-idade ou à velhice, estaremos destinados a sofrer com doenças crônicas? Será que deveremos nos considerar sortudos se chegarmos lá sem alguma doença grave e debilitante, como doenças cardíacas, câncer, diabetes tipo 2 ou Alzheimer? A maioria dos médicos de qualquer tendência tende a se mostrar otimista com os cuidados com idosos, mas não consegue apoiar seu otimismo em técnicas práticas e de sucesso absoluto. Será que devemos aceitar o estresse, a falta de vitalidade e as doenças crônicas na velhice como o preço a se pagar pela vida moderna? Talvez, dizem os especialistas. Como um equívoco desses pode nos satisfazer?

Especialistas que sugerem remédios propõem estilos de vida que consomem tempo demais em relação à mera saúde. Quem tem esse tempo e determinação para se curar, a menos que sofra de uma doença terminal? Podemos descobrir um estilo de vida que nos proporcione saúde ideal sem consumirmos todas as horas de vigília com atividades relacionadas à saúde?

Por que não conseguimos controlar o papel da economia em questões de saúde, e o custo da saúde continua aumentando sem parar? Sentimos muito, dizem especialistas de ambos os campos. A medicina é apenas a patologia? Podemos deixar de almejar a saúde positiva, com a vitalidade e o bem-estar reinando acima de tudo? Não sabemos, dizem os especialistas, com poucas exceções.

A verdade é que não podemos começar a responder a tais questões com razoável credibilidade sem antes desenvolvermos um paradigma integrativo da experiência humana; um paradigma que envolva todos os sistemas médicos; um paradigma que de fato funcione. Precisamos dar um fim à atual confusão de paradigmas que permeia a medicina. Um esforço nesse sentido já começou.

Após meu início modesto em 2004, com a publicação de *O médico quântico*, o dr. Paul Drouin, médico canadense convencional com impressionantes credenciais em medicina alternativa, publicou *Creative Integrative Medicine* em 2014. O médico norte-americano Larry Dossey adotou a ideia da primazia da consciência. Então, tratamentos médicos integrativos estão disponíveis, pelo menos em parte, em diversas clínicas espalhadas pelo mundo, inclusive no centro de bem-estar administrado pelo conhecido médico indiano Deepak Chopra. Esses são bons sinais de progresso. Mas esses esforços só foram até certo ponto. Sem o benefício de uma ciência da medicina e de um funcionamento realmente integrativo, esses avanços não bastam para nos convencer.

A medicina quântica integrativa desenvolvida aqui se baseia em uma ciência da experiência realmente integrativa, proporciona respostas satisfatórias às questões acima e, espera-se, acaba com todas essas guerras de paradigmas na medicina, pois define um paradigma novo e consistente para toda a medicina dentro de um paradigma geral e integrativo da ciência humana.

Afinal, a medicina lida com doenças, como ainda pressupõe a maior parte do sistema médico, ou com o bem-estar, uma ideia nova que está se infiltrando gradualmente na consciência das profissões de cura e das pessoas que elas atendem? O paradigma deste livro pacifica a questão. Seu tema central é que agora temos conhecimento e sabedoria suficientes para ancorar a medicina no conceito de bem-estar, o que fazemos principalmente apelando diretamente aos praticantes da medicina alopática convencional e aos praticantes das diversas forças da medicina alternativa para que participem da prática integrativa, aumentando assim a percepção-consciente* das pessoas para a passagem da doença para o bem-estar. Como fazer isso?

---

* No original, *awareness*. Não há uma tradução exata em português. O termo é comumente traduzido como "consciência", "percepção" ou "atenção". Em muitas publicações, *awareness* é mantido em inglês, pois tem um sentido mais amplo que o de "consciência": refere-se a um "estado de alerta" que compreende, inclusive, a consciência da própria consciência. É também um conceito-chave da gestalt-terapia. Segundo Clarkson e Mackewn, *awareness* é "a habilidade de o indivíduo estar em contato com a totalidade de seu campo perceptual. É a capacidade de estar em contato com a própria existência, dando-se conta do que acontece ao seu redor e dentro de si mesmo" (*Fritz Perls*. Londres: Sage, 1993, p. 44). Neste livro, optou-se por traduzir *awareness* pela palavra composta "percepção-consciente", no intuito de aproximá-la de seu sentido pleno, deixar bem marcadas todas as ocorrências no texto e facilitar a compreensão do leitor de língua portuguesa. [N. de E.]

- Desenvolvendo plenamente uma ciência integrativa da saúde e da cura, preenchendo as lacunas de trabalhos anteriores. Em particular, devemos agora resolver os detalhes sobre como os diversos corpos não físicos se manifestam. Esses detalhes ajudaram a desenvolver métodos de nutrição para os cinco corpos do ser humano, tornando prática a ideia da medicina preventiva.
- Criando uma boa saúde interna. Boa parte do sucesso da medicina moderna reside no desenvolvimento do conceito de higiene externa. Agora, ele está sendo suplementado pelo conceito de higiene interna. A higiene interna não se refere apenas ao ambiente interno do corpo físico, como células e órgãos (além de sangue e outros fluidos), mas também ao ambiente da energia vital e do significado mental, geralmente entendidos como nosso inconsciente pessoal ou subconsciente. Essa é outra integração necessária para se chegar à saúde ideal, e neste livro mostramos como fazê-lo.
- Ajudar tanto os curadores quanto seus clientes a passar de uma mentalidade de doença para uma mentalidade transformadora de bem-estar. A principal mudança exigida é que os curadores se dediquem ativamente ao arquétipo da inteireza e integrem suas "cabeças" e seus "corações". Só então poderão ensinar seus clientes a adotar uma mentalidade de exploração da inteireza, bem como do bem-estar e da prevenção.
- Resolver o problema das doenças crônicas como algo que não pertence nem à medicina convencional nem à alternativa, mas sim algo que todos devem resolver. Nossa solução tem duas partes: primeiro, se a pessoa já sofre de uma doença crônica potencialmente letal, deve dedicar-se à criatividade e à cura quântica; segundo, é importante prevenir o surgimento de doenças — quanto a isso, estamos solucionando o problema com uma nova descoberta: a fisiologia humana pode ser modificada. E a boa notícia é que também descobrimos como fazê-lo.

Aspirantes à profissão da cura, por favor, tratem este livro como uma introdução a um futuro ramo da profissão da saúde: a gestão quântica da saúde. Sua ferramenta é a medicina quântica integrativa. Sua especialidade consiste na nutrição de todos os cinco corpos a fim de prevenir doenças, e, no advento de doenças como infecções virais, orientar seus clientes a buscar um sistema de cura adequado na hora apropriada. Em casos de doenças crônicas, isso será crucial. Mais importante ainda é que vocês possam ser guias, ajudando seus clientes a adotar práticas preventivas, inclusive transformando a fisiologia nociva embutida no corpo em efeito colateral às energias negativas. Vocês podem explorar conosco o recém-nascido campo da gerontologia quântica — que explora formas de cuidar preventivamente dos idosos de maneira radicalmente nova.

Veja como a gestão da saúde pode salvar uma vida: nesta época de suplementos nutricionais, os próprios pacientes se valem de suplementos sem ouvir os especialistas. Não podemos impedir as pessoas de buscar alternativas que prometem a cura. E, em vários casos, esse uso dá origem a problemas sérios de alergia em virtude da interferência na injeção de insulina. O que podemos tirar disso? Por um lado, a injeção de insulina nunca irá curar o diabetes. Por outro, sem uma aplicação emergencial de insulina, o paciente pode sofrer muito. Assim, é necessário haver especialistas — gerentes de saúde — para sugerir remédios herbais que não interfiram no tratamento com insulina, unindo ambas as abordagens em uma gestão harmônica da saúde.

Definições

Antes de continuar, algumas definições serão necessárias, embora o leitor já deva estar familiarizado com elas. A medicina convencional, também chamada de alopatia, baseia-se na premissa de que a doença decorre de agentes tóxicos externos como germes (bactérias e vírus), ou ainda do mau funcionamento de um órgão interno do corpo físico. Na alopatia, então, a cura se dá principalmente pelo tratamento dos sintomas da doença até seu desaparecimento, valendo-se de drogas, cirurgias e, no caso do câncer, radiação energética. Novas técnicas, como terapia genética ou nanotecnologia, cuja premissa é a correção do distúrbio mecânico no nível molecular, mostram-se mais ou menos promissoras.

Em contraste, temos as medicinas tidas como alternativas, como é o caso da medicina mente-corpo, cuja premissa é que a doença decorre de um problema mental — como o estresse mental-emocional. A cura consiste em corrigir o problema da mente, que então corrigirá a fisiologia e resolverá os sintomas.

Outro exemplo é a acupuntura. Segundo a tradição da acupuntura, a doença surge em função de desequilíbrios nos padrões do fluxo de energia vital (*chi*, em chinês) no corpo. A cura consiste na correção desses desequilíbrios usando punções com agulhas finas em pontos apropriados do corpo. Mas a energia da acupuntura é a energia vital não-física e, portanto, não deve ser confundida com as manifestações habituais da energia física. A acupuntura é o mais famoso exemplo da medicina tradicional chinesa, que, além da acupuntura, vale-se de ervas especiais para corrigir os desequilíbrios dos movimentos da energia vital.

A homeopatia vai na contramão da alopatia. Sua ideia central é que "semelhante cura semelhante", em contraste com a cura realizada por meio de um "outro" — drogas desenvolvidas mediante tentativas e erros — da alopatia. Uma substância que produz os mesmos sintomas tanto em uma pessoa sã como em uma pessoa doente é o "semelhante" que cura na homeopatia. Mas essa cura torna-se verdadeiramente misteriosa quando se aplica o agente medicinal em diluições extremas (como uma parte em 10^{30}, ou até menos), um processo chamado de "dinamização".

Outra medicina tida como alternativa é o Ayurveda, medicina tradicional indiana. Graças ao trabalho de luminares como o médico indiano Deepak Chopra, conceitos ayurvédicos como *doshas* tornaram-se tema de jogos de salão. Quem é você, uma pessoa *vata*, uma pessoa *pitta* ou uma pessoa *kapha*? Vata, pitta e kapha são os nomes sânscritos dos três doshas, ou seja, desequilíbrios de funções e movimentos corporais que, até certo ponto, todos nós temos. O predomínio de um único dosha ou de uma combinação de doshas caracteriza cada um de nós. Na verdade, todos nós temos um nível básico de cada um dos doshas. A doença aparece quando ocorrem desvios que afastam o corpo do nível básico dos desequilíbrios, chamado *prakriti*, na vida adulta. Levar o corpo de volta ao nível básico dos desequilíbrios pelo uso de ervas, massagens, técnicas de limpeza etc. efetua a cura.

Ayurveda é um sistema de medicina não material porque os doshas, embora físicos, são causados por desequilíbrios na maneira como usamos a energia vital não física enquanto crescemos. De modo análogo, os remédios herbais funcionam não por conta do conteúdo material, mas pela eficácia da energia vital para remediar o desequilíbrio de energia vital.

A cura espiritual se baseia na ideia de invocar o "poder superior" de cura do espírito, mediante preces e outros rituais desse tipo. Cura xamânica, cura pela prece, ciência cristã, cura pela fé, cura intuitiva — todas entram nessa categoria.

Os médicos alopatas precisam entender o seguinte:

- Essas técnicas alternativas de cura funcionam.
- O que fazem, o que são e como curam; os desequilíbrios de chi ou prana não são substâncias físicas, mas substâncias não físicas — energia vital.
- Experiências, pensamentos, sentimentos e intuição são fatos e são não físicos.
- O mal-estar, aquilo que as pessoas sentem quando têm uma doença, é uma experiência não física que não é necessariamente idêntica à doença.

- A cura de experiências não físicas não pode ser realizada por causas ou interações físicas e, por isso, devemos buscar causas ou interações não físicas.

De modo similar, os praticantes das medicinas alternativas precisam entender que os alopatas têm dificuldade para reconhecer o valor de sua atividade, pois esta não se vale de "boas" teorias científicas com poder explicativo.

- Se você tem mentalidade científica e deseja compreender a relação entre a medicina convencional e a medicina dos doshas, vai se desapontar ao ler a atual literatura ayurvédica. Tendo em vista a falta de compreensão acerca da origem dos doshas em termos da medicina convencional (fisiológica), o alopata permanece cético.
- No que diz respeito à homeopatia, o médico convencional precisa ser francamente desdenhoso. Nas diluições medicinais prescritas pelos homeopatas, talvez nenhuma molécula do remédio chegue ao corpo doente. Por isso, o remédio homeopático deve ser considerado puro "placebo" — a ingestão de pílulas de açúcar disfarçadas de remédio — e, por isso, a cura deve ser considerada totalmente fortuita.
- Na mesma linha, a cura espiritual, a ideia de depender do espírito para a cura, encontra resistência. Para o alopata, o espírito é um conceito duvidoso; portanto, depender dele equivale a depender dos processos naturais do corpo, geralmente inadequados para a cura. Fazê-lo quando dispomos de todos os medicamentos poderosos da alopatia parece tão absurdo que deixa os alopatas profundamente frustrados. Claro que, com frequência, os alopatas se esquecem dos sérios efeitos colaterais que os remédios farmacêuticos costumam produzir.

Também devemos nos lembrar que os praticantes da medicina alternativa desdenham igualmente das práticas alopáticas. Os medicamentos alopáticos são, em sua maioria, veneno para o corpo, com efeitos colaterais nocivos. Por que deveríamos envenenar o corpo se dispomos de alternativas? No caso específico de doenças crônicas e degenerativas, a alopatia é mesmo ineficaz. Ela cura simplesmente os sintomas, mas não cura a causa real, que é não física. Finalmente, a medicina alopática não tem bom custo--benefício. Como o leitor certamente sabe, em grande parte, são os custos da medicina alopática que fazem com que as pessoas procurem medicinas alternativas.

Como passar dessas profundas divisões entre os praticantes dos dois campos para uma medicina integral e aceitável para ambos? A resposta é que devemos procurar as raízes filosóficas de todas as práticas médicas e descobrir sua filosofia unificadora, ou seja, formadora de pontes. Esse trabalho teve início em *O médico quântico*. Aqui, apresentamos o ponto de unificação atual da prevenção, disponível para praticantes de medicina de ambos os campos.

Uma nova biologia da consciência, do sentimento, do significado e do propósito

A biologia tradicional não enxerga nada disso. Nem sentimento nem significado, e muito menos propósito, podem ser incluídos na biologia molecular materialista, mesmo se suplementada pelo neodarwinismo, que, infelizmente, também não está nem aqui nem ali.

A biologia molecular, ou a mais recente biologia dos autômatos celulares, entende a vida como o processamento de informações de programas vivos — máquinas vivas. Complemente isso com programas de máquinas de inteligência artificial. O resultado são máquinas vivendo e pensando através de programas. O que falta para que sejam como seres vivos? A experiência da vida e do pensamento. Não existe nesses programas um *self* ou sujeito experimentando alguma coisa.

Há sempre aquela questão do sujeito/*self* que irá assombrar perpetuamente o pesquisador da vida artificial ou da inteligência artificial, ou da combinação de ambas.

E que tal o neodarwinismo e todas as alegações filosóficas que o acompanham? A alegação dos biofilósofos parece ser que, tendo em vista os quatro bilhões de anos de evolução darwiniana e lutas dos organismos pela sobrevivência, qualquer coisa pode acontecer com o organismo que tem vantagens para sobreviver. A lista inclui sentimento, significado, até a consciência. Naturalmente, ninguém chegou a demonstrar nada (exceto os biólogos que trabalham com autômatos celulares, ou pelo menos tentam). Em vez disso, o trabalho desses biofilósofos ilustra muito bem aquilo que o filósofo austro-britânico Karl Popper chamou de "materialismo promissor".

A verdade sobre o neodarwinismo é esta: não parece haver maneira de atribuir uma base molecular materialista à ideia darwiniana de que a natureza seleciona mutações genéticas com base naquilo que irá ajudar a espécie a sobreviver. Na década de 1970, foram feitas algumas pesquisas em laboratório pelo químico alemão Manfred Eigen e outros pesquisadores para tentar produzir "moléculas da vida" — como DNA, RNA e proteínas

— a partir de base não viva, capazes de sobreviver independentemente. A pesquisa inicial mostrou-se promissora, mas não teve sucesso absoluto. Ninguém chegou a produzir em laboratório uma molécula sequer com capacidade de sobrevivência partindo apenas do não vivo. Moléculas inanimadas e seus conglomerados não tentam sobreviver; isso é uma propriedade das coisas vivas.

O neodarwinismo projeta uma quantidade espantosa de poder de explicação quando empregado com sofismas apropriados. Entretanto, ele não sustenta o materialismo científico; não pode se conectar com a biologia molecular, conforme argumentado no parágrafo anterior.

Naturalmente, todo crítico do neodarwinismo sabe que essa teoria tampouco consegue explicar os dados experimentais: as lacunas na continuidade dos dados fósseis e as espécies evoluindo do simples ao complexo são apenas os mais gritantes. (Para mais detalhes, recomendamos que leia o livro de Amit *Evolução criativa*.)

O trabalho para criar as pontes necessárias entre os dois campos de conhecimento, dessa nova biologia que almejamos, já começou. O biólogo norte-americano Bruce Lipton escreveu um livro evocativo, *A biologia da crença*, que contribui para uma nova compreensão da vida. O livro de Amit *Evolução criativa*, por outro lado, desenvolve uma biologia evolutiva baseada na primazia da consciência, integrando ideias da física quântica às ideias de dois biofilósofos espirituais: o indiano Sri Aurobindo e o francês Teilhard de Chardin.

Do ponto de vista teórico, o que falta ao neodarwinismo é reconhecer que a evolução dos genes e o desenvolvimento dos órgãos de funções propositais a partir dos genes exigem mecanismos separados. Aos poucos, os biólogos estão admitindo que, na verdade, a evolução é Evo-Devo: evolução e desenvolvimento juntos. Isso também é algo explorado pela teoria quântica, proporcionando-nos uma teoria das emoções no cérebro e no corpo, incluindo a experiência dos sentimentos nos centros corporais dos chakras. Desse modo, a biologia quântica nos oferece uma base científica adequada para uma ciência quântica integrativa da saúde e da cura.

Por isso, sugerimos um novo manifesto de cura para o cliente: seja seu próprio médico quântico na maior parte do tempo, com a ajuda ocasional de um praticante de gerenciamento integrativo da saúde. A medicina quântica integrativa em si permite esses dois aspectos: medicina integrativa para uso do curador e medicina preventiva para a prática do cliente, apenas com ocasional apoio do curador.

Boas notícias para o paciente: a visão de mundo quântica lhe dá poder e diz que o poder de curar, que os médicos chamam de placebo, é o seu poder. Em parte, doença significa que, de algum modo, o estresse da vida cotidiana confundiu você, levando-o a abrir mão de seu poder. A ideia de que seu médico e os medicamentos que ele prescreve irão curá-lo restaura seu poder. É assim que funcionam os tais "placebos".

O que é esse poder? É a capacidade de alinhar suas intenções com o poder de cura que seu corpo físico-vital já tem e já usa regularmente para mantê-lo saudável dentro de certos limites, desde que você não desista de sua intenção de cura. De fato, seu poder de cura vai muito além disso. Você pode escolher literalmente a saúde no lugar da doença, caso desenvolva os necessários meios habilidosos de vida que mostraremos neste livro.

Para ilustrar isso, permita-nos compartilhar a comovente anedota de uma mulher corajosa. O médico norte-americano Andrew Weil citou o caso de uma paciente designada como "SR", diagnosticada com doença ou linfoma de Hodgkin (um câncer do sistema linfático) em seu livro *Health and Healing*. Sabe-se que a doença de Hodgkin evolui em quatro estágios. SR já estava no terceiro estágio, considerado avançado. Na época, estava grávida e não queria perder o bebê, por isso recusou tratamento convencional, com radiação ou quimioterapia, e buscou outro médico. Sob a supervisão desse segundo profissional, foi operada, chegou até a fazer tratamento com radiação, mas a situação continuou a piorar.

Por coincidência, o médico dessa mulher estava pesquisando a aplicação de terapia com LSD em pacientes com câncer. Sob sua orientação, ela fez uma viagem guiada com LSD, na qual o médico incentivou-a a ir fundo em seu íntimo para se comunicar com a vida em seu útero. Foi então que SR teve um lampejo súbito de percepção consciente e se deu conta de que tinha a opção de viver ou morrer. Levou algum tempo após essa iluminação — e muitas mudanças em seu estilo de vida, claro —, mas ela se curou e deu à luz uma criança saudável.

Segundo a visão de mundo quântica, cada um de nós tem essa opção; é necessário apenas aprender a exercê-la mediante uma vida cheia de propósito e guiada pelos Sete "Is": Inspiração, Intenção, Intuição, Imaginação, Incubação, *Insight* e Implementação. Graças as nossas experiências de intuição e *insight*, é possível saber que estamos alinhados com o movimento intencional da consciência.

Redefinindo o papel do médico ou curador

Para chegarmos a uma redefinição do papel do paciente, algo exigido pela medicina preventiva, é imperativo redefinirmos o conceito de médico objetivo (semelhante a uma máquina) que temos atualmente.

Eu (Amit) sempre rio quando me lembro de um incidente relatado por um médico alopata durante uma conferência médica na Universidade do Oregon. Quando o médico perguntou ao paciente "Como está se sentindo?", o paciente retrucou: "Você é que deve me dizer". Sem dúvida, uma resposta robótica por parte do paciente. Mas quem foi alvo da piada? Existe uma lógica na resposta do paciente? Ele sabe que foram feitos diversos exames com seu sangue, além de outros exames, e que o médico iria tratá-lo de acordo com a sabedoria mecanicista prevalente.

Se o monismo material estiver certo, e tanto o médico quanto o paciente forem máquinas, então toda essa discussão é irrelevante. Em algum ponto do futuro próximo, os robôs irão mesmo substituir as máquinas. Sabemos, por experiência direta e pelos resultados do experimento do físico francês Alain Aspect na mecânica quântica, que somos seres conscientes dotados de escolha. Assim, por que fingir que somos máquinas? É verdade que alguns pacientes adorariam responsabilizar totalmente o médico por sua saúde. Mas os médicos podem fazer isso? Devem fazê-lo?

Em um ponto avançado da minha prática espiritual, um professor me disse para assumir a responsabilidade pelo "outro". É isso que o curador precisa fazer ao interagir com seus pacientes. Essa é a prática padrão da empatia e, de fato, todos os curadores seriam curadores melhores se a desenvolvessem. Todavia, na cultura ocidental, o médico mediano está quase tão distante de relacionamentos empáticos quanto seus pacientes.

Deveríamos incluir o treinamento da empatia — à maneira quântica — no currículo educacional dos médicos? Pode apostar. Com a nova compreensão sobre o *self* do "sentimento" — tradicionalmente chamado de "coração" — isso não é difícil. É aquilo a que algumas pessoas se referem como "ter o coração aberto". Ainda assim, não seria ainda melhor se os pacientes também se encarregassem e compartilhassem parte do fardo da manutenção da saúde? A medicina preventiva também faz isso.

Desenvolvendo uma teoria geral
da saúde e bem-estar

A prática da medicina nunca foi de todo científica. Isso também se aplica à medicina alopática moderna. A ciência exige dois aspectos complementares: teoria e experimento. Sozinha, a teoria é mera filosofia; por mais que seja inspirada, precisa passar pela comprovação experimental para ser confiável. Dados empíricos isolados não podem nos proporcionar um contexto pleno para avaliação dos dados. Em outras palavras, a medicina baseada em evidências que hoje finge ser uma ciência médica é imperfeita, uma meia-verdade.

Todos nós simpatizamos com o desespero que exige uma medicina baseada em evidências, tanto na medicina alopática quanto na alternativa. Excetuando-se a teoria dos germes e as doenças, não existe uma teoria real na medicina convencional. Até para uma coisa simples como um corte no dedo, não temos como responder à pergunta: "Por que a mera aplicação de uma bandagem não só interrompe o sangramento como também devolve à pele sua condição prévia mediante a regeneração?". Na alopatia e na biologia convencional, é impossível definir o conceito de integridade das partes ou dos órgãos do corpo humano, ou explicar a regeneração.

Mas esse é um dos feitos notáveis da medicina quântica integrativa. Usando a biologia quântica, podemos não só definir a integridade dos órgãos do corpo e a saúde ideal, como também o funcionamento dinâmico harmonioso de todos os cinco corpos com os quais nascemos. Além disso, podemos mudar para melhor nossa fisiologia e construir um novo corpo — e alma — para exibir isso.

Até que ponto podemos chegar com essa linha de pensamento? Bem longe, como você verá. Neste livro, nossa meta não é, nada menos, do que desenvolver uma teoria geral da saúde e do bem-estar humanos.

Ciência é teoria e experimento trabalhando lado a lado. Até que ponto chegamos na ciência do diagnóstico da desarmonia entre os diversos corpos? Bem longe. Mesmo assim, a ciência da cura continuará precisando da ajuda complementar das artes da cura.

PARTE 1

UMA NOVA PERSPECTIVA PARA A CIÊNCIA DA MEDICINA

capítulo 1

hardware e software: por que precisamos ir além do corpo material para que o sistema de saúde e a medicina quântica funcionem

A medicina tradicional oriental ainda é praticada na China e na Índia, além de outros países asiáticos. Levemos em consideração tal esteio na maior parte das medicinas alternativas para compreender a mais gritante omissão da medicina moderna.

As culturas orientais, em suas práticas tradicionais de cura, usam conceitos como o fluxo do chi, na medicina chinesa; *ki*, na japonesa; ou prana, no Ayurveda indiano. Nos tratados antigos, fica bem claro que chi ou prana são algum tipo de energia, mas não material. Porém, nas exposições modernas desses assuntos, especialmente no Ocidente, nossa experiência mostra que ninguém trata com clareza o significado do chi ou prana. Por exemplo, fica vago se o chi ou prana é uma entidade física ou não física. A maioria dos autores modernos contorna o sentido desses conceitos porque não consegue explicá-los em termos aceitáveis para a visão de mundo da ciência materialista moderna.

Na verdade, há um conceito correspondente chamado "energia vital" no Ocidente, mas ele conjura a imagem da filosofia dualista do vitalismo, uma filosofia descartada há algum tempo por biólogos em favor da biologia molecular. De modo geral, pesquisadores e cientistas ocidentais, e até curadores usando medicina alternativa, estão relutantes (ou melhor, receosos?) em usar a expressão "energia vital". Em seu lugar, optam pelo uso da expressão "energia sutil", e a maioria deles persiste em suas crenças materialistas sobre o que seria essa energia sutil: a energia dos movimentos mais sutis que descobrimos até agora, mas materiais. Outros veem a energia sutil como algo holístico: um fenômeno emergente dos órgãos e células vivas do corpo.

Muitos imaginam essa energia sutil como uma energia de frequência superior à energia física, mais densa. Em seu livro *Medicina vibracional*, o médico norte-americano Richard Gerber afirma que a diferença entre a matéria física e a sutil está em uma simples diferença de frequência. Isso não só nos confunde como está errado, pois nos deixa tentados a pensar que a matéria física e a sutil são feitas da mesma substância básica. Um conceito categoricamente errado; a matéria física é redutível a porções menores, enquanto a sutil não é.

Não é preciso ir mais longe do que a homeopatia para perceber que a ação de agentes não físicos é uma realidade, pelo menos em alguns casos de cura. Na homeopatia, aplica-se uma substância medicinal (por via oral) em uma proporção tão diluída que cálculos científicos mostram que, sem dúvida, nenhuma molécula do "medicamento" chega até o foco de tratamento da doença. E, no entanto, o sucesso da homeopatia parece se sustentar, mesmo em testes clínicos duplo-cego, idealizados para assegurar que a homeopatia não é um mero placebo. Logo, se a eficácia da homeopatia for verdadeira, é preciso haver agentes de cura não físicos. Precisamos aceitar a ideia de que existem agentes não físicos de cura.

Dessa forma, eu (Amit) não demorei para perceber, logo após o início das pesquisas, que as práticas alternativas de cura permanecem um mistério (e, por isso, controvertidas) para a maioria das pessoas que pensam de maneira convencional, pois seus proponentes sofrem de cinco deficiências metafísicas:

1. Falta de distinção entre mente e consciência.
   a) Há muito tempo, o filósofo, físico e matemático francês René Descartes juntou dois conceitos, mente e consciência, em um conceito único da mente, e esse erro ainda assombra a medicina.
   b) O papel causal da consciência como a origem da causação descendente não é percebido ou fica obscurecido pela ambiguidade. De algum modo, as lições da física quântica não penetraram a armadura newtoniana dos praticantes da medicina alternativa.

2. O papel distinto da mente, em oposição ao cérebro, não é percebido. O progresso filosófico nesse campo — a ideia de que o cérebro material não pode processar significado mental (leia o livro de John Searle, *A redescoberta da mente*) — foi deixado de lado. Portanto, o progresso científico — que as medições de ressonância magnética funcional podem revelar o funcionamento do software mental do hardware do cérebro — foi deixado de lado.
3. O papel distinto do corpo vital, que proporciona o componente epigenético não local da fisiologia dos órgãos, também não foi avaliado. Tampouco foram levados em conta os recentes progressos científicos sobre o corpo bioelétrico e a mensurabilidade da energia vital.
4. Há ambiguidade sobre a natureza não física da consciência, da mente e do corpo vital, mesmo quando se admite sua existência.
5. O papel da criatividade, com a qual a fisiologia do corpo e do cérebro pode ser dramaticamente melhorada, não entrou ainda na mentalidade médica — nem sequer entre os praticantes da medicina alternativa.

Também precisamos resolver o problema do dualismo; mas quem disse que não há como contornar o dualismo, que ele é um problema insolúvel? O bom senso mostra que, durante o desenvolvimento do embrião, é essencial a coordenação não local e instantânea entre os diversos órgãos. Objetos materiais nunca podem simular a não localidade.

Foi depois de resolver esses problemas filosóficos complexos que eu (Amit) cheguei a uma ciência dentro da consciência para a medicina, a medicina quântica integrativa. Como já disse, iniciei esse trabalho em meu livro *O médico quântico*, e Valentina e eu o estamos levando para o nível seguinte de completude neste livro. As técnicas experimentais e suas descobertas têm sido uma surpresa bem recebida.

Nosso paradigma integrativo reconhece e inclui a redescoberta da causação descendente pela consciência na física quântica. Ele também se vale da redescoberta da mente e do corpo vital dentro da ciência. Depois, usa o pensamento quântico como forma de introduzir os corpos mental e vital na medicina como distintos do físico, sem nos tornarmos vítimas do dualismo. Finalmente, o mental e o vital na ciência quântica trazem-nos um potencial de cura infinito, além de construírem softwares novos e aprimorados através da criatividade quântica. Esta é nossa realização suprema.

Integração

A cura material é a cura através da causação ascendente, e a cura espiritual e sutil, através da causação descendente. Mas como incorporamos os detalhes da cura mente-corpo ou a cura pela energia sutil ou vital em nosso paradigma integrativo?

Quando a consciência causa o colapso de uma onda material de possibilidades, manifestamos a experiência da sensação como parte da experiência de nosso corpo material. Mas como surge a experiência do pensamento? O pensamento comum deve ser o resultado do colapso de uma onda de possibilidades da mente — nosso corpo mental. De modo similar, causar o colapso de uma "onda de possibilidades" da energia vital, um movimento do corpo vital, dá-nos a experiência do sentimento. A intuição, por sua vez, é a maneira como vivenciamos outra categoria de possibilidades da consciência: seus aspectos reveladores, aos quais iremos nos referir genericamente como arquétipos do domínio supramental.

Os materialistas têm objeções quanto a isso. Sabendo que o pensamento, na maior parte do tempo, envolve memórias que estão armazenadas no cérebro; não existe experiência da mente sem o cérebro. Assim sendo, como sabemos que o pensamento não é um fenômeno cerebral? Entender a mente e o cérebro como um combo software-hardware resolve o problema. A consciência usa as possibilidades mentais do significado para produzir software mental, ao qual o cérebro atribui símbolos como um computador.

No mesmo sentido, como sabemos que as possibilidades cujo colapso nos proporciona a experiência do sentimento não pertencem ao próprio corpo físico? As emoções não estão associadas à resposta a estímulos especiais do sistema nervoso no mesencéfalo? Precisamos mesmo postular o corpo vital? Sim, precisamos. É verdade que o cérebro assume e controla o software normal dos órgãos do corpo. Logo, as emoções que vivenciamos normalmente têm origem nos circuitos cerebrais do mesencéfalo, causando confusão.

O que o corpo vital faz que o físico não pode fazer?

A redescoberta do corpo vital ocorreu na década de 1980, quando surgiu uma etapa crucial no trabalho do biólogo inglês Rupert Sheldrake. Em 1981, ele propôs uma explicação para o fenômeno até então inexplicado da morfogênese — a formação e produção de órgãos biológicos a partir de campos morfogenéticos não físicos e não locais que residem fora do espaço e do tempo. Originalmente, seu trabalho destinou-se a explicar o fenômeno da diferenciação celular — como células vivas pertencentes a órgãos distintos, mas contendo o mesmo DNA, conseguem produzir proteínas diferentes para suas funções propositais —; contudo, ele também esclareceu o papel do corpo vital que hoje podemos ver como a morada dos campos morfogenéticos e distinto do físico: proporcionar os programas de software para o hardware do órgão. A consciência usa os campos morfogenéticos como se fossem uma espécie de matriz para a produção de software epigenético vital.

Aquilo que nenhuma interação física pode fazer é formar as funções fisiológicas propositais que as formas físicas — os órgãos — realizam. O propósito situa-se além da jurisdição da ciência materialista, e é aqui que precisamos invocar os campos organizadores não físicos como fonte de softwares vitais, que programam os órgãos biológicos para realizar funções biológicas propositais. Como o software vital destina-se a habilitar as funções dos órgãos, incluindo a manutenção do corpo, a reprodução etc., daremos aos campos morfogenéticos o nome aplicado a esse contexto: "campos morfogenéticos/litúrgicos" (*liturgia* deriva de "funcional", em grego) ou, simplesmente, campos litúrgicos.

Quando a consciência causa, simultaneamente, o colapso das ondas de possibilidades do órgão físico e de seu correlato vital (Figura 2), o que vivenciamos é a sensação de energia vital gerada pelos movimentos das matrizes morfogenéticas/litúrgicas do software vital do órgão.

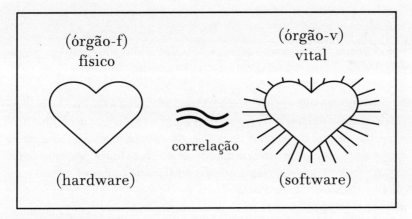

Figura 2. Cada órgão físico, e sua fisiologia, tem um software vital correlacionado (órgão-V) para programar a fisiologia no hardware do órgão.

Muitos autores perceberam que todos os órgãos importantes do corpo estão situados ao longo da espinha e de sua continuação imaginária através do cérebro (Figura 3); os chakras mencionados anteriormente, por sua vez, são encontrados perto desses órgãos importantes do corpo físico. Agora, entendemos a razão. Os chakras são os locais onde vivenciamos os sentimentos associados ao colapso do hardware-software físico-vital dos órgãos mais importantes do nosso corpo. Esse software vital, correlacionado com os órgãos físicos, é universal, e comum a todos os seres humanos.

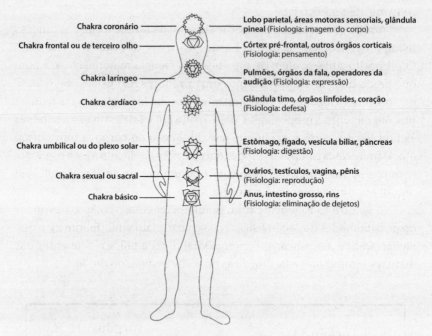

Figura 3. Todos os órgãos importantes do corpo estão localizados ao longo da espinha e sua extensão imaginária através do cérebro. Cada grupo tem um chakra associado.

Naturalmente, após a criação do software vital universal no mesencéfalo, é fácil esquecer sua origem — os campos morfogenéticos/litúrgicos e o software vital dos órgãos corporais. Aqui, você precisa se lembrar da criatividade, da cura criativa de uma doença — mau funcionamento de um órgão. Na cura criativa, manifestamos novos campos litúrgicos para programar um novo software vital a partir de campos litúrgicos previamente não manifestados, a fim de restaurar a função do órgão.

Como exemplo, pense no câncer, que é uma disfunção do sistema imunológico; o sistema imunológico não consegue eliminar células cancerígenas como geralmente faz. Na cura espontânea, sem intervenção médica, os pacientes dão um salto quântico criativo espontâneo para criar um novo software vital, que então restaura o sistema imunológico com tanta eficácia causal que o tumor maligno desaparece da noite para o dia.

A redescoberta da vitalidade leva ao conceito da criatividade vital. Com efeito, os chakras e a criatividade vital desempenham papéis importantes na medicina do corpo vital. (Veja os capítulos 8 e 17.) Antes, mencionamos o conceito da medicina vibracional — ver a energia sutil como a energia densa da frequência superior de vibração. Agora, convidamos o leitor a ver esse trabalho como um precursor do conceito científico dos chakras, tal como concebido aqui. Em vez de entender a energia sutil como a energia densa de frequências superiores, tente vê-la como a energia vital vivenciada dos chakras inferiores aos superiores — de fato, há uma progressão desde o denso até o mais sutil.

Nos três primeiros chakras, as energias refletem questões relacionadas à sobrevivência — manutenção do corpo e reprodução. No coração, temos o amor, que é muito mais sutil. Na garganta e na fronte, as energias expressam arquétipos abstratos como verdade e justiça, também muito sutis. E, no topo da cabeça, quando entendidas adequadamente, as energias refletem de fato os sentimentos associados apenas aos corpos sutis, quando destacados do físico denso.

Para gozar de boa saúde, é essencial vivenciar os sentimentos no corpo e conhecer seus chakras, por mais estranhos que possam parecer os conceitos da energia vital e dos chakras. Na década de 1980, quando ideias como energia vital e chakras estavam começando a se infiltrar na psique ocidental, eu (Amit) me lembro de ter recebido um telefonema do Departamento de Psicologia da Universidade do Oregon, pedindo minha ajuda para avaliar um homem que afirmava poder demonstrar a energia vital. Fui até lá e encontrei um homem que parecia satisfeito, embora um pouco frustrado. Ele ficava esfregando as palmas das mãos repetidas vezes e pedindo às pessoas presentes (na maioria, psicólogos comportamentais céticos) que colocassem as mãos no espaço entre suas palmas sem tocá-las. Então, perguntava: "Está sentindo alguma coisa?", ao que, um por um, todos os psicólogos diziam: "Não". Mas, quando pus a minha mão no espaço entre suas palmas, senti um forte formigamento no mesmo instante. Quando contei isso aos meus colegas psicólogos, eles não acreditaram. Acharam que eu estava sendo ingênuo.

A redescoberta da mente

Os computadores podem pensar? Hoje, computadores programados de forma adequada podem conversar conosco, humanos pensantes; assim, como podemos negar a capacidade de pensar dos computadores? E, como o cérebro parece ser um computador pensante, por que deveríamos duvidar que os pensamentos têm origem no próprio cérebro?

Os materialistas afirmam que não precisamos da mente não física como um conceito separado. Não tão depressa, advertiu o filósofo John Searle que, na década de 1980, ofereceu argumentos contrários ao computador pensante. O argumento de Searle, basicamente, diz que os computadores são máquinas que processam símbolos. Eles não podem processar significado. Pensar envolve não só o processamento de informações que podem ser codificadas como símbolos, mas também o processamento de significado. Logo, os computadores não pensam.

Porém, se reservarmos alguns símbolos para processar significado, precisaremos reservar mais símbolos para processar o significado dos símbolos de significado, e depois ainda mais símbolos para processar o significado do significado dos símbolos de significado, *ad infinitum*. Assim, nunca haverá símbolos suficientes para que o computador consiga processar significado a partir do zero. Então, como nós, humanos, fazemos isso? Usamos nossa mente.

O matemático inglês Roger Penrose apresentou uma prova rigorosa da ideia de Searle usando o teorema da incompletude de Gödel: um sistema complexo de lógica matemática sempre será inconsistente ou incompleto. Assim, a mente, sendo necessária como entidade não material separada e que processa significado, é a única maneira de entender aquilo que existe. Pensar exige um corpo mental separado. Nós possuímos um, e é por isso que podemos pensar.

Se os movimentos materiais são possibilidades, então faz sentido postular que os movimentos mentais são possibilidades de significado. Quando fazemos uma escolha entre as possibilidades de significado, temos um pensamento concreto de significado único, que pode ser representado como um símbolo: informação. A consciência, em toda experiência, não só tem uma percepção física de um objeto físico, como também a cognição mental do significado do objeto. Tanto matéria quanto mente são possibilidades da consciência. Quando a consciência converte essas possibilidades em um evento de colapso da experiência concreta, algumas das possibilidades colapsam como físicas e outras, como mentais. Desse modo, a consciência não local é vista claramente como mediadora da interação entre mente e corpo, e não existe dualismo.

Agora, abre-se espaço para a cura da mente e do corpo, na qual se dá um papel adequado à consciência (o agente causal da causação descendente) e à mente (da qual provém o significado), em relação ao corpo físico e sua cura. De novo, pense no cérebro como o hardware do computador que a consciência utiliza mediante o software mental.

Do ponto de vista quântico, não é difícil ver por que a mente e o significado são importantes para a medicina. Geralmente, vivemos em uma realidade individual separada, distinta da totalidade da consciência. Nosso condicionamento mental é que nos dá a individualidade. Não existe uma correspondência unívoca entre objetos e seu significado. Só o nosso condicionamento mental é que faz com que pareça ser assim. Não é à toa que somos enganados e acreditamos em objetos separados, independentes. Sob esse ponto de vista separatista, podemos participar de ações que podem aumentar nossa sensação de separação e que contraem a consciência (como nos casos em que atribuímos um significado condicionado e limitado à nossa experiência), ou podemos nos dedicar a ações que expandem a consciência (quando, por exemplo, descobrimos novo significado pela criatividade). A contração representa um sofrimento sutil, claro, mas talvez não percebamos isso de imediato. A consciência contraída torna-se um casulo confortável em virtude da familiaridade. A doença é um lembrete — como sermos golpeados por uma viga — para mudarmos nossos hábitos e voltarmos a buscar a inteireza para a qual a cura nos leva.

A atribuição de significado subjetivo incorreto a um fato objetivo da realidade física é a responsável pela atual polarização política; contudo, isso faz pouca diferença para nossa saúde. Quando atribuímos significado errado a uma experiência de sentimento, produzimos uma emoção errônea e indesejada, o que acaba causando estresse emocional. É esse estresse emocional que tem sido associado a muitas doenças crônicas.

O corpo supramental: construção da alma

Quando investigamos a criatividade da mente, vemos que, no nível mais baixo, a criatividade consiste na descoberta de novo significado, uma passagem do significado mental que irá dos velhos e condicionados para o novo e inovador — a invenção —, mas sem mudar o contexto arquetípico. Isso se chama criatividade situacional. No nível mais elevado, porém, a criatividade consiste também em saltos descontínuos no contexto arquetípico do pensamento. Isso se chama criatividade fundamental e consiste em descobertas; aqui, estamos descobrindo as leis fundamentais do movimento dos diversos mundos já presentes no compartimento da consciência chamado supramental, do qual nos esquecemos e que só podemos acessar mediante intuições e *insights* criativos. Em contraste, a criatividade situacional é invenção e acessível, pelo menos em princípio, para a lógica. A invenção depende das descobertas da criatividade fundamental, mas não vice-versa.

A existência da criatividade fundamental nos aponta para a existência do mundo supramental. Perceba, porém, que o mundo supramental não só é o reservatório dos contextos do significado mental, como também de funções vitais e leis físicas.

Nós, humanos, não desenvolvemos a capacidade de fazer representações diretas dos arquétipos supramentais no físico. Nós nos bastamos com os pensamentos e sentimentos evocados por um arquétipo, criando representações mentais e vitais (memórias) dos arquétipos nesse processo. Podemos entender que a totalidade dessas representações é nosso corpo supramental. Algumas tradições chamam-na de alma; outras, de mente superior; mas, naturalmente, também deve haver o envolvimento de um vital mais elevado. Desse modo, a alma consiste tanto no software da mente superior quanto em circuitos emocionais positivos no corpo e no cérebro.

Não nascemos com uma alma completa; o corpo biológico normal não vem com ela. Você precisa fazê-la. Vale a pena? Neste livro, mostramos que alguns aspectos básicos da construção da alma já estão disponíveis para nós em nosso inconsciente coletivo, algo que ignoramos e eliminamos culturalmente. Podemos aprender a não fazer isso e, em seu lugar, explorar essa possibilidade criativamente. Também apresentamos os rudimentos da ciência e da arte da construção da alma, a chave para chegarmos à terceira idade mantendo intacta a nossa qualidade de vida.

Mas cuidado: em muitas religiões, a palavra "alma" também denota aquela entidade que supostamente sobrevive à morte. Aqui, estamos usando a palavra para denotar parte da grande cadeia do ser, que inclui corpo físico, corpo vital, mente, alma (corpo supramental) e espírito (*self* quântico).

O corpo sublime

Quando meditamos, alcançamos um estado de relaxamento e nos sentimos extáticos. Entretanto, há novas evidências da presença dessa sensação sublime fora da meditação. Sob a orientação do psiquiatra transpessoal tcheco Stanislav Grof, muitas pessoas descobriram estados extáticos semelhantes ao *samadhi* através do uso de drogas psicodélicas e da respiração holotrópica. Outros encontraram estados sublimes em experiências de quase morte. Essas experiências comprovam a antiga descrição indiana da consciência como uma tríade existência/percepção-consciente/sublimidade. Desse trio, a existência é o elemento mais óbvio de imediato; a maioria das pessoas não nega a percepção consciente (até os neurocientistas pensam que somos, no mínimo, robôs filosóficos — em outras palavras, robôs com experiências), mas níveis elevados de sublimidade costumam ser um pouco distantes da experiência cotidiana das pessoas. Aos poucos, estamos reconquistando esse conhecimento, e isso está ajudando a mudar a visão de mundo.

Vivemos momentaneamente no corpo sublime sempre que damos um salto até o *self* quântico, um estado mais profundo de nossa autoexperiência, que surge quando estamos no momento presente. Os neurocientistas descobriram que o cérebro entra em um modo não local de funcionamento sempre que isso acontece; muitas áreas do cérebro atuam em sincronia, como se funcionassem juntas, como uma só, conduzidas por um maestro, o *self* quântico, cuja batuta é a não localidade. Com efeito, meditadores experientes, que fazem incursões frequentes ao *self* quântico, podem desenvolver esse modo quântico de funcionamento como uma característica pessoal. Isso pode ser visto no livro *Traços alterados*, de Daniel Goleman e Richard Davidson. Portanto, podemos dizer que esses meditadores experientes têm um corpo sublime bem desenvolvido.

Integrando formas de cura ocidentais e orientais

A nova ideia de órgãos como um corpo vital-físico correlacionado demonstra a promessa da integração das medicinas ocidental e oriental. Sim, a química do corpo físico é importante, tal como o hardware do computador, e, por isso, a medicina convencional é importante. Mas são igualmente importantes os movimentos correlacionados do corpo vital manifestados pela consciência, juntamente com os órgãos do corpo físico e suas funções programadas pela fisiologia.

De modo geral, o bem-estar exige a homeostase dinâmica do hardware físico e do software vital; nossos sentimentos nos chakras podem nos dizer se os órgãos desse chakra estão funcionando bem ou não. Por que dinâmica? Em virtude de fatores ambientais, tanto físicos quanto emocionais, as funções dos órgãos estão sempre mudando dentro de certa faixa. Em uma dada situação qualquer, a consciência precisa manifestar o programa de software apropriado; precisa estar livre para escolher de acordo com isso. Se a escolha apropriada estiver bloqueada, sentimo-nos em desarmonia.

A medicina oriental concentra-se mais na falta de equilíbrio e de harmonia dos movimentos do corpo vital que vivenciamos na forma de sentimentos. Na medicina tradicional chinesa — MTC, isso é um desequilíbrio dos aspectos *yin* e *yang* da energia vital chi, ou, dizendo de outra maneira, dos aspectos de onda e de partícula, respectivamente, de chi. Claro, isso é vago, mas nos proporciona uma grande pista.

Operamos em dois modos diferentes de autoidentidade: o ego, ou modo newtoniano; e o *self* quântico, ou modo quântico. No modo newtoniano, somos localizados e determinados; podemos chamar essa identidade de modo de partícula. No modo quântico, somos não locais e livres; podemos reconhecer este como o modo de onda. Logo, equilibrar os modos de movimento do corpo vital significa equilibrar o modo newtoniano e condicionado e o modo quântico e criativo de autoidentidade nas operações dos movimentos do corpo vital.

Em outras palavras, segundo a MTC, é necessário o equilíbrio entre a concretude (yang) e a potencialidade criativa (yin) do chi para a manutenção adequada da saúde. A função efetivamente necessária no órgão muda conforme o ambiente, a mudança das estações, infecções bacterianas ou virais, estresse emocional etc. O software do órgão pode ser ajustado à necessidade através da criatividade situacional, dependendo do yin disponível. Então, se houver um yin adequado, a consciência faz permutações e combinações da potencialidade disponível para criar um novo software que se encaixe na situação. Se houver pouco yin, a capacidade de ajuste situacional e criativo do software fica reduzida. Por outro lado, um yang condicionado escasso também reduz a criatividade, pois a capacidade criativa não está sendo empregada. É por isso que um equilíbrio dinâmico entre o yin criativo e o yang condicionado é a receita perfeita para um bem-estar vital.

A homeostase dinâmica deve ser mantida, mas incursões criativas situacionais externas à mesma resposta condicionada do corpo vital têm o seu lugar, conforme necessário.

As tradições orientais da medicina consideram que as doenças (especialmente as crônicas) devem-se ao desequilíbrio desses movimentos do corpo vital. Todas as tradições orientais acreditam na reencarnação. Em seus planos, as pessoas podem nascer com determinadas características que ditam como usarão os movimentos vitais. Se os movimentos do corpo vital são usados de maneira desequilibrada desde o início (pense nisso como o karma do corpo vital), com mais yin ou mais yang, cedo ou tarde irão produzir um funcionamento defeituoso dos órgãos físicos. Se for produzido mais desequilíbrio do corpo vital ao longo da vida, haverá ainda mais falta de sincronia entre os estados vitais e físicos correlacionados e as funções que realizam. Isso poder levar a doenças.

Quando você tem um distúrbio físico, como dor de cabeça, o médico ocidental recorre a analgésicos para aliviar o sintoma, ou seja, a dor. O acupunturista oriental, por sua vez, tentará encontrar uma forma de corrigir o desequilíbrio específico entre o funcionamento do yin e do yang do corpo vital que está causando essa dor. Portanto, o acupunturista descobre empiricamente o ponto específico do corpo físico para sondar com a agulha de acupuntura, como se fosse uma chave de boca aplicada aos movimentos condicionados defeituosos do corpo vital. A sondagem da acupuntura age como um gatilho, que aciona o mecanismo de correção do desequilíbrio vital.

Se você sofre de fadiga, de falta de vitalidade, os praticantes da medicina ocidental irão procurar uma causa, como anemia ou hipoglicemia, e, novamente, depois de diagnosticá-los com precisão, tratarão os sintomas. Mas, se procurar um médico que estudou a tradição ayurvédica indiana, ele irá tratá-lo com medicamentos herbais que visam corrigir seu desequilíbrio prânico. Graças a pesquisas empíricas e à sua experiência, o médico ayurvédico conhece a erva ou a combinação de ervas mais adequada para ajudar a restaurar o equilíbrio dos movimentos prânicos necessários para curar uma moléstia específica.

A filosofia oriental da cura tem isto embutido em sua essência: há pessoas especiais, curadores espirituais, que podem promover a cura do corpo vital através de um simples toque ou de um gesto com as mãos sobre o corpo do paciente. Felizmente, essa cura pelas mãos não se restringe apenas à medicina oriental; muitas tradições espirituais do Ocidente se valem dela, e as pessoas dotadas de poderes especiais de cura são reverenciadas nessas tradições.

Resumo

Em suma, considerações acerca da física quântica dizem-nos o seguinte sobre a natureza de nosso ser integral:

- A consciência é a base de toda a existência;
- Matéria, energias vitais, significado mental e arquétipos supramentais são possibilidades quânticas da consciência. A consciência faz a mediação da interação entre esses mundos de possibilidades em si mesma e não existe dualismo.

Nota: Como a consciência faz a mediação entre dois de nossos corpos, como, por exemplo, o físico e o vital? Causando o colapso simultâneo das possibilidades e concretizando-as (Figura 4).

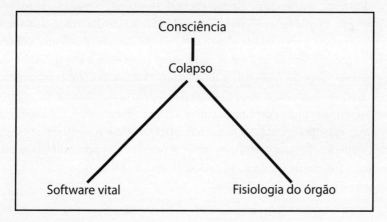

Figura 4. A consciência faz a mediação entre os corpos vital e físico causando o colapso simultâneo de suas ondas de possibilidades.

- Não temos um, mas cinco corpos diferentes (veja a Figura 1): 1) o corpo físico, que une hardware e fisiologia, e às vezes é chamado corpo denso (porque parece ser estável e permanente no nível macro); 2) o corpo vital inferior, um conglomerado de todos os softwares vitais, seja em conjunto com o físico-vital, seja na forma do físico-vital-mental (emoção negativa e prazer); 3) o corpo mental inferior ou apenas a mente, formada pelo software mental correlacionado com a memória física do cérebro; 4) o corpo supramental, que consiste no hardware físico e no software vital/mental superior (emocional positivo), também chamado de alma, e às vezes denominado corpo sutil quando se refere ao conjunto desses tipos de software sutil (porque sua dinâmica muda constantemente); e 5) a base da existência, vivenciada como a sublimidade de um *self* quântico sempre novo, chamado às vezes de corpo causal (porque é o portal para a fonte causal da causação descendente).

Doença e mal-estar*

É útil distinguir *disease* (doença) de *illness* (mal-estar). A doença é o mau funcionamento objetivo do organismo, que pode ser diagnosticado por máquinas, ou por exames adequados, que servem de base para um consenso. Em contraste, mal-estar é algo subjetivo; é a sensação subjetiva causada por esse mau funcionamento. O paradigma materialista tenta explicar a doença, mas carece de escopo para explicar a causa da sensação interna, o mal-estar.

Portanto, a doença é externa, ela nos fala do corpo físico — hardware e fisiologia. O mal-estar é interno, fala do mau funcionamento da psique correlacionada e vivenciada simultaneamente. Se houvesse uma relação unívoca entre doença e mal-estar, não haveria problema; tratando a doença, trataríamos automaticamente o mal-estar e vice-versa. Empiricamente, porém, não existe uma correspondência unívoca: podemos ter uma doença (os primeiros estágios do câncer), mas não sentir mal-estar. Ou podemos ter o mal-estar (a suposta dor psicossomática), mas não existir uma doença física cuja causa poderíamos encontrar. É por isso que precisamos de uma medicina integrativa, cuja meta é não apenas curar a doença, mas também eliminar a sensação de mal-estar.

---

* No original, *disease* e *illness*. Ambas denotam doença, mas não há uma palavra individual adequada para cada uma em português. Assim, por motivos que ficarão claros no texto, adotei "doença" como tradução para *disease* e "mal-estar" para *illness*. [N. de T.]

A medicina quântica integrativa nos proporciona a ciência médica (baseada em teoria e evidências) voltada para a manutenção da saúde de todos os nossos cinco corpos e, tanto no caso de doenças quanto de mal--estar, oferece-nos velhos e novos métodos de cura.

Níveis de doença e de cura

Parece fácil falar do nível físico da doença: dá-se quando a física e a química normais do corpo se desviam da rota. As causas podem ser tanto externas quanto internas. Como exemplos de causa externa, temos germes, vírus e lesões físicas.

As causas internas de uma doença física são mais sutis, mas o defeito genético seria uma das mais óbvias: a deficiência de um gene ou de uma combinação de genes traduz-se na incapacidade do corpo de gerar proteínas específicas para o funcionamento adequado do órgão — e, por consequência, a doença.

Mas nem sempre é possível fazer uma análise para encontrar a causa de uma doença. Veja o caso do câncer, por exemplo. Tanto a teoria dos germes quanto a deficiência genética foram aventadas como causas, mas sem muito sucesso. Assim, a questão sobre a causa do câncer ainda está aberta para teorias nos níveis vital e mental.

O que causa doenças no nível vital? No nível físico, temos a fisiologia e o hardware do corpo físico, sujeito à física e à química usuais; no nível vital, temos os softwares vitais, programas funcionais que comandam a fisiologia segundo o uso repetitivo de matrizes dos campos litúrgicos. Parte do software é universal, mas há também um componente pessoal criado ao longo do desenvolvimento do corpo desde a infância até a vida adulta. Todo corpo físico individual é único em função de sua estrutura. O corpo vital de um indivíduo também é único, mas por um motivo diferente: a natureza individual do desenvolvimento. Certos programas e matrizes vitais são mais usados do que outros; muitas propensões tornam-se o padrão de uma personalidade funcional. Tal corpo vital individual pode 1) ter certos desequilíbrios intrínsecos (causa interna) ou adquirir desequilíbrios a partir de interações com os ambientes físico, vital e mental (causa externa); ou, ainda, 2) adquirir um desequilíbrio dinâmico entre criatividade e condicionamento.

Esses ambientes potencialmente desequilibrantes podem incluir comida, natureza, animais e outras pessoas. Note que as interações com o ambiente físico e mental são tanto indiretas quanto diretas. O ambiente físico afeta os órgãos do corpo físico. No entanto, estes estão correlacionados com o software do corpo vital, que precisa se ajustar, e assim o efeito se propaga. Naturalmente, a consciência faz a conexão final. De modo similar, o ambiente mental afeta os aparatos cerebrais correlacionados e seus órgãos-V. O cérebro está conectado aos diversos órgãos do corpo físico através do sistema nervoso, e também das recém-descobertas conexões moleculares psiconeuroimunológicas e psiconeurogastrointestinais. Finalmente, esses órgãos estão correlacionados com as matrizes do corpo vital nos chakras apropriados. Ademais, a consciência sempre pode fazer a conexão direta de forma não local.

Esses desequilíbrios do software vital (os campos litúrgicos condicionados através do uso repetitivo) e seus movimentos (associados à gestão dos programas funcionais) também causam desequilíbrios na função do órgão físico, os quais podem produzir até problemas estruturais (como o desenvolvimento de um tumor).

No nível mental, o significado negativo pode ser atribuído a entradas externas que ocorrem em três níveis:

1. Nível físico. Por exemplo, uma lesão que causa angústia mental: "Por que essas coisas ruins sempre acontecem comigo?".
2. Nível do sentimento vital. Por exemplo, ver um chefe rude produz medos mentais fantasiosos tão intensos quanto o medo de ver um tigre de verdade a sua frente.
3. Nível mental-emocional. Por exemplo, ouvir palavras insultuosas.

O significado mental negativo afeta o software do corpo vital no cérebro diretamente através do chakra frontal (sobre o neocórtex) e de um chakra menos conhecido no mesencéfalo e órgãos correlacionados (hipotálamo e glândula pituitária), e também afeta o software vital nos chakras do corpo indiretamente através das conexões psiconeuroimunológicas e psiconeurogastrointestinais.

Além disso, a mente do indivíduo pode ter desequilíbrios internos intrínsecos. Desequilíbrios da mente, internos ou externos, são capazes de produzir tanto desequilíbrios vitais como físicos.

Como o nível arquetípico supramental não está representado diretamente no físico, não existem doenças cuja origem possa ser considerada supramental, talvez com uma exceção: a depressão. A depressão acontece por causa da falta prolongada de satisfação, ou pela falta de envolvimento com os arquétipos. A depressão também pode acarretar sintomas físicos.

O fato de não termos uma conexão contínua com os corpos supramental e sublime manifesta-se como ignorância, que é a causa raiz de todo sofrimento. O sábio da Índia Oriental Patanjali disse que a ignorância dá origem ao ego, o ego desenvolve preferências e aversões (um processo que chamamos de mentalização do sentimento), e essas preferências e aversões acabam dando origem a doenças físicas, bem como o medo da morte.

Logo, a doença física pode ser causada em todos os níveis em que vivemos, ou seja, em cada um de nossos cinco corpos. O materialista estrito presume que toda doença é causada no nível físico, e esse é o equívoco mais profundo da medicina convencional. Todavia, as profissões alternativas de cura cometem o mesmo engano quando atribuem a doença apenas a um nível, como se ela estivesse ocorrendo graças ao mau funcionamento de apenas um dos corpos. Em muitos casos, devemos examinar a causa da doença em mais de um nível.

Vejamos o caso de uma lesão física. Os materialistas pensam que esse é um problema no nível físico. Porém, depois da cirurgia, o ferimento não cicatriza. Agora é o momento de perceber que os programas vitais que auxiliam a regeneração do ferimento no órgão afetado não estão funcionando adequadamente. É o momento de consultar um acupunturista.

A mesma consideração se aplica à cura de todas as doenças, que também precisa acontecer em mais de um nível. A doença vem com determinados sintomas no nível físico, certas sensações de mal-estar no nível vital, certos erros de significado no nível mental e certa sensação de separação nos níveis supramental e sublime. A cura completa é a cura holística — devemos tentar sempre uma abordagem em vários níveis, caso possamos encontrar uma abordagem compatível nos diversos níveis.

Eis como funciona. No nível mais baixo, temos a medicina convencional e suas curas materialistas: drogas, cirurgias e radiação. Se a doença for inteiramente física (o que raramente é o caso), então a cura material é o final da história.

No nível seguinte, o vital, a doença tem componentes vitais reconhecíveis além dos físicos e mais óbvios. Se só tratarmos os componentes vitais da doença, como fazem os praticantes orientais do Ayurveda e da medicina tradicional chinesa, ou ainda os homeopatas, teremos um paradigma exclusivo. É verdade que o tratamento no nível vital é mais fundamental e engloba o nível físico, mas leva tempo. Também é verdade que, em alguns casos urgentes, o uso complementar da cura física é claramente necessário. O ponto é focalizar a compatibilidade das duas curas; depois, tudo fica bem encaminhado.

No nível seguinte, reconhece-se o papel da mente, e agora esse nível é o da doença da mente e do corpo, e da cura da mente e do corpo. Sim, nesse nível, podemos dizer que a mente cria a doença, mas é necessário afirmar que a mente sozinha é capaz de curar? Será que apenas a mente processa a cura no nível mental, com a cura infiltrando-se até o físico?

Em vez disso, por que não continuamos com a cura compatível também no nível vital e no físico?

Com efeito, geralmente não é correto falar em "cura da mente e do corpo". Volta e meia, quando a mente cria a doença, a cura não pode ser encontrada no nível da mente. É preciso dar um salto quântico até o supramental para encontrá-la. Claro que a cura supramental não exclui a mente; tampouco exclui o vital. O salto até o supramental corrige o erro do significado mental; a correção do significado mental corrige o sentimento vital, o que significa a cura do software vital; o que reativa as funções biológicas dos órgãos no nível físico. Mas também é claro que um salto ao supramental pode levar simultaneamente a novo significado mental, corrigindo também o software vital.

No próximo nível da cura espiritual, temos a recuperação da inteireza (a raiz etimológica das palavras inglesas *healing*, "cura", e *whole*, "inteiro", é a mesma). Ela pode ser alcançada de três maneiras diferentes.

1. Através da cura situacional de uma dicotomia específica.
2. Através da percepção fundamental do arquétipo da inteireza.
3. Através daquilo que as tradições espirituais chamam de iluminação.

Pode haver certa confusão com o termo "iluminação espiritual". Por exemplo, se a iluminação espiritual também é o nível mais elevado de cura, por que certas pessoas, supostamente iluminadas, morrem de doenças como o câncer (a ponto de o médico norte-americano Andrew Weil chamar a iluminação jocosamente de "convite para o câncer")? É verdade que dois grandes místicos indianos iluminados de uma época relativamente recente, Ramakrishna e Ramana Maharshi, morreram de câncer. Contudo, essa confusão se dissolve quando admitimos que a descoberta da inteireza cura a mente da separação do ego, e a cura do ego livra-nos de desequilíbrios vitais decorrentes de preferências emocionais; não ter preferência emocional significa não ter medo da morte no plano físico. Assim, não haverá ninguém ali para sofrer ou para recear a morte em função da doença. Então, quem precisa curar isso? Em outras palavras, talvez a perspectiva iluminada não faça sentido para as perspectivas dos níveis inferiores.

Mas por que as doenças afetariam pessoas iluminadas? Exploradores espirituais à maneira antiga impõem ao corpo enormes dificuldades, como a má nutrição. Também se pode falar de predisposição genética ou karma de vidas passadas no caso dessas pessoas.

Uma síntese da medicina quântica integrativa

A medicina quântica integrativa consiste no seguinte *modus operandi*:

- Baseia-se no paradigma segundo o qual a maioria das doenças ocorre simultaneamente em mais do que um dos cinco corpos da consciência: físico, vital, mental, supramental e espiritual. Entretanto, a doença pode se originar em um nível e se espalhar para os outros níveis.
- Sua meta não é tratar a doença concentrando-se em um nível (o material), como a alopatia, mas focalizar todos os movimentos de todos os cinco corpos da consciência como campo de cura, conforme necessário.
- Em termos específicos, tanto as energias mentais como as vitais são aceitas como lugares onde a doença pode se originar e a cura pode ocorrer. A cura que ocorre em um plano superior da consciência também cura automaticamente os planos inferiores, embora isso leve tempo.
- Naturalmente, as técnicas rudes e invasivas da medicina do corpo físico, pelo menos em parte, devem dar lugar a técnicas mais sutis.
- Mal-estar e doença são claramente coisas diferentes.
- A ideia da autocura é aceita como parte do poder da causação descendente da consciência. Outras curas são incluídas como exemplos de não localidade (veja adiante).
- Portanto, os médicos, mais uma vez, tornam-se cocuradores ao lado do paciente (veja adiante).
- A medicina preventiva, a manutenção do bem-estar, é considerada fundamental.

Você pode ver que muitas dessas ideias já estão sendo praticadas em escolas alternativas de medicina, como a naturopatia. O que é novo aqui é o pensamento quântico, a aplicação consciente de princípios quânticos para desenvolver um sistema científico completo e funcional de cura holística, integrando todos os sistemas de cura, que antes estavam separados.

Talvez os praticantes da medicina convencional ainda hesitem em acolher uma medicina integrativa que una a medicina alternativa e a medicina convencional. Se a medicina fosse generalizada e envolvesse domínios não físicos da realidade (admitindo que existam), a medicina ainda seria uma ciência? A ciência depende de dados experimentais consensuais. Como, por definição, não podemos observar diretamente o não físico com nossos instrumentos físicos, como poderíamos elaborar uma ciência consensual?

Agora, a resposta para esse tipo de preocupação está clara. Nossos corpos não físicos individualizados, o vital e o mental, não são suscetíveis a medições físicas diretas, claro, mas têm efeitos correlatos no plano físico que podem, sim, ser detectados em experimentos de laboratório. Como exemplos, temos a fotografia Kirlian e a tomografia por emissão de biofótons, para o vital, e a ressonância magnética funcional, para o mental. Além disso, nós, como seres conscientes, podemos sentir, pensar e intuir diretamente, que são nossas conexões diretas com o vital, o mental e o supramental. A física quântica exige que a doutrina da objetividade forte — ciência independente da influência dos sujeitos — seja substituída por uma doutrina da objetividade fraca, ou seja, a ciência não deve variar de sujeito para sujeito. Desse modo, a medicina quântica integrativa é fracamente objetiva e, portanto, científica.

capítulo 2

conhece-te a ti mesmo, médico quântico

Ouvimos uma piada da assistente de um médico.

> Um médico morre e vai para o céu. Para sua surpresa, encontra uma longa fila que leva aos Portões Celestiais. Naturalmente, o médico não está acostumado a entrar em filas e, por isso, vai direto até a frente, esperando ser atendido de imediato. Quando São Pedro o detém, o médico fica furioso. Mas São Pedro se mantém firme.
> — Desculpe, doutor. No céu, até os médicos precisam aprender a esperar.
> Nesse exato momento, passa um homem vestido com um longo jaleco branco, estetoscópio pendurado no pescoço, e atravessa o portão.
> — Olha lá, outro médico — grita o médico para São Pedro. — Você o deixou entrar. Isso não é justo!
> São Pedro ri e diz:
> — Ah, esse é Deus. Às vezes, Ele pensa que é médico.

É uma piada e, por isso, rimos. Mas também é uma tragédia, pois o ego inflado do médico fecha sua mente para essas coisas das quais estamos falando, especialmente a consciência e os objetos sutis do mundo — energia vital, significado mental, valores arquetípicos —, que têm um papel essencial na cura.

Se o médico quer ser um curador, precisa se transformar e desenvolver empatia. Ser médico começa pela suposição de que existe uma experiência do "eu" para todos, não apenas para si mesmo. Se o "eu" está inflado, é necessário transformar isso. Depois, é necessário confrontar sua anacrônica visão de mundo, a da ciência materialista: como todos podem ser robôs com experiência, e ele estar isento da regra? Ele não só precisa pressupor o "eu", como precisa pressupor um "eu" causalmente potente, que usa seu poder causal para mudar. Além disso, se o médico deseja estimular seus clientes a assumir a responsabilidade por suas doenças, sua cura, sua qualidade de vida etc., o "eu" do paciente também precisa ser confirmado para que o paciente mude.

A crença no Ocidente de que não existe sujeito ou *self* data da época de René Descartes, que ficou famoso pelo axioma "Penso, logo existo", identificando o "eu", o *self*, como uma parte da mente. A mente, lógico, consiste em pensamentos — que são objetos. Assim, o *self* é visto como um objeto mental, outro pensamento. Um pensamento com conotação subjetiva, mas e daí? Chame-o de *qualia* subjetivo e faça-o soar como um objeto. Desse modo, também se pode evitar qualquer questão sobre a potência causal do *self*.

Para tornar as coisas mais interessantes ainda, existe, de fato, um objeto, um "mim", que vivenciamos mentalmente. Se inspecionado com atenção, o "mim" mostra-se como a versão objetificada do sujeito "eu". Em nossa experiência do dia a dia com o "eu", temos mesmo a tendência a confundir o "eu" e o "mim". Na experiência rotineira, aquilo que experimentamos é eu/mim; chamamos isso de ego. O ego tem caráter, um padrão condicionado de hábitos e aprendizado, bem como uma persona, uma espécie de chefão que age como a CPU de programas aprendidos.

Como podemos ter a experiência de um "eu" puro? Se nós o experimentarmos, o preconceito — não existe sujeito/*self*, existem apenas objetos — simplesmente desaparece. Todavia, antes de tratarmos disso, é importante compreender como a física quântica lida com o problema do *self* e do poder causal.

O sujeito/*self* na física quântica

Para entender como surge a autoidentidade, precisamos abordar o problema da medição quântica: como as possibilidades quânticas tornam-se objetos concretos? O físico húngaro John von Neumann enunciou o efeito do observador: sem o observador, as possibilidades quânticas não se concretizam. E isso só é possível porque um observador tem alguma coisa claramente não material, claramente externa à jurisdição da matemática das possibilidades quânticas.

Mas o que poderia ser essa entidade não material? Von Neumann referiu-se vagamente a ela como consciência. O que ele quis dizer é que a consciência total da percepção-consciente do polo-sujeito da experiência por parte do observador não pode ser reduzida a um punhado de objetos, como os neurônios do cérebro. Seguindo a linha de raciocínio de von Neumann — e não existe outra maneira de evitar o paradoxo —, o problema da medição quântica deve ser visto como a forma pela qual a unidade potencial do domínio da potencialidade se divide em sujeito (o "eu" por trás do olho do cérebro) olhando para um objeto (digamos, um elétron, e o dispositivo de amplificação que usamos para olhar o elétron, como um contador Geiger).

De novo, a cadeia lógica deveria estar clara: não existe outra maneira de resolver o problema da medição senão por meio do efeito do observador. Isso significa que a unidade do domínio da potencialidade se divide em polaridade sujeito-objeto como efeito da medição quântica. O sujeito tem a percepção consciente de que está olhando para o objeto.

Em suma, em uma medição quântica, uma consciência se divide em sujeito e objeto.

Uma hierarquia entrelaçada no cérebro

Assim sendo, o verdadeiro problema que temos de resolver é: como o cérebro se torna o veículo do *self* ou sujeito da experiência do objeto? Essa é a pergunta difícil que foi respondida no livro de Amit *O universo autoconsciente*.

Depois de se manifestar concretamente, vê-se que a consciência se identificou com o cérebro e se tornou o observador manifestado, que ouve o tique-tique do elétron no contador Geiger e relata em primeira pessoa: "Ouço o tique-tique". O cérebro precisa ser especial para capturar a consciência dessa maneira. Essa coisa especial no cérebro é chamada de hierarquia entrelaçada ou emaranhada: o entrelaçamento de dois aparatos cerebrais que captura a consciência quando esta usa o cérebro para olhar através dele.

Em uma hierarquia simples, um nível tem poder causal sobre o outro, formando um relacionamento linear. A hierarquia entrelaçada é um relacionamento circular, no qual um nível cria o outro e não podemos dizer quem está por cima. É como tentar responder à pergunta sobre o ovo ou a galinha: quem veio primeiro?

Como a hierarquia entrelaçada confere a autoidentidade? Vejamos a declaração do mentiroso, apresentada pelo norte-americano Doug Hofstadter, em seu livro *Goedel, Escher, Bach*: "Eu sou um mentiroso".

Em uma frase comum, "Eu sou um escritor", que você pode entender como uma hierarquia simples, o predicado "escritor" qualifica o sujeito "eu" de uma vez por todas. Porém, perceba a circularidade da frase do mentiroso: o predicado do final qualifica o sujeito, mas também apresenta uma contradição, chamando novamente atenção para o começo. Se sou um mentiroso, então estou dizendo a verdade; e isso prossegue: se estou dizendo a verdade, então sou mentiroso, então estou dizendo a verdade, *ad infinitum*.

Se entrar na circularidade da frase e identificar-se com a circularidade, você tende a ficar preso nela. Tente: você pensará que está incorporado na frase. Naturalmente, nesse caso, será fácil sair. Afinal, foi só a sua aceitação tácita das regras da gramática que o capturou e também lhe deu uma autoidentidade. Falando em termos técnicos, você pertence ao nível "inviolado" da gramática implícita para o qual a frase não pode ir, mas você pode. Assim, pode entrar e também pode sair.

Se o cérebro tem um sistema hierárquico entrelaçado embutido, então, quando a consciência analisa objetos por meio dele e faz escolhas entre as possibilidades quânticas disponíveis, ela é capturada; a escolha manifesta um estado do cérebro e os estados dos objetos. Entretanto, a consciência se identifica com o cérebro e se considera separada dos outros objetos manifestados, como o contador Geiger e o elétron. O sujeito/ *self* observador — que é o *self* quântico centrado no presente — e os objetos observados surgem juntos na percepção-consciente através da manifestação quântica.

Isso funciona. Em todos os eventos de percepção, o cérebro do perceptor é sempre um dos objetos envolvidos, mas o observador nunca vivencia o cérebro separadamente do *self*. O *self* e o cérebro que tem a experiência são como pintura e tela. Não dá para separar um do outro.

No caso da frase do mentiroso, pertencemos, de fato, ao nível inviolado; por isso, a identificação com a frase é uma identificação fingida; podemos nos livrar à vontade da identificação com a frase. No caso do cérebro, o nível inviolado é o nosso inconsciente; no ego ordinário, não podemos ir lá e preservar nossa separação e percepção-consciente; portanto, nossa identificação com o cérebro na experiência manifestada parece ser total — não podemos sair da identificação, porque queremos ou porque conhecemos o mecanismo por trás de nossa identificação. Ganhamos alguma coisa, um *self* separado, e isso é imenso. Mas também perdemos alguma coisa: desenvolvemos a ignorância de quem somos, uma espécie de esquecimento.

Eis uma pergunta importante: podemos sair de nossa identidade-cérebro do *self* quântico? Quando vivenciamos o *self* quântico em uma experiência intuitiva ou criativa, estamos tão concentrados no objeto da experiência que, obviamente, não podemos. Mas não tire ainda conclusões precipitadas. O grande Buda disse claramente, pela primeira vez, e houve muitas confirmações desde então, que em uma autoexperiência quântica centrada no presente, se prestarmos atenção no *self*, descobriremos que, na verdade, ele é um não-*self* e, nesse momento, poderemos escolher sair realmente do mundo manifestado imanente e fundirmo-nos com a unidade inconsciente. (Para saber mais sobre isso, leia o livro de Amit *See the World as a Five-Layered Cake*.)

Voltando à frase do mentiroso. Ela tem dois níveis, que formam o entrelaçamento: o sujeito e o predicado. Quais são os dois níveis da hierarquia entrelaçada do cérebro? Percepção e memória; não existe memória sem percepção; não existe percepção sem memória.

Finja que você está entrando no entrelaçamento com a ideia de fazer uma escolha e concretizá-la. Por onde começar? Digamos que você começa pelo aparato de percepção. Todavia, isso não será o bastante; para ser operacional, manifestar uma percepção exige a memória manifestada. Portanto, você transfere sua atenção para a memória e tenta concretizá-la. Mas isso também não vai dar certo; não existe uma percepção manifestada para ser memorizada. Logo, você fica preso no cérebro, que irá para lá e para cá entre os dois aparatos. Em virtude de sua hierarquia entrelaçada, o cérebro adquiriu um *self* que se vê como algo separado de quaisquer outros objetos de percepção.

Na verdade, o caso é o seguinte: 1) a consciência, a base do domínio inconsciente da potencialidade, manifesta tanto o aparato de percepção quanto o de memória; 2) o inconsciente é o nível inviolado e "você" pode ir lá, mas o mesmo acontece com o cérebro, e ambos se tornam potencialidade; e 3) a concretização é não local.

Tudo se encaixa. Com efeito, percepção e memória se tornam manifestadas na mesma ação, graças ao ato da causação descendente, que faz com que apareça a memória criando a percepção, e a percepção criando a memória.

Além disso, em última análise, não se esqueça de que, como no desenho de Escher *Desenhando-se* (Figura 5a), na hierarquia entrelaçada do cérebro e seus aparatos de percepção e memória (Figura 5b), a autocriação e a separação são apenas aparentes, embora nem por isso sejam triviais. A consciência cria essas aparências a fim de se dividir em duas partes — uma olha para a outra como algo separado de si mesma.

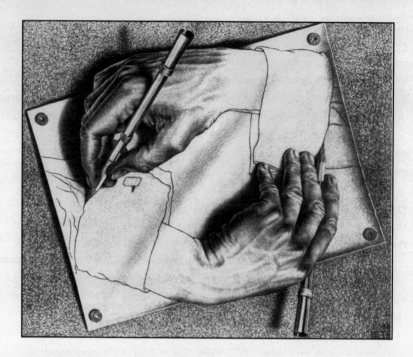

Figura 5a. *Desenhando-se*, por M.C. Escher (versão do artista).

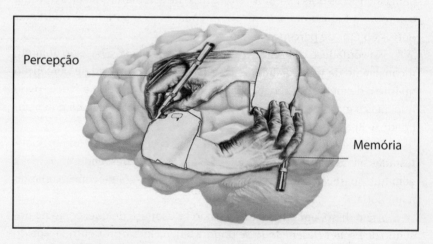

Figura 5b. Os aparatos de percepção e de memória entrelaçados hierarquicamente, como a mão de Escher, criam a aparência de circularidade e de autoidentidade.

Finalmente, como a separação do *self* quântico não é suficiente para produzir o tipo de esquecimento de que precisamos para uma experiência estável no mundo manifestado, existe o processo do reflexo subsequente no espelho da memória (os budistas chamam isso de cossurgimento dependente), antes de experimentarmos o *self* em nosso ego. Neurocientistas mediram o tempo que leva para um *feedback* da memória em meio segundo, aproximadamente.

Na introdução, mencionamos dados recentes que estão revolucionando nossa mentalidade perante a saúde e a cura. Não é só no neocórtex que temos hierarquias entrelaçadas; elas também existem no chakra cardíaco e no chakra umbilical. (Veja detalhes nos capítulos 9 e 11.)

Há um *self* além do ego

A experiência do *self* do processamento da hierarquia entrelaçada no cérebro, o sujeito de uma experiência dividida entre sujeito e objeto em sua proximidade, é sempre novo; não existe memória anterior a ela. Não tem individualidade, é cósmica. Por isso, nós o chamamos de *self* quântico. A palavra sânscrita para essa experiência é *samadhi*. A intuição é um vislumbre do *self* quântico.

O *self* quântico é incondicionado, sempre novo; é aquilo que as tradições espirituais chamam de *self* interior ou *self* superior e que os psicólogos transpessoais chamam de *self* transpessoal. Se abordarmos esse *self* a partir do estado normal do ego, nossa consciência parece se expandir, e tal expansão é vivenciada como felicidade. Todas as experiências sutis — pensamento, sentimento, intuição — podem nos levar lá. Quem pode negar a importância de nos sentirmos felizes para nos curarmos de uma doença?

Lentamente, a profissão médica está admitindo o valor da musicoterapia, da arteterapia, da meditação etc. Essas coisas funcionam, porque produzem felicidade e nos levam até o *self* quântico.

Sua experiência ordinária do ego é rogada pelo "mim", a parte objetificada da experiência do eu. Em contraste, porém, o *self* quântico não tem "mim". É uma experiência puramente do eu. Agora, o dito "Médico, conhece-te a ti mesmo" faz sentido, não faz? O "ti mesmo" a que o ditado se refere é o *self* quântico. Os médicos tornam-se curadores quando exploram o arquétipo da inteireza. Essas explorações levam à descoberta do *self* quântico. Aquele que conhece a inteireza também é mestre na empatia, e a empatia é a meta suprema de um curador — foi a razão para você ter escolhido a cura como profissão.

Se você leva a visão de mundo quântica para sua profissão de cura e, ao mesmo tempo, continua a explorar o arquétipo da inteireza para descobrir seu verdadeiro eu, você é um médico quântico, um curador quântico.

Agora, você deve ter percebido porque fornecemos todos esses detalhes sobre a hierarquia entrelaçada. Caro curador, para desenvolver empatia e uma conexão não local com seu cliente, você precisa parar de agir com ele segundo a hierarquia simples e praticar a hierarquia entrelaçada.

O ego

Começamos a examinar como o ego surge da resposta inicial do *self* quântico a cada estímulo externo, via o cossurgimento dependente. Iremos nos aprofundar nisso.

Sempre que acaba de processar um estímulo qualquer, o aparato de memória da hierarquia entrelaçada cria uma memória da resposta ao estímulo. Quando o mesmo estímulo chega ao cérebro, a memória ressurge e produz um estímulo secundário, uma imagem refletida, digamos. Assim, o sistema de percepção quântica precisa responder não apenas ao estímulo primário como também ao estímulo secundário. Você pode entender esse processamento da retroalimentação como um reflexo no espelho da memória. Ele faz com que o sistema tenha a propensão de responder a favor da resposta anterior. É assim que um grande número dessas reflexões produz aquilo que os psicólogos chamam de condicionamento.

Quando refletimos sobre a memória, cada um de nós também se vê vivenciando um "mim". Quanto mais reflexões da memória, maior a experiência do mim; gradualmente, a experiência do "eu" torna-se implícita, algo como "eu sou este mim". Também desenvolvemos programas de personalidade e escolhemos nossa resposta dependendo da situação. Finalmente, isso nos transforma em um ego/persona em hierarquia simples — o chefão de nossos programas de personalidade.

A questão do livre-arbítrio

Inicialmente, para o *self* quântico, a escolha consciente que cria a experiência apresenta potencialidades de escolha infinitas. Ter um acúmulo cada vez maior de memórias para estímulos idênticos, e cada vez mais condicionamento, em situações ambientais levemente diferentes, produz um condicionamento com um espectro de escolhas mais limitado. O sistema ainda é quântico, mas o *feedback* limitou a liberdade consciente de escolha ao nível do ego. Dessa forma, o ego tem livre-arbítrio, mas com um espectro de escolhas mais limitado.

De modo análogo, os sentimentos acoplados a sensações ou pensamentos escolhidos pelo ego como resposta a um estímulo — o software vital — estão condicionados a esse espectro de escolhas limitado. Para o vital, isso deixa espaço para ajustes situacionais para um estímulo-resposta, uma coisa que os médicos de vanguarda chamam de sabedoria do corpo. Porém, o corpo precisa ter uma indicação clara daquilo que o ego quer; por isso, no final das contas, ainda é uma escolha do ego.

Do ego ao *self* quântico: os três princípios quânticos

A liberdade de escolha, um ato de causação descendente, reside, em resumo, no inconsciente; contudo, a assinatura que escolhemos livremente é encontrada na experiência do *self* quântico com a seguinte forma: "Eu não tive esta experiência através do pensamento racional". Assim, quanto mais aprendermos a viver próximos da consciência expandida do *self* quântico, mais fácil será para nós ter acesso à fonte da livre escolha.

A causação descendente — a livre escolha da consciência Unitária — chega até nós por três meios: não localidade, descontinuidade e hierarquia entrelaçada. Essas são as maneiras pelas quais nós nos reconectamos ao *self* quântico e à verdadeira liberdade.

Não localidade é a comunicação sem sinais, em lugar de sinais; usa-se a consciência não local para comunicação. Mas há uma pegadinha. Para usar a não localidade com outra pessoa, ambas precisam se correlacionar, ativar a unidade potencial. Essa correlação pode ser feita facilmente através de interação positiva, meditação com intenção, ou simplesmente uma forte intenção.

Pacientes que se recuperam de cirurgias têm a intenção de se curar rapidamente, sem dúvida; mas, em virtude de sua situação especial, podem viver um pouco distantes do *self* quântico. Será que eles podem aumentar a intenção de cura através da intenção e da prece de outra pessoa, mesmo a distância, usando a não localidade? A resposta é sim. Esse fenômeno é chamado cura a distância e foi demonstrado pela primeira vez pelo médico norte-americano Randolph C. Byrd, em 1988. Diversos pacientes de um hospital em São Francisco estavam se recuperando de cirurgias cardíacas. Byrd deu uma lista dos pacientes a um grupo de preces de uma cidade bem distante. O grupo de preces escolheu aleatoriamente nomes da lista e manifestou suas intenções e preces pelo método duplo cego. Nem Byrd nem os pacientes sabiam exatamente quem estava recebendo preces. Mas houve uma melhoria nas taxas de cura das pessoas que receberam preces, bem além daquilo que se poderia esperar das flutuações estatísticas aleatórias da taxa de cura. Admite-se que esses experimentos de cura a distância são controversos, e há muitos artigos pensadores que refutam Byrd. Entretanto, a pesquisadora norte-americana Jeanne Achterberg realizou um experimento muito completo e conclusivo que pacificaria essa questão.

Esse é apenas um tipo de uso da não localidade aplicada à cura. Mais reveladores são os estudos — um dos quais foi publicado no *Jornal da Associação Médica Americana* — JAMA, de Medicina Interna, em 2016, e mencionado na edição de 26 de fevereiro de 2018 da revista *Time* — mostrando que pessoas que vão regularmente à igreja e participam de cultos com outras pessoas vivem mais tempo e com mais saúde. Será que sua longevidade se deve ao fato de serem membros de uma igreja e de seguirem uma religião? Não necessariamente. Talvez sejam a não localidade ativada e a consciência unificada que dão às pessoas a sensação de felicidade, e esta melhora sua saúde.

É por isso que a empatia por parte do curador é tão importante para a cura, pois o que é a empatia se não a capacidade de manter uma conexão não local com outra pessoa durante longos períodos, um gesto que as tradições espirituais chamam de abrir o coração para incluir os outros (Figura 6). De que outro modo o curador poderia calçar as sandálias do cliente, sentir o sofrimento do outro, e abrir mão de tudo isso quando a conexão não fosse mais necessária?

Figura 6. Pessoas que têm empatia, como Jesus, possuem um coração expandido.

A descontinuidade é um salto entre lugares que não estão conectados continuamente por uma ponte. Quando elétrons saltam de uma órbita atômica para outra, eles não passam pelo espaço intermediário; em vez disso, dão aquilo que tem sido chamado de salto quântico descontínuo (Figura 7).

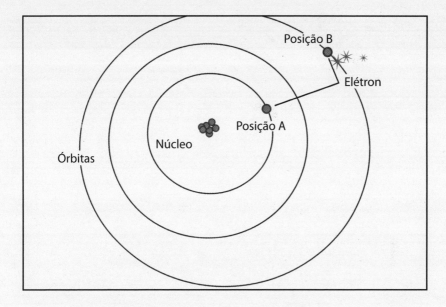

Figura 7. Um salto quântico, como idealizado por Niels Bohr, que postula que quando os elétrons saltam de uma órbita atômica para outra nunca passam pelo espaço intermediário. Muitos experimentos dão suporte à teoria de Bohr.

Mencionamos anteriormente a cura espontânea, sem intervenção médica. O médico Deepak Chopra teorizou que tais curas se devem a saltos quânticos. Um significado mental errôneo atribuído a um estímulo causa um bloqueio da energia vital em um órgão vital, o que acaba se traduzindo em doença física do órgão físico correlacionado. Quando o paciente dá um salto quântico em pensamento, corrigindo o significado mental, o bloqueio de energia é removido espontaneamente, e ele é curado sem qualquer intervenção médica contínua — a cura quântica.

Logo, lidar com a saúde e a cura através da visão de mundo da física quântica dota imediatamente o curador e o paciente do poder da causação descendente, o poder potencial de escolher a saúde, e não a doença. Fica faltando aprender as sutilezas do exercício dessa escolha. E, quando fazemos isso, descobrimos por que tal autocura é tradicionalmente chamada de cura por um poder superior, espírito ou Deus: porque nos tira de nosso habitual casulo isolado de existência e nos leva a um nível de existência holístico, e não local.

capítulo 3

prevenção: uma perspectiva nova e essencial

No texto religioso hindu *Bhagavad-Gita*, Krishna diz: "Aprenda a conhecer plenamente o centro supremo de seu ser. Aquele que é misterioso, indestrutível e transcendente. O *self* imortal e transcendental, o *Atman*, que existe em todo ser humano. Ninguém jamais conseguiu destruir ou perturbar este espírito que existe em todos os seres".

O cirurgião francês Ambroise Paré, que inventou o primeiro elemento da cirurgia e estava ficando famoso por salvar soldados no campo de batalha com suas operações cirúrgicas, costumava dizer de cada paciente que sobrevivia: "Eu tratei dele, mas Deus o curou".

Paracelso, grande curador e alquimista suíço, disse: "Deus proporcionou tudo de que o ser humano precisa para ser curado. O papel da ciência é descobrir isso. A arte da cura começa pela natureza, e deveríamos estudar a natureza para aprender".

Além disso, há um ditado popular: "Existe uma erva para cada doença. Você só precisa encontrá-la".

Nesses tempos modernos, muita gente está se perguntando: "Será possível curar uma doença por métodos diferentes daqueles apresentados pela medicina convencional, métodos que realmente curam tanto a causa subjacente como os sintomas, métodos sem efeitos colaterais, métodos que não comprometem a qualidade de vida?".

O mundo moderno é, para muitos de nós, cheio de sofrimento, e os métodos que curam com eficiência, não apenas os sintomas de novas doenças, estão enfrentando um grande desafio, não apenas do *establishment* médico como também da cultura. Um número cada vez maior de pessoas busca um estado de harmonia e equilíbrio na vida, busca a felicidade; mas sua procura pela harmonia e felicidade parece ser constantemente frustrada. Naturalmente, muitos indivíduos são afetados por problemas diferentes e individuais, mas há um elo comum: as pessoas têm pressa. Métodos autênticos de cura não funcionam assim.

Quando eu (Valentina) analisei a história da medicina moderna, percebi que a história dá o exemplo do mito grego de Sísifo — o homem que empurrava uma pedra montanha acima até chegar ao topo, e, quando chegava lá, a pedra rolava sobre ele e caía, vez após vez. Sísifo estava fadado a essa punição por causa de alguns erros que cometera. Para mim, essa é uma metáfora para aquilo que está acontecendo com a medicina moderna. Toda vez que a medicina moderna cura com sucesso, ou encontra um método para curar, ou diminuir a influência de uma doença, outra doença entra em cena. Afirmo que, hoje, as pessoas sofrem de doenças novas, doenças que não existiam antes.

O *establishment* da medicina faz objeção a isso. Diz que, na verdade, a consciência das pessoas está aumentando e, por isso, estamos percebendo muito mais doenças que nos afligem hoje, diferentemente do passado, quando não tínhamos essa percepção.

Um exemplo muito usado é o diabetes. O diabetes é uma doença que os antigos conheciam, mas só descobrimos métodos garantidos para diagnosticá-la recentemente. O único método antigo de diagnóstico do diabetes de que eu ouvi falar era o "teste da abelha". A pessoa com suspeita de diabetes precisava urinar em uma tigela. A tigela era colocada ao lado de outra tigela contendo a urina de uma pessoa normal. Teoricamente, as abelhas se sentiriam atraídas pela urina da pessoa diabética, porque ela seria muito doce em comparação com a outra urina, uma vez que o pâncreas da pessoa normal consegue processar o açúcar, e o diabético o expele sem processá-lo.

Não parece óbvio que, embora muita gente morresse em decorrência dessa doença no passado, as estatísticas sobre diabetes só tenham começado a ficar disponíveis quando a profissão médica do século 20 começou a criar e a perpetuar uma informação errada?

Como enfatizou o professor de meditação Advaitananda em uma palestra sobre saúde da qual eu (Valentina) participei anos atrás, existe um princípio na natureza: todo fenômeno existente existe porque ele é necessário. Entretanto, há um corolário: se as pessoas têm certa intenção e focalizam-na, a intenção, se for arquetípica, vai se manifestar. Na antiguidade, em termos de saúde, a cultura focalizava o arquétipo da inteireza, e as pessoas a manifestavam. Os médicos só eram pagos enquanto os pacientes se mantivessem saudáveis; as pessoas paravam de pagar o médico quando ficavam doentes, e os médicos tinham de tratá-las de graça.

Em contraste, hoje nós focalizamos principalmente as doenças. Não vemos o estado de nossa saúde e, pior, nem cuidamos bem dela se não formos acometidos por uma doença. Quando estamos doentes, chamamos a doença pelo nome, a tornamos um inimigo contra o qual podemos lutar, chegando mesmo a engajar toda a sociedade para combatê-la. Nosso foco principal está na doença, não na saúde. Não queremos manter a saúde ou fazer dela nossa cruzada; não, tentamos manter o foco na doença.

Naturalmente, não podemos apoiar todas as alegações sobre o passado, mas esse não é o objetivo desta discussão. O fato é que agora temos uma teoria científica que confirma a antiga crença de que saúde é equilíbrio e harmonia, enquanto doença é desequilíbrio e desarmonia. É importante perceber que não podemos evitar o desequilíbrio se não focalizarmos o equilíbrio. O desequilíbrio começa quando paramos de crescer e à medida que ficamos mais velhos. Essa é a raiz de toda a atual crise da saúde, envolvendo, principalmente, pessoas na meia-idade e mais velhas. A situação que enfrentamos, hoje, em todo o sistema médico e em toda a indústria da saúde, é que estamos olhando para o problema do lado errado. Precisamos pensar de maneira mais equilibrada.

Enquanto as pessoas otimistas se concentram na fonte da luz, pessimistas e cínicos focalizam as sombras projetadas. É por isso que não podemos nem sequer levar a sério as curas "milagrosas"; presumimos que, talvez na melhor hipótese, elas tenham sido uma coincidência. Quando tentamos substituir o milagre por uma coincidência, essa atitude nos leva a tentar criar um mundo no qual a cura milagrosa não é possível. Quando, na década de 1980, começamos a prestar atenção em dados, sem duvidar de sua veracidade, descobrimos a ciência desses milagres — a cura quântica. Hoje, compreendemos plenamente o funcionamento da cura quântica, e as pessoas estão se curando seguindo o procedimento bastante científico da cura quântica.

Nos dias atuais, mais e mais cientistas estão demonstrando o impacto que a mente e a imaginação exercem sobre o mundo físico. Criamos nosso próprio mundo com nossos próprios conceitos, com os princípios segundo os quais pensamos e vivemos. Mas o problema está na maneira como vemos os problemas. Portanto, quando falamos em manter ou otimizar (curar) o estado de saúde de um ser humano, precisamos compreender e saber, através da experiência direta, o que é a saúde. Então, seremos capazes de manter o estado da saúde ou o aprimorar. Se só percebermos que alguma coisa está dolorida ou só nos dermos conta quando algo estiver nos perturbando ou desequilibrado no nível físico, emocional ou mental, só conheceremos conscientemente exemplos de doença e de seus sintomas. Como seremos capazes de cuidar de nossa própria saúde, para não falar em ajudar alguém a se manter saudável, se nós mesmos não temos ideia do que isso significa?

Eis um exemplo de Advaitananda. Imagine que você visita uma pessoa extremamente doente e diz a ela: "Tente ser saudável". A pessoa retrucará: "Como? É extremamente doloroso. Ajude-me a aliviar a dor!". A pessoa só está percebendo a dor. Quando você dá um analgésico a uma pessoa, ela irá se considerar curada e nunca se concentrará no fato de que agora está saudável. Essa pessoa não vai se vangloriar: "Vejam como estou saudável, vejam como estou harmoniosa. Vejam como me sinto bem neste momento. Devo me lembrar deste bem-estar. Devo tentar mantê-lo".

Assim, em virtude da falta de consciência sobre nós mesmos, quando ficamos perturbados, vemos aquilo que não somos. Percebemos causas específicas de doenças e de sofrimento. Percebemos desequilíbrios e, por isso, o que acontece é mais ou menos o seguinte: enquanto as pessoas são jovens, sua saúde melhora e piora em um ritmo que pode ser controlado pelo sistema embutido no corpo. Os jovens abusam do próprio corpo e da própria mente, fazendo todo tipo de coisas arriscadas. O ser humano foi idealizado de maneira maravilhosa e tem muitas reservas no software; portanto, quando somos jovens, podemos sair muito e exagerar em tudo, e o corpo consegue compensar nossos erros e voltar ao lugar. Mais tarde, porém, quando nossos corpos e mentes estiverem sobrecarregados pelos erros que cometemos, e acontecer mais um erro, o sistema não conseguirá compensar; daquele momento em diante, segundo estudos e observações dos médicos, as pessoas nunca chegarão a se recuperar plenamente. Em vez disso, desenvolverão um estado de desequilíbrio permanente. É o chamado prakriti (combinação de doshas) de seu sistema físico-vital.

As pessoas começam sua jornada de cura a partir de um lugar de doença; quando se recuperam um pouco, vão para outro problema, outro erro, outra doença. Novamente, recuperam-se um pouco, depois criam outro problema e outra doença e, lentamente, esse desequilíbrio continua até o estado de saúde ficar seriamente danificado e elas precisarem sair do jogo, por assim dizer, quando morrem. Geralmente, esse é o padrão seguido até a velhice pelas pessoas que ficam doentes. Após uma doença grave, nunca mais nos recuperamos de verdade. Contudo, recuperamo-nos um pouco e confundimos isso com a volta da saúde; quando o médico pergunta: "Você ainda sente dor?", dizemos que não. Mas, se soubéssemos de fato o que é a saúde, seríamos mais sensíveis e veríamos que nossa condição ainda não está equilibrada o suficiente para chamá-la de boa saúde. Se não consigo perceber que estou diferente do que estava antes, e que o fato de não ser o mesmo irá se somar a mais uma experiência de não me sentir o mesmo, lenta e firmemente, e também cada vez mais depressa, minha saúde irá decair, pois, na verdade, não sei como me recuperar ou o que significa a recuperação completa.

A maioria das pessoas não se lembra do que é ser saudável; portanto, a primeira condição de recuperação, antes de começarmos a falar mais a fundo sobre todos esses aspectos de doença e saúde com nossos clientes, consiste em compreender que nossa postura diante desse assunto deve ser revista drasticamente, sendo posta como prioridade radical; do contrário, não importa o que dissermos sobre saúde, estaremos falando de uma coisa que os clientes não sabem mais o que é.

O verdadeiro cientista é uma pessoa aberta para o novo em sua mente e em seu coração. O verdadeiro cientista está aberto para milagres e aceita cada milagre como uma hipótese temporária para sua exploração. O falso cientista é um cético profissional que simplesmente rejeitará os fatos.

Agora, graças à física quântica, há outro aspecto para os quais somos convidados a prestar atenção neste início de jornada rumo à saúde: praticamente em todos os textos espirituais, encontramos, de alguma maneira, referências ao espírito imortal de todo ser. Esse espírito existe além de todos os conflitos e está permanentemente presente como testemunha, observando com equanimidade nossos erros e também nossas ações corretas, nosso envelhecimento e nossa juventude, nosso sofrimento e nosso prazer, nossa morte e nossa vida. Ele é nossa realidade quântica interior e deve ser levado a sério em qualquer discussão sobre cura.

A realidade quântica significa que no íntimo, na essência suprema da potencialidade, todo ser humano é perfeito, harmonioso, equilibrado, capaz de manifestar todos os atributos da perfeição. Porém, graças, digamos, a alguns processos de ignorância ou enganos (em parte, decorrentes da natureza da evolução), chegamos a casos específicos quando nos consideramos perturbados, doentes, desequilibrados, desafortunados ou infelizes — ou caímos mortos. Assim, em qualquer processo de cura, o primeiro passo consiste em restaurar esse entendimento, essa visão.

Recorde-se novamente: na natureza, não surge nada que não seja necessário. Mas, e a felicidade: você acha que a felicidade (a consciência expandida) aparece sem ter algum significado? Se acha que sim, se não sente necessidade dela, ela irá desaparecer. Se você não encontrar algum uso para ela, ela irá desaparecer. Se você não encontrar algum uso para sua memória, ela irá desaparecer. Se você não encontrar algum uso para sua vida, ela também irá desaparecer gradualmente. Mas, antes, a vida lhe dará alguns sinais: o primeiro sinal é algum tipo de sofrimento, seguido de um sofrimento maior e mais variado, com menos qualidade de vida, até que, um dia, a vida também tenda a desaparecer. E, então, você ficará diante do processo da morte. Isso não vai acontecer apenas uma vez, mas sempre que você deixar de explorar o significado ou o propósito de sua vida. Esta é a lei fundamental da natureza: tudo aquilo que vivenciamos nesta vida e não tem significado para nós irá desaparecer.

É muito interessante ver como a mente das pessoas reage a tudo isso. Podemos compreender facilmente essas coisas se observarmos nossa cultura e seu comportamento. Até o cientista físico moderno, estudando o universo, chega, com relutância, à mesma conclusão: o próprio universo evolui para que a vida seja criada, para que surja a senciência. Isso se chama princípio antrópico: o universo tem um propósito. Por que senciência? O psicólogo suíço Carl Jung disse que o propósito da consciência é tornar consciente o inconsciente. Por que a consciência quer fazer isso? O biólogo e teólogo francês Teilhard de Chardin disse que a consciência quer ver suas infinitas possibilidades exploradas, vividas e corporificadas; desse modo, criamos o céu aqui mesmo nesta Terra. É para explorar significado e propósito que estamos aqui, e essa é a chave para a saúde, a prosperidade e a felicidade.

Tudo que acontece em nossa vida tem certo significado e propósito — e compreender isso é dar o primeiro passo em nosso processo de cura, a cura espiritual. Qual será esse significado? Qual será o sentido, a direção propositada que nossa vida irá tomar? Basicamente, todos os livros de sabedoria, quando tratam do estado da saúde, não falam de pessoas doentes; ao contrário, falam de saúde, harmonia, felicidade — dizem a mesma coisa que de Chardin, que o propósito da vida é explorar as infinitas possibilidades que a consciência nos deu para explorarmos.

É muito interessante isso, não? Por um lado, as tradições de sabedoria descobriram quem somos de fato e dizem que somos potencialmente perfeitos, que somos extraordinários, somos a manifestação de Deus e assim por diante; por outro lado, dizem que o propósito da vida é explorar e descobrir as diversas facetas de Deus (os arquétipos) e incorporá-los. É assim que a saúde, a harmonia e a felicidade vêm até nos. É essa a razão pela qual as pessoas que escreveram os livros de sabedoria não sentiram muito a necessidade de criar um manual sobre a cura das doenças, pois acreditavam que o problema seria resolvido se fosse apresentado da maneira correta. Em vez disso, desenvolveram a ciência da cura como o Ayurveda: *ayu* é uma palavra sânscrita que significa longevidade, e *veda* é uma palavra sânscrita que significa o conhecimento — revelado criativamente — de como atingir a longevidade, uma longa vida de saúde e felicidade.

Atualmente, a maioria das pessoas vê o problema da saúde como o problema da cura de doenças. O problema foi resolvido pelos povos antigos, que o postularam corretamente. Desse modo, na antiguidade as pessoas sábias quase não falavam das causas detalhadas da doença e da cura; em sua maioria, atribuíam a doença a uma causa fundamental: a ignorância.

Porém, é claro que nosso trabalho como cientistas da consciência, aqui e agora, já está delineado para nós. Temos de ir adiante em nossa investigação e desenvolver uma ciência apropriada da saúde como medicina preventiva. Este livro é um passo inicial nessa direção. Simultaneamente, estamos tentando ajudar aqueles que estão prontos para entender que é a ignorância acerca do modo correto de pensar que está criando todos os problemas a que estamos sujeitos na vida cotidiana. Parte da ignorância se manifesta como mal-estar mental, parte como estresse emocional, e parte até como mal-estar físico.

A ignorância começa quando desconhecemos nossa verdadeira natureza, ou seja, que a consciência é nossa base da existência, e não a matéria; esse é o primeiro passo da ignorância. A ignorância se multiplica quando pensamos que somos apenas um corpo físico; ou que somos nosso corpo físico, interferimos em seu equilíbrio natural com os ritmos vitais correlacionados; quando interferimos, o duo vital-físico do corpo começa a reagir. A ignorância se multiplica quando a mente entra em cena, quando precondicionamos nosso estado de felicidade com coisas que existem fora de nós através da imaginação mental, expondo-nos, assim, à infelicidade dos desejos insatisfeitos de prazer. Perceba que a infelicidade, sendo apenas a sombra da felicidade, não existe como tal. Portanto, quando confundimos a sombra com o objeto real, ficamos abertos para o sofrimento.

Sendo assim, podemos ver que a doença nada é senão um sinal de desequilíbrio ou um de desordem que tenta se instaurar. Essa doença, esse estado de desordem, gera sofrimento e sempre nasce dos pensamentos de significado errôneo que contraem nossa consciência — desde visões materialistas que buscam tornar permanente a felicidade temporária, na forma do excesso de prazer, desde nossos desejos descontrolados, derivados de emoções negativas. E essas aberrações negativas de pensamentos e emoções estão, na verdade, afastando de nosso coração a influência positiva, benéfica e harmonizadora. Portanto, todas essas coisas que levamos conosco como desejos — como paixões descontroladas e pensamentos que não estão em harmonia com as leis universais — estão simplesmente afastando essa influência benéfica que vem de nosso espírito através do nosso coração. Portanto, simplesmente interferimos em um processo que sempre regenera o *self*, um *self* centrado na felicidade.

A norma na antiguidade era que as pessoas ficavam mais velhas e, por isso, mais sábias. Essas pessoas eram bonitas — envelheciam, mas não sofriam. Mesmo nos casos de doenças comprovadas no corpo físico, elas não sofriam muito, pois não se identificavam com o sofrimento e mantinham sua consciência expandida e feliz; quando envelheciam, morriam pacificamente, conscientemente. Claro, havia exceções, mas podemos supor que as pessoas sábias passavam pela experiência da morte de maneira consciente.

Qual é a diferença entre as pessoas sábias do passado e as pessoas de hoje? As que envelheciam e ficavam mais sábias antigamente estavam prestando atenção no estado de sua saúde; as que ficam mais velhas e sofrem hoje em dia estão focadas no estado da doença, não da saúde. Como foi interrompido o processo autorregenerativo que existe em todos os seres humanos que exploram significado e propósito, um processo que a nova ciência chama de "construção da alma", hoje, quando as pessoas envelhecem, elas se degeneram em uma vida desprovida de alma, na qual não se vivenciam novas possibilidades.

Os tradicionalistas podem falar do aumento da expectativa de vida, mas a maior parte disso se deve a melhoras na higiene, a antibióticos e a cirurgias aprimoradas. Apesar desses ganhos, estamos apontando para outros ganhos que podem ser adquiridos com uma mudança de atitude.

Perceba o seguinte: o *self* quântico, com sua radiância perfeita, está tentando impregnar todas as estruturas que existem em nós — a alma, a mente, o vital e o físico —, criando nova harmonia, restaurando a harmonia no idoso, desde que o permitamos. Se nos bloquearmos nisso, o ego/personalidade se torna uma casca narcisista em torno do *self* quântico e não permite que esse seu brilho que harmoniza conduza-nos pelo processo de regeneração. A autocura é interrompida e o processo de envelhecimento torna-se cada vez mais difícil, mais e mais desarmônico, doloroso e assim por diante. A principal característica desse envelhecimento — a Doença de Alzheimer — é a confusão. Após toda uma vida lutando com a ignorância, terminá-la em confusão é algo extremamente difícil de se lidar.

A doença é apenas um lembrete necessário para nos levar de volta ao centro, para voltarmos a vivenciar aquilo que é verdadeiro em nosso ser. Lembra-nos que saímos do caminho. É exatamente como a pessoa que anda em meio a arbustos espinhosos. Os espinhos dos arbustos irão perfurar sua pele, dando-lhe um sinal: "Ei, você saiu da trilha". Se a pessoa for estúpida, continuará a seguir pelo caminho errado e acabará trombando em árvores ou coisas assim, piorando ainda mais a situação. Se for mais estúpida ainda, irá atingir uma rocha, e assim por diante, até morrer. Então, irá voltar em uma próxima vida e irá passar algum tempo trilhando a estrada certa, e novamente irá sair da estrada e tornar a receber sinais: "Ei, isso está errado". É assim que o karma atua em nossa vida. O filme *Feitiço do Tempo*, de 1993, proporciona um excelente retrato do problema e da solução.

Qual é a solução? Devemos entender esses estados de desequilíbrio — as doenças — como sinais que recebemos da Vida e do Universo, mostrando-nos que estamos infringindo as leis da ciência da consciência e que não estamos no caminho certo, que supostamente seria um caminho de inteireza e felicidade cada vez maiores. A essência do novo paradigma da cura é que devemos entender o corpo físico como o veículo material para a manifestação do espírito. Os órgãos físicos são o hardware do computador. As outras partes do corpo servem de software e de causas e contextos do software. Sob essa perspectiva, os problemas de saúde e as diversas perturbações do equilíbrio perfeito seriam apenas mensagens que o espírito nos envia através do corpo físico, para nos tornarmos conscientes do nível em que estamos em nossa jornada de evolução e desenvolvimento.

A nova perspectiva, então, é que o corpo físico funciona como um espelho, que nos ajuda a ver como nossa vida espiritual, nossa felicidade e nosso bem-estar se encontram em dado momento. Portanto, qualquer processo real de cura precisa começar pelo aprendizado da lição espiritual da doença com que nos defrontamos e progredir pela eliminação da causa que criou a doença. Com essa mudança de perspectiva, vemos a doença como ela é — a ausência da saúde —, e não a saúde como a ausência de doenças; nos perdemos assim em atividades degenerativas. Impeça a degeneração e você nunca perderá a saúde; nunca perderá uma coisa que você conhece e cobiça, e nunca deixará de prestar atenção. Essa, caro leitor, é a essência da medicina preventiva.

Por isso, dê o primeiro passo agora mesmo. Veja uma doença, qualquer doença, como o obstáculo para manifestar sua potencialidade de saúde e felicidade perfeitas, e depois crie a intenção: escolha a saúde, a felicidade e a inteireza.

capítulo 4

ressonância: o segredo para sermos positivos e a consciência expandida, o bem-estar e a felicidade que isso traz

O que é ressonância? Se você fizer essa pergunta a um professor de física, ele irá segurar um diapasão, golpeá-lo com um martelinho e deixá-lo vibrando. Então, o professor apoiará o diapasão em sua escrivaninha de madeira e você vai perceber que agora a escrivaninha também está vibrando. Isso se chama vibração forçada. Agora, o professor irá pegar outro diapasão e fazê-lo vibrar. Desta vez, porém, quando ele tocar a mesa com o diapasão vibrante, a mesa vibrará com muito mais intensidade. Isso é ressonância, um pareamento de frequências. A frequência natural de vibração da mesa fica pareada com a frequência de vibração do diapasão. Os engenheiros do Exército tiveram de aprender essa ideia rapidamente. Não raro, soldados marchavam sobre uma ponte e ela ruía, porque a frequência da marcha igualava-se à frequência natural de vibração da ponte.

Ainda assim, isso é física. Como o conceito de ressonância se aplica a nós em nossa vida cotidiana? Estivemos falando da felicidade como expansão da consciência. Contemplar uma flor ou um pôr do sol pode levar à expansão da consciência, o que explica a exaltação que sentimos às vezes em uma experiência dessas. Até o intelectual austríaco Sigmund Freud dizia que tinha sentimentos oceânicos. Por que essa expansão? Por que às vezes temos experiências mais ou menos agradáveis e às vezes elas são oceânicas?

É comum termos pequenas expansões de consciência; são os chamados momentos de relaxamento. Depois, você vê uma flor ou um pôr do sol nessas ocasiões especiais, e *bum!* — uma grande expansão! Esperamos que você compreenda essa analogia; pequenas expansões de consciência são como a vibração forçada; as grandes expansões exemplificam o fenômeno da ressonância.

Mas o que está ressoando com o quê? O que está vibrando em uma flor a ponto de percebermos isso? Estamos falando de alguma percepção sensorial? É aqui que os cientistas físicos ficam perdidos. Para eles, essa conversa de ressonância é um disparate. Não existe na flor uma vibração física que pode chegar até nos; tampouco um órgão do corpo vibra de forma mensurável, a menos que tenha componentes elétricos, como o cérebro e o coração. Todavia, novas pesquisas com sons e música mostram que existe alguma coisa vibrando em nosso corpo.

Claro que para nós, conhecedores da consciência, uma flor não é apenas um corpo material; ela também está viva e tem software vital. O software vital é a representação de funções vitais de origem arquetípica, parte das leis da ciência da consciência e do arquétipo da verdade. Os movimentos vitais também guiam as formas biológicas durante a evolução, evolução e desenvolvimento juntos, o que chamamos "evo-devo". Por meio dessa orientação, a consciência injeta os arquétipos da beleza e da inteireza no mundo natural das plantas.

Eu (Valentina) conheci inicialmente o conceito da ressonância nos ensinamentos tradicionais da yoga e vi imediatamente sua aplicação direta, tanto na cura quanto na transformação.

Quando a forma e a função desenvolvidas de um órgão ficam pareadas perfeitamente com a forma e a função biológica arquetípica pretendidas, o todo torna-se maior do que as partes, e o físico-vital revela aquilo que alguns de nós vivenciam como beleza. Mais uma vez, temos pessoas que não vivenciam a beleza de uma flor. Para explicar a diferença nas reações, usamos o conceito de ressonância.

O que ressoa com o quê? Carl Jung descobriu o inconsciente coletivo da humanidade, no qual os arquétipos platônicos são representados como dicotomias de positivo e negativo: o bem *versus* o mal, beleza *versus* feiura, verdade *versus* mentira e assim por diante. Quando um estímulo — um crepúsculo ou uma flor — evoca em nós uma experiência positiva de expansão da consciência, aumenta a energia vital que sentimos e aprofunda o significado que atribuímos a ela, damos a isso o nome de ressonância: o estímulo em nossa cognição ressoa com um arquétipo positivo em nosso inconsciente coletivo. A atenção é crucial. Se não houver atenção ou se o "pareamento de frequências" entre sua cognição e o arquétipo não for exato, haverá pouca expansão da consciência e apenas uma leve apreciação da beleza. Se você estiver desatento, perdido em seu próprio pensamento condicionado, e distraidamente der apenas a resposta socialmente correta ao estímulo, como "Oh, veja que bela flor", também irá deixar de apreciar a beleza.

Isso nos leva ao conceito de ressonância negativa — a evocação da contraparte negativa de um arquétipo. Pensamos que um processo de ressonância negativa — a ausência de ressonância que se deve à desatenção, à insensibilidade, à visão de mundo ou a uma distorção do sistema de crenças — certamente existe na estrutura experiencial de uma pessoa doente. Se empregarmos aqui o ponto de vista da ressonância, estaremos olhando principalmente para a ressonância negativa, e não para a positiva. De algum modo, nossa atitude errônea pode provocar aquela ressonância negativa específica; mas não importa o que dissermos sobre uma doença, em algum ponto do corpo ela irá se manifestar como uma ressonância tão negativa que experimentaremos uma evasão de ressonância, uma relutância em expandir a consciência ou uma incapacidade de fazer isso.

Naturalmente, seu lado cético pode dizer: "Certo, tudo bem; se você tem câncer, isso faz algum sentido, mas, e se você quebrou a perna? Onde está a ressonância negativa nisso? Com certeza, foi uma força física externa que quebrou o osso". Bem, você tem razão, foi uma força física que causou a quebra. Entretanto, pode haver mais alguma coisa envolvida nisso. Em alguns casos, a mesma atitude que levou à sua incapacidade de apreciar a beleza também pode ter levado à desatenção que levou você a quebrar a perna.

Alguns psicólogos podem chegar a dizer que, em algum ponto de sua mentalidade, há intenções negativas. Graças à sua desatenção, elas aumentam em intensidade, pois o fato é que sempre que você está desatento, a consciência causa o colapso de seus pensamentos condicionados com base na média probabilística. Assim, na verdade, em algum ponto de seu histórico mental, você pode ter tido a intenção de quebrar a perna há três meses, mas não a sentiu, e essa intenção de quebrar a perna atraiu os eventos em sua vida como um ímã através da ressonância. Em termos poéticos, "as estrelas se alinharam"; por isso, um evento no qual você quebra a perna, ou algo assim, terá o potencial de ocorrer; consequentemente, você quebra a perna. Isso não aconteceu do nada, sem avisos prévios. É uma ressonância negativa. Claro que você só deve escolher esse modo extremo de assumir a responsabilidade por distúrbios quando estiver pronto para tanto; do contrário, não o faça.

Se as intenções negativas nos causam mal, o contrário também deve ser verdade: intenções positivas devem nos fazer bem. Essa ideia é popular entre pessoas da Nova Era. Alguns irão dizer: "Entendo que se tenho um problema de pele, posso tratá-lo com pensamentos positivos, mas como posso tratar uma perna quebrada com pensamentos positivos?". Na verdade, se você não a tratar com pensamentos positivos, são imensas as chances de você nunca se recuperar, de pegar uma infecção ou ter muitos problemas com a perna, e todas provarão que, de fato, há uma ressonância negativa.

Se você é uma pessoa da Nova Era, devemos deixar claro: intenções e pensamentos positivos são apenas o começo, não o fim do processo de cura. Além de sua intenção positiva, você precisa de um processo criativo que inclua o cirurgião ortopedista para emendar os ossos e manter a perna dentro de um gesso para deixar imóveis as partes. Se você mantiver criativamente a intenção de cura durante a longa espera para tirar o gesso, isso irá reforçar o software necessário para ativar a função da regeneração. Você se recuperará rapidamente. Seu cirurgião adoraria isso. Por outro lado, é fato que muitos ossos quebrados não se curam tão rapidamente. O que acontece? Intenção negativa. Seu funcionamento pode ser encontrado nos detalhes do processo criativo.

O processo criativo consiste em quatro estágios: preparação, processamento inconsciente que se dá quando relaxamos e ondas quânticas de possibilidade de arquétipos, significados e sentimentos podem se expandir e crescer, produzindo novas possibilidades; salto quântico de percepção, quando escolhemos uma *gestalt* de realidades concretas em meio a todas as possibilidades; e, finalmente, a manifestação — a passagem imediata do software afetado para uma função superior, seguida de mudanças no estilo de vida conforme a nova percepção.

Quando nos curamos de uma cirurgia ortopédica, o trabalho do cirurgião e sua preparação emocional para ela são apenas o primeiro estágio; esse longo período com o gesso é o segundo estágio do processamento inconsciente. Ele é chamado de "incubação", pois você não está fazendo nada além de ficar sentado sobre o ferimento em processo de cura e manter intenção da cura, tal como a ave se senta sobre o ovo na expectativa de que ele ecloda. A regeneração se dá quando a percepção da cura se instala, que é o momento no qual o arquétipo da inteireza ressoa com você. Nesse caso, manifestar significa estabelecer a criatividade e o processo criativo em seu sistema de crenças sobre o modo de funcionamento da intenção.

Muito bem, há consenso sobre o fato de pernas quebradas serem curadas, geralmente, mediante cirurgia, sem precisarem necessariamente de sua participação ativa. Mas e a cura do câncer? Talvez você possa acreditar que o mesmo processo criativo pode afetar sua cura, exceto por uma modificação: você precisa alternar preparação e incubação algumas vezes, como naquela canção de Frank Sinatra *do-be-do-be-do**. Quão difícil pode ser focar a intenção criativa no *do-be-do-be-do* (fazer-ser-fazer-ser-fazer), com a ajuda de seu médico, até a cura ocorrer?

Por isso, na verdade, sempre há alguma ressonância influenciando sua vida enquanto ela se desenvolve: boa ou má, feliz ou infeliz, bem ou malsucedida, saudável ou frágil. É o processo da ressonância, positiva ou negativa, que mais nos afeta. Sempre estamos, não importa o que mais estejamos fazendo, no processo contínuo de possibilidades de ressonância com os arquétipos em nossas vidas — abundância, poder, beleza, amor, etc. Sintonizamo-nos com os vários arquétipos (ressonância positiva) ou não nos sintonizamos (ressonância negativa). O melodrama começa quando nos esquecemos, quando não estamos cientes de nossa negatividade; às vezes, pensamos que o universo está se desligando, que as ressonâncias foram desligadas e que ninguém está olhando e por isso podemos fazer o que quisermos. Mas isso não é verdade. Não importa o que estivermos fazendo: mesmo quando estamos dormindo (sim, os arquétipos entram em seus sonhos e, quando o fazem, você os vê representados pelos símbolos junguianos ou pelos deuses e deusas de sua cultura), estamos dedicados ao processo contínuo de ressonância com os arquétipos. Na verdade, temos ressonâncias em diversos níveis ao mesmo tempo, mas também temos uma que é a ressonância principal, e essa é contínua.

Suponhamos que alguém me diga:

— Quero ter uma vida feliz.

Geralmente, respondo:

— Muito bem. O que você está fazendo a respeito?

— Mas não estou feliz.

— Bem, isso é uma consequência. O que você faz para ter uma vida feliz? Quanto você se esforça para poder ter felicidade em sua vida?

— Bem, não pensei nisso dessa maneira...

E esse diálogo continua com as pessoas que procuram a mim (Valentina) como clientes.

Na maior parte do tempo, vejo que as pessoas, até pessoas com doenças graves, não aplicam as coisas básicas que conhecem à sua vida. Pense, por exemplo, em uma pessoa que está quase morrendo em virtude de problemas pulmonares e que come um monte de queijo e derivados

---

* Referência a "Strangers in the Night", canção imortalizada na voz de Frank Sinatra, na qual ele inclui o *scat do-be-do-be-do*, que significa "fazer-ser-fazer-ser-fazer". [N. de T.]

de leite; se eu perguntar: "Sabia que essas coisas podem matar você?", a pessoa irá responder: "Claro que sei, mas são tão gostosas...".

Até a pessoa saudável que come derivados de leite em excesso fica exposta à possibilidade de desenvolver disfunções pulmonares de todo tipo.

Aplicar a lei da ressonância também significa aprender a seu próprio respeito e aprender o que cria cada ressonância, mas é um processo de observação; temos um sistema embutido de movimentos vitais em nosso inconsciente pessoal e coletivo, e só precisamos observar os sentimentos gerados por esses movimentos. Quando você observar isso e aprender a ser sensível, irá saber. A lei de ressonância exige apenas atenção, nada mais. Quando você presta atenção nas coisas que está fazendo e não está fazendo, e na expansão ou contração criada na consciência por causa das coisas que está fazendo, fica espantado ao ver como boa parte disso está influenciando o seu humor, a cor do seu rosto ou o tom de sua voz. Também fica espantado com o modo como as ressonâncias presentes em sua vida estão influenciando a sua aparência, a maneira como você posiciona a cabeça e orienta seus ombros, sua atitude na vida e assim por diante.

Digamos, por exemplo, que você tenha um problema nos pulmões. Verá que, na maior parte do tempo, você tende a segurar a palma da mão perto do peito e ficar em pé em uma posição de agachamento. Sabe por quê? Porque seu corpo está tentando preservar instintivamente o calor na região do peito enquanto sua mente está tentando criar certa ressonância.

Você precisa aprender a analisar todo o ambiente em que está vivendo; verá que, geralmente, vive em um ambiente "frio", com cores frias e sem substâncias nutritivas à sua volta, e assim por diante. Basta tomar ciência disso para saber exatamente o que precisa mudar. Mudar cores, mudar suas atitudes, mudar a temperatura do seu quarto, mudar várias coisas, e de repente perceberá que a doença está sumindo, normalmente sem medicamentos. Minha experiência diz que há cerca de 70% de chance de a doença desaparecer simplesmente pela formação de intenções positivas e pela modificação do ambiente, tornando-o positivo. E, para minha surpresa, pesquisas recentes confirmaram minha estimativa: cerca de 70% das curas por drogas farmacêuticas, na verdade, são "curas por placebo", que é o nome dado pelo *establishment* médico à cura via intenções positivas.

Você também pode incrementar um pouco o efeito ambiental positivo com algumas plantas e flores frescas, é claro (lamento, mas flores artificiais não têm muita utilidade), e apenas em 30% dos casos, aproximadamente, você irá precisar de um pouco mais de ajuda dos médicos e dos medicamentos; é isso. Podemos fazer desaparecer a maioria dos problemas que enfrentamos na vida simplesmente mexendo um pouco nos ambientes que nos rodeiam, pois esses ambientes determinam bastante nossas ressonâncias e a expansão (e contração) da consciência que criamos em nossas vidas.

Claro que também é importante lembrar da comida que ingerimos e do ar que respiramos: as ressonâncias criadas pela maneira como comemos, os tipos de comida que ingerimos, a maneira como respiramos e o ar que respiramos. Essas duas coisas: comer e respirar — nossa nutrição — envolvem duas de nossas maiores interações com o ambiente. Portanto, é lógico que podemos influir muito em nosso ser, começando pelo corpo físico.

Um ditado antigo diz que "você é aquilo que come". Expanda esse ditado: "Você é aquilo que come e o modo como come". Se você come depressa e sem atenção, abre o caminho para a ressonância negativa. Portanto, pratique a refeição lenta; desse modo, estará se abrindo para a ressonância positiva com os arquétipos. E, como perceberá depois de praticar um pouco, também somos a maneira como respiramos. Se respiramos superficialmente, nos manteremos na superfície da vida; se respiramos profundamente, iremos mais fundo na vida. Simples assim. Para muitos, pensar na vida nesses termos pode ser muito revelador.

Em conclusão, podemos dizer que, para nos tornarmos curadores, precisamos aplicar a lei da ressonância a nossas vidas, antes de mais nada. Além disso, se quisermos ajudar os outros membros de nosso ambiente (pois eles também fazem parte desse ambiente), devemos convencê-los a aplicar também a lei da ressonância a sua vida, pois, desse modo, poderemos ver o seu valor e, por consequência, gerar ressonâncias positivas.

Se você compreendeu essa lei da ressonância, irá se sentir compelido a aplicá-la em sua vida. Aplicá-la significa aumentar a percepção-consciente acerca de si mesmo e a percepção-consciente acerca de todas as coisas, pessoas e estímulos em seu ambiente. Você verá que, na verdade, essa percepção-consciente irá modificar até a sua aparência, sua forma de se sentar e a maneira como interage com as pessoas. Perceberá que todas essas interações também irão mudar constantemente a situação de sua ressonância interior, o estado de sua consciência. E irá descobrir que a atitude, talvez não 100% dela, mas boa parte dela, está no interior. Está principalmente na maneira como você é interiormente. Portanto, se quiser ser saudável, feliz e harmonioso, procure manter um interior saudável e feliz; tente viver mais ou menos em uma consciência expandida. Essa é uma transformação muito positiva.

Quando você começa a se sentir triste e a exibir essa tristeza, com uma negatividade que aparece no seu rosto, perceba a estranheza e deixe a negatividade ir embora. Não espere até ficar desesperado; você acha que esse desespero pode atrair a felicidade? Acha que os anjos (que eram a forma como as pessoas representavam os arquétipos no passado; então algo que está codificado em nosso inconsciente coletivo) ousariam se aproximar quando você está tão contraído? Você está zangado demais para isso, está estranho demais; eles dizem (em termos figurados), "Bem, iremos esperar aqui, em distância segura". Portanto, desenvolva a positividade e mantenha-se vigilante; lembre-se da ressonância, lembre-se de aplicar o princípio da ressonância na prática.

Patch Adams é um médico norte-americano que, há alguns anos, começou a fazer as mesmas observações que estamos fazendo, de que, hoje, isso é toda uma tendência na medicina; mas ele foi o primeiro. Patch Adams começou a brincar com seus pacientes, a fazer piadas, a fazer todo tipo de coisa engraçada para se conectar com os pacientes. Ele estava tentando ressoar com eles, transmitir o benefício de sua própria ressonância positiva a seus clientes, em vez de adotar a frieza profissional que o *establishment* médico costuma cultivar nos estudantes de medicina, uma coisa insana se vista sob a perspectiva do bem-estar e da felicidade. Imagine a frustração dos médicos que passaram toda a vida trabalhando em laboratórios ou na prática particular sem terem a vida pessoal de ressonância e de felicidade que vem com a expansão da consciência. Não é à toa que, quando esses médicos ficam mais velhos e exercem posições influentes, querem fazer com que todos sejam como eles. É assim que o negócio da medicina é conduzido: objetivamente, certo? Mecanicamente, certo? Mas esse médico, Patch Adams, rompeu o padrão e tornou-se muito famoso pelo fato de seu índice de curas ser muito superior ao de outros médicos, pois ele ensinava seus pacientes a criar uma vida repleta de ressonância. Ele não explicava isso nos mesmos termos precisos que a ciência quântica permite-nos empregar. Ele dizia apenas: "Sorria!". Se o paciente não quisesse sorrir, ele ficava contando piadas ou fazia brincadeiras infantis, até o paciente sorrir, e, subitamente, o estado de consciência do paciente começava a se transformar.

Naturalmente, em virtude do predomínio dos circuitos cerebrais emocionais negativos, o ego/persona é perverso, e, dessa maneira perversa, ele gosta de ressonâncias negativas. Esse é um problema sério e você precisa estar ciente disso. Há muitas pessoas que não estão; embora tenham a opção de mudar a condição de ressonância, passando de negativa para positiva, mesmo assim não a mudam e não porque não podem, mas porque não querem. Naturalmente, você ficaria espantado ao saber por quantas razões preferem conscientemente não fazer isso. Ninguém diz: "Para falar a verdade, gosto de sofrer". Não; essas pessoas reclamam que são as vítimas da vida, que têm muitos problemas: "Tenho esta doença; não sei o que fazer; que azar eu tenho; é meu karma negativo". E também: "O que posso fazer? É o meu karma". Sua vida é governada pela postura de vítima e de desamparo — ressonância negativa. São muito melodramáticas, mas, na verdade, estão apenas fazendo o papel de vítima; no fundo, se não gostassem da negatividade, iriam afastá-la e tentar viver a vida felizes e saudáveis.

A seguir, uma lista rápida de pesquisas anteriores e contemporâneas sobre a importância de se usar sons e músicas para cura e o desenvolvimento da positividade.

Usando frequências e sons para cura: o que mostram as pesquisas

Sons e músicas são algumas das mais antigas modalidades de tratamento. O fato de o corpo reagir a diversas frequências de som e de luz é um conhecimento antigo e tem sido usado em muitas tradições, desde os tambores dos xamãs ao canto e ao uso moderno da terapia por impulsos luminosos. Hoje, nos laboratórios, os cientistas estão reavaliando o uso de sons e de luzes e estudando o efeito da sincronia entre as diversas frequências vibratórias do laboratório e aquelas do corpo humano em seu estado de saúde ideal. O uso do som e da ressonância na cura holística levou a centenas de produtos que usam ondas moduladas (rádio, acústica etc.) de várias frequências para ajudar a recuperar o estado de saúde — o estado de equilíbrio natural e harmonioso do ser humano — e a superar desequilíbrios físicos, emocionais, mentais e até espirituais.

O Antigo Testamento começa assim: "No princípio, havia o Verbo, e o Verbo era Deus". Na tradição indiana, a declaração "nada Brahman" revela o aspecto de sonar da manifestação da inteireza. Na Índia, há a tradição da *surat sabd* yoga que ensina as pessoas a escutar o belo som interior (em híndi, *surat* significa belo, e *sabd* significa som).

Na Índia, há milênios, as pessoas têm usado sons na forma de mantras entoados com a finalidade da cura. O ritual do mantra ressoa com o arquétipo da cura em nosso inconsciente coletivo.

No vídeo "Mente e corpo sãos: Cura musical e vibracional"*, o cientista Rupert Sheldrake diz que os corpos humanos são "hierarquias imbricadas de frequências vibratórias", parte de uma vasta e complexa estrutura vibratória. Estaria se referindo a uma espécie de rede de realidades vibratórias estratificadas encontrada nos chakras como base para um sistema de cura, como a medicina vibracional? Não sabemos, mas, naturalmente, na

---

* No original, "Of Sound Mind & Body: Music & Vibrational Healing". [N. de T.]

ciência quântica não podemos associar os chakras a frequências de vibração cada vez mais elevadas ao subirmos do chakra básico pela espinha. Por outro lado, a ciência quântica apoia a ideia de estrutura vibracional em algumas partes do corpo.

O cimatologista Jeff Volk falou do uso da cimática — o estudo do fenômeno das ondas, especialmente ondas sonoras e suas representações visuais — no fortalecimento do sistema nervoso e do corpo físico. Ele menciona tratamentos como *lifting* facial por sonar, que harmoniza e fortalece a pele além de se livrar de toxinas, e curar ligamentos e juntas (que costumam afligir esportistas). A eficácia desses usos pode ser um exemplo de ressonância.

Em 1950, o naturopata inglês dr. Peter Guy Manners correlacionou as frequências de ressonância de tecidos e órgãos saudáveis (o som interno que você percebe caso pratique sabd yoga) e concebeu uma forma de transmiti-las, usando ondas ultrassom de sonar sobre os tecidos e órgãos afetados. O processo que ele inventou chama "ressonância simpática" e funciona do mesmo modo que um mantra de cura, pois as partes afetadas voltam ao estado saudável original que produz o som interior.

O desenvolvimento de técnicas de medição de eletroencefalograma — EEG e eletrocardiograma — ECG aumentou as possibilidades de uso de sons audíveis de sonar para curar até o cérebro, e o trabalho do norte-americano Robert Monroe consolidou o uso de frequências sonoras para modular as ondas cerebrais.

Tigelas tibetanas são usadas para acalmar a mente e até induzir certos estados transformados de consciência, quando o cérebro vibra no modo de baixas frequências teta (3-7 Hz) e delta (1-3 Hz). Estudos do Centro de Pesquisa Neuroacústica e do Instituto de Ciências Humanas, na Califórnia, mostraram que as vibrações sonoras de golfinhos, de tigelas tibetanas e até de coros musicais podem exercer efeito de cura sobre os humanos. Outra ideia é descobrir as ressonâncias dos chakras e rearmonizar as energias vitais contidas neles. O mau funcionamento do software de um chakra pode, com o tempo, levar a doenças e a desequilíbrios, tanto no nível físico quanto no mental.

Pesquisadores e praticantes de meditação notaram efeitos de cura ao recitar certos mantras, como AUM, que incluiriam um estado de expansão da consciência e maior lucidez. A natureza repetitiva, o ritmo ou letras da palavra entoada, os rituais utilizados, tudo isso pode exercer efeitos poderosos sobre nossos corpos e mentes. Essa tradição de cura é chamada de mantra yoga.

O neurologista anglo-americano Oliver Sacks, já falecido, pesquisou o poder de cura da música e encontrou uma "conexão profunda entre música e cérebro", e também que o simples cantarolar pode ser um medicamento quando ficamos mais velhos. A música afeta diversas partes do cérebro. É por isso que Sacks declarou que a música é importante para nós, em parte por conta do modo como nos ajuda a formar memórias e a aprender. Ele apresentou o caso de um homem com mal de Parkinson que "era capaz de dançar e cantar, mas, na ausência de música, não conseguia nem caminhar e nem falar".

Entretanto, é importante lembrar que também podemos ressoar com a música de forma negativa; músicas perturbadoras e em volume alto podem causar a contração da consciência em algumas pessoas, chegando até a induzir males físicos, inclusive vômitos.

Uma sugestão para nossos leitores: mantenha um diário

Manter um diário é uma das modalidades mais eficientes de assinalar os estágios importantes no desenvolvimento de seu bem-estar e felicidade. Ele ajuda a documentar, de forma escrita, tudo que acontece com você sob uma perspectiva integrativa. É importante anotar as revelações, dificuldades e surpresas que você vivencia enquanto pratica os métodos apresentados neste livro. Deixe-se inspirar e escreva aquilo que sente sem uma censura racional. Desse modo, irá conseguir relaxar e amplificar certo estado de receptividade superior, mantendo mais e mais um autêntico diálogo com o *self* do seu coração, em lugar de ouvir as opiniões caóticas e sempre mutáveis (na maioria, negativas) da mente racional.

capítulo 5

quem é o curador?

Ser um curador é mais do que ter a consciência expandida: o princípio da reflexão é a exigência inicial para o verdadeiro curador; você precisa refletir a confiança para seu cliente. Antes de mais nada, para curar outras pessoas, você precisa curar a si mesmo; precisa saber como curar-se das ressonâncias negativas. Você não pode ter a tendência a cair em toda sorte de ressonâncias negativas estranhas e dizer ao paciente: "Seja otimista. É, você está sendo um pouco pessimista porque você é muito... estúpido". Com certeza, com essa atitude, você fere a pessoa.

O único curador de verdade deste mundo é aquele que se curou. Se você não consegue se curar das ressonâncias negativas, se tem humores estranhos e ainda está à mercê de influências relativas às suas oscilações de humor, só pode se qualificar como aprendiz de curador. Se você entende que o conglomerado de seu corpo é a fonte de tudo que existe, em vez de compreender que o estado do corpo é uma consequência de tudo que existe, então não está nem sequer qualificado. Pode ser um profissional de medicina certificado por sua profissão, mas não é um curador.

Se você não valoriza dois princípios fundamentais — o princípio da ressonância e o princípio da reflexão —, e não os aplicou com sucesso para transformar seu próprio ser, não terá plena eficiência como curador e sua tentativa de ajudar os outros implicará riscos. Pergunte-se: como você pode falar de algo ou aplicar algo que não conhece a fundo?

Há uma história sobre o indiano Mahatma Gandhi, que ilustra esse ponto, e que eu (Valentina) ouvi de um maravilhoso autocurador. As pessoas procuravam Gandhi para lhe pedir milhares de favores. Sabia-se que o poder de persuasão de Gandhi era imenso. Em um caso, uma família procurou Gandhi para que convencesse o filho pequeno a não comer açúcar. A criança sofria de diabetes e, como a família não lhe dava doces, ela saía mendigando pelas ruas e os estranhos lhe davam doces, piorando sua condição.

Gandhi concordou que foi muito bom a família ter resolvido pedir sua intervenção, mas lhes disse para voltar dentro de um mês, quando então conversaria com a criança. A família voltou para casa e retornou um mês depois conforme instruída; como a Índia é um país grande e eles moravam longe, isso significava uma longa viagem. Quando tornaram a se aproximar de Gandhi, após ficarem em pé muitas horas em uma fila, ele pegou o garoto, colocou-o no colo e disse: "Ouça, comer açúcar faz muito mal para você. Pare com isso!". Os pais foram embora satisfeitos, a reação do garoto foi positiva, mas os assistentes de Gandhi ficaram confusos e furiosos com ele. "Só isso?", disseram. "Você os fez viajar duas vezes desde a longínqua aldeia deles para dar esse pequeno conselho?" Gandhi respondeu: "Sim, só isso. Agora, a escolha é dele". "Mas por que você não lhe disse isso no mês passado?", insistiram os assistentes de Gandhi. "Foi um conselho muito simples." "Porque, no mês passado, eu mesmo era viciado em açúcar", respondeu Gandhi. "Não posso dizer a uma pessoa: 'Não coma açúcar', e fazer isso valer, se eu mesmo sou viciado em açúcar. Primeiro, eu tinha de abandonar o açúcar. Precisei de um mês, e agora posso dizer isso e demonstrar convicção, inspirar confiança."

A pessoa que vive segundo seus *insights* é uma grande alma deste mundo. Em nossa época, são as pessoas que dizem: "Seja o exemplo do que você diz", porque é a coisa politicamente correta a se dizer em alguns círculos. Elas não compreendem que não é uma questão de acreditar nisso, mas de transformação. Embora muitos psicólogos falem de empatia e de treinamento da empatia, eles não compreendem bem o que é a empatia ou que a verdadeira empatia exige a não localidade e uma conexão contínua de hierarquia entrelaçada. Dar o exemplo e ter empatia, na verdade, faz parte do antigo princípio da reflexão: você só reflete aquilo que realmente é em seu exterior para outro ser humano, não para uma máquina. Se sente empatia pela pessoa com quem está interagindo, você é não local — um só — com essa pessoa, pois a empatia tem natureza quântica. Talvez essa pessoa não seja tão sofisticada quanto você, mas, como agora vocês dois são um só, ela pode sentir você, e esse é o reflexo. Se ela não sente sua convicção, o que só acontece quando você dá o exemplo e quando você se transformou, ela também não irá se sentir inspirada. Portanto, se deseja curar alguém, se quer ajudar alguém a explorar o arquétipo da inteireza, sirva-se primeiro desse arquétipo, cure-se e incorpore a inteireza.

Bem, naturalmente, você precisa se lembrar de que isso irá exigir tempo. Roma não foi feita em um dia. Não há mal se o curador está percorrendo o caminho da inteireza e aprendendo enquanto ensina a inteireza para os outros, curando-os consigo mesmo.

Na verdade, todos os grandes curadores perceberam que todo paciente que curaram é, de algum modo, uma parte deles próprios (eis a não localidade novamente) e, portanto, a cada paciente que curam, eles mesmos passam novamente por um processo de cura. No processo de cura, curam aquilo que ainda precisa ser curado para chegarem à inteireza.

É por isso que os verdadeiros curadores podem continuar a curar; eles não precisam da motivação do renome, da fama e do dinheiro. Os médicos de hoje sofrem esgotamento profissional após uma década, mais ou menos, mas os verdadeiros curadores nunca sofrem desse mal.

Um comentário à parte para os buscadores da espiritualidade: se uma pessoa do outro lado do mundo está sofrendo, temos um problema em potencial; se você estiver correlacionado com aquela pessoa, o problema dela se tornará seu. Todo um ramo da espiritualidade desenvolveu-se em torno dessa ideia. No budismo tibetano, por exemplo, toda a influência do grande poder cósmico, *Tara*, baseia-se nesse conceito do *Voto de Kung-yen*: enquanto o último ser do universo não se libertar, minha libertação não fará sentido. Não posso desfrutar a liberdade total do espírito se ainda houver consciência presa à ilusão humana da separação.

Repetindo: o curador, antes de mais nada, é um autocurador. O curador cura-se o tempo todo para atingir níveis de inteireza cada vez mais elevados. E, claro, o que acontece é muito interessante: quando estamos assim, com a empatia não local da hierarquia quântica entrelaçada, então estamos muito melhor preparados para ver a doença nos outros, para ver qual é o verdadeiro problema, mas temos de aceitar que as outras pessoas, especialmente aquelas que estão correlacionadas continuamente conosco, também podem ver nossos problemas. Normalmente, não aceitamos isso. Essa é a razão pela qual não entendemos nossos relacionamentos com outras pessoas.

Quando você tiver essa atitude de autocura, de dar o exemplo e de empatia quântica, irá se espantar com fato de as pessoas correrem à sua procura, sem ter que dizer nada; e, mesmo que o inundem com muitas palavras e informações, você será capaz de filtrar tudo e ver o que é verdade.

Às vezes, aquilo que os clientes dizem não contém verdade alguma. Eles dirão: "Sabe, sofro disto e tenho este problema, e sofri quando era menor e tenho aquele problema", mas você pode perceber claramente que não, que aquilo que estão dizendo não é verdade, é apenas ilusão. E, naturalmente, você terá de conversar com o cliente para deixar tudo claro.

Se alguém estiver observando essa discussão, poderá se surpreender com suas descobertas: "Como você sabia? A pessoa era sincera, a pessoa estava chorando, a pessoa pareceu muito convincente. Como você pôde ver que havia outro problema por trás daquilo? Como conseguiu mostrar qual era o problema com exatidão e dar ao cliente a chance de descobri-lo sozinho? Como fez tudo isso?".

Não é um grande feito, e na verdade, é muito simples: você conhece a verdade porque a conhece em seu *self*, pode ver o problema em você mesmo. Todo problema que vê no mundo à sua volta lhe ensina algo a seu próprio respeito.

Há uma história sobre o Buda que eu (Valentina) ouvi em um acampamento de cura espiritual do qual participei na Europa, há muitos anos. Quando Buda saiu de seu palácio e conheceu os sofrimentos fundamentais da vida — doença, velhice e morte — e a solução para eles — a renúncia —, ele não disse: "Veja só! Este sujeito está morto, as pessoas estão morrendo". Não, o que ele disse foi: "Veja! Este sujeito está morto e eu também estou morrendo". Disse também: "Este sujeito está sofrendo; eu também estou sofrendo". Mais tarde, ele se sentou sob a árvore Bodhi e se iluminou assimilando essas coisas, curando-se dos aspectos fundamentais da condição humana que nos trazem sofrimento — as coisas que ele nunca havia encontrado antes fora de si mesmo, mas que encontrou fora do palácio em que vivera uma vida muito feliz como príncipe. Com a atitude correta, Buda curou-se e deu à humanidade um caminho para curar os problemas fundamentais com suas quatro Nobres Verdades. Ele não começou a pregar nem se declarou como o Buda antes de ele próprio curar-se da condição humana básica, atingindo o desapego.

O curador não precisa ser o Buda e nem precisa ter um desapego no nível de Buda, mas será mais dedicado, mais empolgado e mais eficiente se aceitar que o caminho da cura até a transformação faz parte da ocupação do curador.

Cura pessoal *versus* cura da dor:* o que há de errado na cultura atual?

Já faz parte de nossa cultura médica não observar o estado da saúde e, sim, focalizar a doença. Que tal examinar a consequência dessa atitude: primeiro, pensemos na dor. Se não sentimos dor, vivemos a vida inconscientemente. Nunca observamos o estado de nossa saúde ou de nossa felicidade. Nunca nos perguntamos: "A minha consciência está expandida ou está mais contraída?". Nunca ligamos para isso, enquanto alguma coisa não estiver errada, e então conferimos. Também é assim que as pessoas usam seus carros. Dirigem o carro distraidamente, às vezes até loucamente. Então, quando alguma coisa se quebra, pensam: "Opa, é melhor levar o carro para a oficina e consertar isso". A mesma atitude prevalece quando lidamos com a dor, tentando curá-la através da cura dos sintomas.

Nossa vida inteira é uma batalha permanente para remover a dor. Bem, do ponto de vista da consciência e da felicidade, esse é um erro muito grande. Compreenda: A dor pode ser sua melhor amiga, pois a dor lhe dá *feedback*, como o seu melhor amigo. Nem todos sentem dor, mas, se for o seu caso, transforme essa dor em sua melhor amiga e preste atenção em sua mensagem. Se você nunca tivesse passado conscientemente pelas dores do crescimento, nunca teria chegado à maturidade. Sua consciência começaria a se contrair (apodrecer?) e começaria a cheirar mal para você e todos com quem entrasse em contato. Por que outro motivo as pessoas iriam evitar você, dando-lhe a sensação de que você não é amado? A verdade é que você se evita e não consegue mais ficar à vontade consigo mesmo. A falta de percepção-consciente faz isso com você. Ela contribui muito para a atual epidemia de solidão. Estudos e mais estudos mostram que a solidão não é saudável.

Quando o fígado começa a dar sinais de dor, cerca de 80% dele já está destruído, estrutural e funcionalmente. Porém, ainda assim, não tomamos conta do fígado ou tentamos reconstruí-lo. Em vez disso, tentamos dar um jeito na dor, e assim o corpo segue em frente com toda a dor que sentimos. Todos os sinais de dor dados pelo corpo são sinais de emergência. A dor é um ultimato que recebemos da natureza; portanto, preste atenção. Seu corpo está lhe dizendo: "Ei, você está tremendamente enganado em sua escolha de estilo de vida e eu não estou aguentando mais". E aí vem a dor.

---

* Par de palavras com significado próximo, porém não idêntico e com diferenças sutis: no original, os autores usam a expressão *healing* (adotei "cura pessoal", ou seja, psicológica) *versus curing pain* ("cura da dor", a cura propriamente dita). [N. de T.]

É como uma placa na estrada dizendo "sem saída" ("acabe morto"* talvez fosse mais claro); pode ficar mais aborrecido ainda quando aparecem outras placas: "sem saída em 1 km", "sem saída em 500 m" e assim por diante. Dizer: "Ah, tenha dó, tire essas placas, quero dirigir sem limitações" não resolveria nada. Claro, a escolha é sua, mas, para a maioria das pessoas, a escolha é clara: você não precisa esperar chegar no final para dar meia-volta.

Similarmente, a dor é um aviso que lhe diz: "Ei, este lugar aonde você está indo não tem saída; se continuar, irá acabar morrendo". Aqui, a escolha também está clara: não lute contra a dor. Em vez disso, dê meia-volta e mude seu estilo de vida. Descubra e cure aquilo que está errado. É um erro fundamental, mas perpetrado pela maioria das pessoas em nossa cultura atual, quando lidamos com a doença: vemos a doença como a principal coisa a ser solucionada e não focalizamos a saúde como a principal coisa a ser mantida.

Os administradores das rodovias conhecem a cultura e, por isso, hoje, podem repetir as placas; mais cedo ou mais tarde, as pessoas irão notá-las. No caso da saúde, porém, seus gestores, os médicos, também acreditam que a doença é isso; basta curá-la! Geralmente, sua cura irá criar outras doenças e efeitos colaterais, mas não importa. Quando sua única ferramenta é um martelo, você não pode fazer nada exceto tratar as coisas como se fossem pregos.

Ah, alguns médicos falam sobre a necessidade de mudar o estilo de vida, sobre mudar o modo como vivemos, para curar-nos de doenças crônicas. Naturalmente, porém, na visão de mundo do monismo material, esses médicos estão acoplados à sua própria arrogância solipsista e acreditam que os clientes são máquinas mecânicas, tratando-os como tais. Não existe ali um "eu" com eficácia causal e que vive; o sistema todo do cliente é uma máquina. Como um cliente assim pode mudar seu estilo de vida se não existe ninguém ali, se o cliente não tem poder causal?

A atitude que temos em nossa vida e com relação a ela é, na maior parte do tempo, a atitude de obter tudo que podemos sem pagar nada, se possível. Queremos obter prazer e evitar a dor. Se a dor acabar acontecendo, queremos curá-la e seguir explorando o prazer — se possível, sem ônus. Essa é a atitude dos caçadores de pechinchas, sempre à procura de descontos em tudo aquilo que compram, a ponto de ficarem viciados nesses descontos. Na verdade, a maioria das pessoas tem esse tipo de atitude, e é por isso que todo livro de marketing ensina que "não existe vendedor melhor do que o desconto". O desconto é o rei absoluto de vendas neste

---

* Os autores fazem um jogo de palavras no original: rua ou estrada sem saída é "Dead End", em inglês, e "End Dead" é "acabe morto". [N. de T.]

planeta. E essa atitude funciona até com pessoas extremamente ricas. Todos querem viver bem sem pagar muito.

A saúde não é exceção. A mentalidade de que tudo precisa ser barato — e fácil — invade nossa postura diante dos cuidados com a saúde. Por esse motivo, só queremos nos sentir bem sem outros investimentos, sem quaisquer esforços. O médico alopata está conspirando com as grandes farmacêuticas, oferecendo saúde barata e fácil, tão fácil quanto engolir um comprimido com certa frequência.

As grandes farmacêuticas se desenvolveram através da perversão das pessoas e da cultura; tiram proveito de nossa falta de preocupação com aquilo que realmente está acontecendo com o corpo humano sempre que sentimos dor. As pessoas só querem um remédio para resolver seu problema e a indústria farmacêutica fornece isso, gerando lucros grotescos. A indústria farmacêutica prospera, mas é a verdadeira assassina, a razão para termos tantas doenças.

Precisamos compreender que, na verdade, nós geramos nossas doenças, especialmente doenças crônicas, e as perpetuamos. Se mudarmos nossa visão de mundo — e para essa mudança, a ciência quântica já está aqui —, e se vivermos segundo aquilo que descobrimos, poderemos ter uma vida feliz e sem doenças neste planeta.

A verdade é que há milênios sabemos como curar naturalmente a maioria das coisas que afetam nossa saúde, e esse corpo de conhecimentos ainda está crescendo. Agora, compreendemos a teoria da cura natural. Nas tradições antigas, as pessoas não sabiam o que eram bactérias, vírus, antibióticos ou higiene física (que, na verdade, não era realmente necessária, pois as cidades ainda não estavam desenvolvidas a ponto de gerarem tanta poluição). Entretanto, temos uma situação estranha. A produção de medicamentos está crescendo quase exponencialmente. Trata-se de uma indústria de muitos bilhões de dólares. A vida dura mais, e as pessoas chegam agora a idades superiores a qualquer outro momento da história. Você pode estar se perguntando como é possível termos mais medicamentos e mais doenças, em termos estatísticos, e, ainda assim, viver mais. Porém, pergunte-se: vidas mais longas para aproveitar como? Com mais doenças? Depois de diversas quimioterapias, depois de ingerir muitos analgésicos e passar por seus efeitos colaterais, depois de ser mandado para uma casa de repouso por exibir o menor sinal de demência, o que acontece com a sua qualidade de vida?

Não estamos dizendo que não vale a pena viver a qualquer preço. A vida tem seus prazeres, e para muita gente estes compensam adequadamente a dor. O que estamos dizendo é que você deve ter opções e que existe uma alternativa. Os médicos tornam-se verdadeiros curadores quando dão a seus clientes opções de forma responsável, quando eles mesmos usam aquela opção para a própria transformação.

Será que podemos mudar a atitude de toda uma cultura que foi reforçada pela mídia e pela política? Só se os profissionais acordarem para a realidade. Não estamos exagerando; o remédio é simples, mas as pessoas não o verão sem sua ajuda, curador: compreenda a perspectiva quântica da vida e da saúde, mude sua atitude e aprenda a viver com ela. Depois, ensine os demais, curando-os. Essa também é a forma duradoura de curar a cultura.

Vida longa, sabedoria curta

Quando a duração média de vida era de apenas cinquenta anos, as pessoas viviam até contraírem a primeira doença grave na velhice e, geralmente, essa primeira doença também era a última. Tínhamos ataques cardíacos quando ficávamos velhos e morríamos, e era isso. Você aprendia uma lição quando via as pessoas mais idosas morrendo por causa de alguma doença: nunca fique doente! Mas, hoje, temos oitenta anos para "desfrutar" de muitas dores, doenças, situações tormentosas de deterioração e demência após chegarmos aos 50 anos de idade. Mas é claro que os médicos e a grande indústria farmacêutica vão lhe dar comprimidos para aliviar temporariamente sua doença. Portanto, sua doença não dura. Você fica um pouco curado e depois tem outro episódio da doença. Mais comprimidos. Isso que a indústria farmacêutica, os praticantes de medicina e, em última análise, a visão de mundo materialista estão fazendo com você é terrível: em nome do lucro, estão privando você de sua qualidade de vida.

Na antiguidade, havia uma frase comum, "Memento mori" — "Lembre-se, você é mortal". O imperador romano César Augusto dizia "Memento mori" para todos que o procuravam. Não era seu modo de impor autoridade; com efeito, era seu modo de fazer as pessoas se lembrarem de que a vida é curta e que precisavam viver sabiamente, seguindo certos princípios e valores, pois do contrário cairiam em um estado miserável, sem qualidade de vida. Na antiguidade, vida e morte caminhavam juntas; as pessoas sabiam que se tiveram uma vida, também podiam contar com a morte. Os sábios não se apegavam muito à vida, e muitos viviam essa vida intensamente e com qualidade. Tornavam-se inspirações e criavam os valores que nos deram a civilização, esta que agora estamos destruindo com nossa postura atual.

Hoje em dia, ninguém tem seguro de vida. A maioria das pessoas nos países ricos têm seguros de saúde. O que são os seguros de saúde? Deveriam chamá-los de "seguros de doença", pois as companhias de seguros reembolsam o segurado pelo valor que ele paga para curar uma doença, mas geralmente não o mantém em boa saúde. As companhias de seguros não reembolsam as despesas que você tem para manter sua boa saúde — educação, práticas de cura, medicamentos e suplementos preventivos e alternativos, terapia positiva. Elas não lhe oferecem descontos e nem lhe fazem uma homenagem: "Parabéns, você está gozando de boa saúde".

As companhias de seguros deveriam ser honestas e chamar o seguro de saúde de "seguro de doença", pois lhe dão dinheiro quando você está doente, não quando está saudável. Mas como desenvolvemos uma cultura assim?

Sabe, o jovem que começa a pagar por um seguro de saúde, que inclui mais do que o seguro de hospitalização, é uma pessoa que pensa de maneira perversa. "Talvez eu fique doente, e então irei receber pelo que paguei." Parabéns. Segundo a lei da ressonância ditada pela ciência quântica da consciência, você irá ficar doente. Por falar nisso, as seguradoras contam com a saúde dos jovens. Do contrário, a empresa iria falir. Só um percentual muito pequeno de jovens com seguros entra com pedido de restituição. Portanto, os dados mostram que os jovens segurados são, em sua grande maioria, saudáveis. Se você é jovem e tem seguro de saúde, são grandes as chances de não receber pelo que pagou.

Mas se você pensar: "Por que eu deveria pagar por um seguro de saúde desnecessário se sou jovem e saudável, e quero me manter saudável? Assim que começar a ficar sem saúde, volto a pensar nisso", então o sistema irá resistir e tentar impor precondições.

Em parte, isso está mudando nos Estados Unidos e em outros países; os europeus já têm planos de saúde pagos pelo governo. Mas isso também não está livre de problemas, pois os custos dos cuidados com a saúde estão aumentando rapidamente. Com efeito, só os países ricos podem se dar ao luxo de ter bons cuidados com a saúde. É uma questão econômica.

Quando a vida não vale muito, mas nos apegamos a ela, sem ligar para sua qualidade, ou nos apegamos à vida a qualquer preço (que o seguro de saúde já está pagando mesmo) e estamos desesperados para viver, mesmo com sofrimento, acontece uma coisa engraçada: não vivemos direito, pois estamos ocupados demais mantendo-nos vivos.

O psiquiatra alemão Alois Alzheimer descobriu aquilo que hoje chamamos de mal de Alzheimer, em 1907. Sua paciente era uma mulher de 43 anos, que não sabia onde estava nem o que estava acontecendo. O dr. Alzheimer ficou muito interessado em seu estranho estado de saúde e criou um questionário diário para ela. Todos os dias ele lhe fazia as mesmas perguntas, então percebeu que as respostas foram ficando cada vez mais simples, até restar apenas uma única resposta para todas as perguntas:

Augusta, Augusta, Augusta... Augusta era o nome da paciente. Ela não conseguia se lembrar de mais nada, só do nome. No fim, ela não conseguia se lembrar nem de seu nome, e morreu.

Hoje, muita gente está chegando à velhice. Mas pergunte a essas pessoas: "Você consegue me falar sobre a conclusão de sua vida em poucas palavras?". Provavelmente, elas responderão com os próprios nomes, como Augusta, o primeiro paciente de Alzheimer.

Quando temos medo de viver e medo de morrer, começamos a brigar com a dor, pois queremos ter uma vida fácil. As pessoas pensam: não importa o que aconteça, escolho o caminho mais fácil. É por isso que, na maior parte do tempo, acabamos cedendo. Todos nascem com as mesmas potencialidades quânticas, mas começamos a fazer escolhas e a maioria dessas escolhas seguem as ideias socioculturais condicionadas do momento. Finalmente, acabamos tendo aquela atitude de meio-termo, e cedemos. Na verdade, sabemos que, especialmente no começo, estamos ignorando a consciência e abrindo mão de nossas infinitas potencialidades de exploração, mas depois de conceder demais, começamos a ficar confusos. Então, compramos o pacote completo oferecido pela cultura e aceitamos a condição humana: "desfrutamos" da vida barata e fácil e, no final, pegamos uma doença atrás da outra — e morremos.

Temos no corpo um sistema próprio que é muito melhor do que toda a indústria farmacêutica para nos manter saudáveis. Mas não o usamos porque temos medo. Nós o desligamos cedendo, aceitando menos do que o ideal. E, então, as coisas que temos à nossa disposição, que estavam muito ativas quando nascemos, começam a se tornar inacessíveis. Na verdade, nem esperamos por isso: nosso medo de viver e nosso medo de morrer vão desligando, um a um, todos esses mecanismos naturais de cura; no final, ficamos paralisados em uma alma aleijada, em uma mente aleijada e, com o tempo, em um corpo aleijado, tomando mais e mais medicamentos, fazendo mais e mais concessões. Por fim, a demência se estabelece e apagamos tudo. Por quê? Porque a vida não mereceu ser vivida e, por isso, não merece ser lembrada.

Você é um curador quando vê com clareza todos esses problemas, quando mudou de atitude e aderiu à visão de mundo quântica, vivenciando-a. Agora, pode educar e acordar seu cliente antes mesmo de começar a cuidar de sua saúde. Você pode dizer:

"Sua atitude está gerando a perpetuação do sofrimento. Você precisa voltar à vida, começar a viver a vida, explorar suas infinitas potencialidades quânticas. Voltar à vida significa voltar com seu significado e propósito; e, se tiver uma doença terminal, estará preparado para a morte. Com essa mudança de atitude, você nunca irá temer a dor. Nunca irá temer a morte.

Irá ver ambas como oportunidades. Oportunidades para a saúde, oportunidades para a felicidade, até para a abundância".

Na antiguidade, as pessoas não viam na dor algo que precisasse ser removido. A dor era um fenômeno. Ficavam curiosas diante dela; faziam experimentos em si mesmas. "Ah, isto é dor... interessante." Experimentaram todo tipo de mecanismo do corpo. "Se eu apertar aqui, a dor é insuportável; se eu apertar ali, é agradável." Hoje em dia, só tocamos nos pontos agradáveis, nunca nos dolorosos. Geralmente, não admitimos sequer a existência de um ponto doloroso e, quando finalmente o fazemos, vamos ao médico dizendo: "Estou com dor. Remova-a".

Essa atitude gera doença, tanto dentro quanto fora de nós. Nossa sociedade padece do mesmo câncer que torna as pessoas doentes em seu interior. Nossa cultura é a doença de não viver o suficiente. O próprio câncer é a doença de não viver o suficiente, de não ousar o suficiente, de não ter o poder de abraçar a vida como um todo, plenamente, só um pouquinho. Quando você rejeita a vida pelo medo e pela falta de amor, a vida se dedica mais a apoiar suas células cancerígenas do que a apoiar você. É assim que elas se espalham no interior da pessoa.

Se você analisar aquilo que as pessoas que se curaram de câncer fizeram, verá que, com efeito, fizeram muitas coisas: algumas começaram a tomar sucos, outras praticaram yoga e outras começaram a perdoar. Usaram muitos métodos, mas todas desenvolveram certa característica depois que se curaram. Essa característica tão importante é o senso de propósito: essas pessoas têm um propósito maior na vida, estão comprometidas com necessidades superiores. No começo, não tinham isso e sofriam, mas mudaram e agora têm um novo rumo na vida. Você é um curador quando sua vida tem significado e propósito e ensina a seus clientes a importância de ter um propósito na vida caso queiram gozar de saúde e felicidade.

Quando você tenta ajudar e curar alguém, não tente prescrever ervas ou qualquer coisa antes de conversar com a pessoa para avaliar se ela tem uma visão acerca de sua vida pessoal. Primeiro, você precisa entender quanto aquela pessoa realmente vive a vida, quanto está preparada para chegar a consensos, se a sua atitude é mesquinha e ela só quer eliminar a dor, e assim por diante. Este é o primeiro obstáculo que você irá enfrentar no processo de cura e, por isso, procure preparar seu cliente para uma importante mudança de atitude. Só assim você poderá lhe oferecer tratamentos e ensinar-lhe yoga, meditação, cura quântica — toda a gama, conforme necessário — e só então verá o sucesso em sua cura.

Entrementes, todos nós — pessoas saudáveis e pessoas doentes, curadores e pessoas comuns — precisamos tentar mudar nossa cultura. Quando o cuidado com a saúde exige hospitalização, os custos são grandes, maiores do que as pessoas comuns podem pagar. Por isso, o governo precisa ajudar. Para mudar essa parte, é necessário um ativismo político. Mas a outra parte — a mudança de atitude — é nossa responsabilidade, tanto para curadores como para quem está sendo curado.

Então, quer ser um curador? Você terá de se curar dessa errônea visão de mundo mecanicista, curar a própria mente e depois dar o exemplo. Seus clientes irão ouvir você e fazer as mudanças necessárias — e a cultura também irá mudar.

PARTE 2

A CIÊNCIA QUÂNTICA DA SAÚDE HOLÍSTICA E DA MEDICINA PREVENTIVA

capítulo 6

medicina do corpo vital: princípios gerais, acupuntura e homeopatia

O conceito de energia vital foi descartado pela biologia e pela medicina ocidentais, por causa do dualismo implicado e do advento da biologia molecular, que deram a entender que poderíamos compreender tudo sobre o corpo por meio da química do DNA, proteínas etc. Mas as proteínas ou o DNA não podem explicar a cura sozinhos. Como todo médico e todo paciente sabem, a cura exige não apenas o saneamento dos sintomas físicos como a restauração da vitalidade e da energia vital. A energia vital não é um produto da química do corpo. A química é local, mas as sensações da energia vital, a sensação de se estar vivo, é claramente não local. Além disso, as sensações não são lógicas, não são computáveis. Mas se sensações e energia vital não são físicas, de onde elas vêm?

Um componente fundamental da cura é a regeneração — mesmo depois de um ferimento grave e da destruição de um número maciço de células, o corpo tem capacidade para regenerar exatamente essas células, diferenciadas como antes, a fim de realizarem a função específica requerida. Porém, se você acredita que isso acontece porque o corpo tem um suprimento de células-tronco, pense novamente. As células-tronco são células indiferenciadas; como podem se tornar diferenciadas? A regeneração só é possível porque o software vital das células e as funções fisiológicas vêm de campos litúrgicos não locais e não físicos, e a consciência os utiliza para diferenciar as células-tronco conforme necessário para a regeneração celular.

As moléculas obedecem a leis físicas, mas não sabem nada sobre o contexto e as funções da vida — manutenção e sobrevivência, amor ou ciúme — que nos mantêm ocupados na maior parte do tempo. O corpo vital nos dá o contexto da vida, que pertence a um mundo separado e sutil que, por sua vez, contém as matrizes do software vital responsável pela programação da fisiologia dos órgãos.

Objetos físicos obedecem a leis causais, e isso é tudo de que precisamos saber para analisar seu comportamento; eu (Amit) digo que seu comportamento é orientado por leis. Órgãos biológicos obedecem não apenas às leis da física como também realizam certas funções fisiológicas intencionais: autorreprodução; sobrevivência; a manutenção da integridade do *self* em relação ao ambiente; amor; autoexpressão; pensamento; intuição; e autoconhecimento. É fácil reconhecermos algumas dessas funções como instintos que compartilhamos com os animais. Outras, como pensamento, intuição e autoconhecimento, pertencem apenas a nós, humanos, como resultado de uma evolução maior. O medo, por exemplo, é um sentimento conectado a nosso instinto de sobrevivência, mas será possível imaginar um punhado de moléculas com medo? O comportamento molecular pode ser completamente explicado pelas leis da física sem lhe dar o atributo do medo. O medo é o movimento do corpo vital que sentimos e, ao mesmo tempo, o programa de software vital para que as células de um órgão físico levem a cabo funções fisiológicas apropriadas como resposta a um estímulo que gera medo.

O comportamento dos sistemas biológicos é interessante, porque o software vital que programa sua fisiologia não está relacionado com as leis físicas causais que governam o movimento de seu substrato molecular. Digo que esse comportamento é orientado por programas.

Assim, o corpo vital é o reservatório de campos litúrgicos, as matrizes do software vital epigenético para as funções fisiológicas programadas. O software programa o acionamento de genes celulares adequados conforme for preciso para criar as proteínas necessárias para a função do órgão. Desse modo, o software epigenético, a fisiologia e o hardware do órgão realizam funções de vida — manutenção, reprodução etc. — enquanto os softwares vitais — campos litúrgicos condicionados — proporcionam o movimento da energia, que sentimos quando o órgão inicia e depois interrompe uma função.

Faz sentido. Se as formas vivas são controladas por programas de software, então os programas devem ter começado com algumas matrizes criadas em algum lugar por algum programador. Claro, agora os programas estão embutidos no hardware como fisiologia, e o comportamento orientado por programa da forma biológica é automático. É fácil esquecer a origem do comportamento orientado por programa e seu programador. Mas quando os programas da fisiologia embutida e a fisiologia vital correlacionada estão com problemas, ou o hardware está danificado e o software vital não consegue mais se conectar com o hardware, o que acontece?

O criador de representações, o programador, é a consciência. A consciência usa as matrizes vitais — os campos litúrgicos — para criar o software vital da fisiologia do órgão; as leis do movimento dos campos litúrgicos estão codificadas no corpo supramental, corpo das leis, e arquétipos (Figura 8). Quando a consciência manifesta um órgão físico para realizar uma função fisiológica, também manifesta os campos litúrgicos condicionados do software vital, o movimento que sentimos como a energia vital de um sentimento, e, claro, as leis arquetípicas que governam tudo isso.

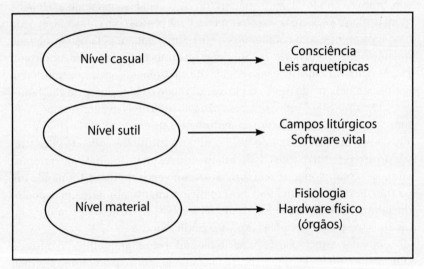

Figura 8. Como as funções biológicas descem do céu (o domínio supramental) para a terra (o domínio material).

Lembrete importante: o condicionamento do software vital abrange um espectro de escolhas de campos litúrgicos com probabilidades variadas. Dessa forma, pequenas mudanças no ambiente podem produzir uma escolha diferente de software vital e uma pequena mudança na fisiologia. É por isso que, quando passamos por mudanças de humor em reação a um estímulo, sempre encontramos uma mudança fisiológica. Alguém admira sua beleza, e seu rosto fica corado.

O que é *prana*, *chi* ou energia vital? É o movimento quântico condicionado da matriz do corpo vital representada no órgão-V correlacionado com um órgão físico (veja a Figura 2). Quando você tem a experiência de uma emoção, não há apenas um pensamento, mas também um movimento adicional, sutil, vital, que a consciência manifesta em sua percepção-consciente interna: é a manifestação do prana conectado à função de um órgão.

A confusão se dá porque o cérebro assume as funções dos órgãos do chakra para uma execução mais eficiente. Dá a impressão de que o cérebro é responsável por sua reação emocional. Você precisa corrigir essa suposição da ciência convencional.

105

As emoções envolvem movimentos internos do corpo vital nos chakras, além dos movimentos da mente — pensamentos — e dos circuitos cerebrais emocionais negativos. Da próxima vez que sentir raiva e surgirem pensamentos de raiva, como "Vou mostrar para ele!", tome cuidado! Há outra coisa, algo mais sutil, que você também sente internamente no corpo e que parece ser algum tipo de energia. É o prana, a energia vital no chakra apropriado do corpo. O circuito cerebral é um gatilho para essa energia que está no corpo.

Será possível sentir o sentimento de outra pessoa? Pode apostar que sim, graças à não localidade quântica do corpo vital (semelhante à telepatia mental); damos a isso o nome de empatia. Uma pessoa com chi saudável pode ajudar outra pessoa a equilibrar seu chi? Sim, também pela não localidade quântica. É isso que fazem os curadores que trabalham com reiki, por exemplo. As palmas de suas mãos são dotadas de muita energia vital, que transferem aos pacientes com um gesto amplo, substituindo o chi "ruim" pelo chi "bom".

O corpo vital é indivisível; ele não tem uma divisão micro/macro, não tem estrutura. É por isso que os sentimentos do corpo vital são quânticos, sutis, vivenciados internamente. Contudo, adquirimos software vital através do uso repetitivo e do condicionamento resultante: certos movimentos vitais são condicionados a recorrer através do uso repetitivo, formando um padrão de hábitos individuais. O condicionamento abrange um espectro de hábitos dentro da gama de todas as respostas a diversos estímulos ambientais, responsáveis pela resposta condicionada.

Nossos corpos físico e vital (e mental e supramental) são corpos de substâncias separadas que vivem paralelamente, com o paralelismo mantido pela consciência. Mas não imagine que as substâncias de que são feitos são sólidas ou concretas. Não é esse o modo quântico de pensar em substâncias, nem mesmo substâncias físicas. Todas as substâncias são possibilidades — só com o colapso é que a consciência lhes dá toda a substancialidade concreta que possuem. No físico, essa substancialidade costuma ser estrutural, bem palpável, como nossos corpos físicos individuais. No vital (e no mental), até a individualidade é funcional, garantindo que se mantenham sutis o tempo todo, mesmo na manifestação. A substância do sentimento vital é a energia vital; a substância do pensamento mental é o significado.

Outras evidências da natureza quântica do corpo vital

Os antigos pesquisadores chineses perceberam que a entidade básica que sentimos no corpo vital, a energia vital que os chineses chamam de chi, tem uma complementaridade que lhe é própria. Chamaram os dois aspectos complementares do chi de *yin* e *yang*. Dá para perceber o *insight* quântico na visão chinesa. Yin é o caráter transcendental do chi, semelhante a uma onda: expansivo, não local, criativo, "celestial". No tai chi, esse caráter aparece quando o bailarino está parado. Yang é o caráter imanente do chi, semelhante a uma partícula: contraído, localizado, condicionado e "terreno". Yang é vivenciado quando o bailarino se move. Os dois aspectos, yang e yin, são necessários para expressar a plena potência de chi, o *tao* do chi.

A medicina tradicional chinesa — MTC fala de caminhos chamados meridianos para o fluxo de chi entre um órgão vital e outro; os pontos de acupuntura usados na medicina chinesa situam-se ao longo desses meridianos. Esses meridianos são parte integral da anatomia vital, segundo a MTC.

Se o movimento do chi na manifestação é localizado, pode parecer à primeira vista que o comportamento do chi é bem determinista e não criativo. Mas os indianos orientais também mapearam o movimento manifestado de chi, que chamam de prana, ao longo de caminhos que chamam de *nadis*, e esses nadis não coincidem exatamente com os meridianos chineses. (Para uma comparação visual, veja as Figuras 9a e 9b, que mostram dois dos mais importantes meridianos ou nadis.) Isso é bem consistente com o comportamento quântico: os caminhos dessas duas tradições não são concretos, mas simplesmente parâmetros para uma exploração intuitiva.

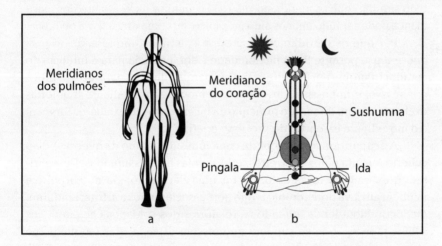

Figura 9. Exemplos de a) meridianos à maneira da medicina tradicional chinesa, e b) nadis, à maneira do Ayurveda.

Talvez haja um princípio de incerteza operando entre a localização e a direção do movimento de chi. De fato, como mencionado antes, os chineses caracterizam chi com dois aspectos complementares, o yin transcendente e o yang manifestado, similares à caracterização complementar de objetos materiais como onda transcendente (de possibilidade) e partícula

107

manifestada. Quando falamos em "equilibrar a energia vital" na medicina chinesa, isso significa equilibrar esses aspectos yin e yang da energia vital.

Acupuntura

O melhor tratamento para um órgão físico que foi afetado por um excesso ou esgotamento do chi em seu software vital consiste em direcionar a energia de equilíbrio do chi para este último, desde o software vital pertencente a outro órgão por aquilo que parece ser um meio mecânico — em outras palavras, acupuntura. Tradicionalmente, a acupuntura é o aspecto mais espetacular da medicina chinesa, e hoje em dia é o mais famoso em outros países além da China.

Eu (Valentina) estudei acupuntura na Europa com um mestre chinês muito charmoso e dinâmico. A palavra latina *acus* significa agulha, e *punctura* significa perfuração; acupuntura é a cura através da perfuração de vários pontos do corpo com agulhas. O lugar onde a agulha é aplicada pode não ter relação espacial com o lugar da doença. O acupunturista pode aplicar agulhas no dedão do pé para curar uma dor de cabeça, por exemplo, enquanto outro pode fazer a mesma coisa usando um ponto de acupuntura no braço. Isso tudo significa que os meridianos não são caminhos fixos, e o uso dos meridianos pode ser tudo, menos algo mecânico, tal como dita a física quântica.

Por que os meridianos descrevem caminhos aproximados e porque seu uso permite tanta flexibilidade e abrangência para a intuição do curador? Porque, em última análise, a energia vital tem natureza quântica e, por isso, é impossível descrever seu movimento mediante trajetórias exatas. Isso é um ditame do princípio da incerteza de Heisenberg. Também é o ingrediente essencial do processo criativo.

A acupuntura foi descoberta como um subproduto da guerra. A descoberta foi feita pelos guerreiros feridos pelas flechas inimigas. Descobriram que, embora fosse dolorido ter uma flecha alojada no corpo, ela também aliviava dores crônicas que hoje associaríamos a artrite, tendinite, etc. Segundo a lenda, quando os relatórios dos soldados chegaram aos sábios taoistas, que se supõem que fossem especialistas em medicina chinesa, estes perceberam imediatamente o que estava acontecendo. Fiéis ao verdadeiro espírito da ciência, perfuraram o próprio corpo com agulhas e mapearam os caminhos de chi, os meridianos — entre os quais, os principais meridianos, que vão dos artelhos até a cabeça.

Um aspecto importante da teoria é que há lugares da pele aos quais se estende o funcionamento desses canais principais. Também são lugares onde influências externas podem afetar os órgãos. A má notícia é que patógenos externos (como um vento frio, por exemplo) também podem afetar um órgão interno através dessas áreas. Mas também podemos aplicar energia externa para curar um órgão interno através dos mesmos pontos de acupuntura.

A massoterapia também pode ser aplicada nas áreas que cercam os pontos de acupuntura. Na verdade, segundo alguns especialistas chineses, quando a acupuntura foi descoberta, os praticantes usavam apenas os dedos para influenciar o movimento de chi. Hoje, a prática da manipulação do chi com os dedos é chamada de acupressão.

Os meridianos não são canais físicos, de modo algum, nem existe algo físico movendo-se através deles. Em vez disso, pertencem ao plano vital e dão-nos os caminhos aproximados do movimento do chi vital entre os softwares vitais dos órgãos mais importantes.

Quando o software vital que programa as funções fisiológicas do órgão é restaurado em termos de equilíbrio yin-yang e de harmonia do chi relevante, segue-se rapidamente a restauração das funções do órgão. A forma como a acupuntura é praticada hoje apoia a visão quântica da energia vital. Embora os tradicionalistas afirmem que os meridianos são tão fixos quanto os pontos de acupuntura, os praticantes atuais concordam que, em vez de serem pontos, os meridianos denotam áreas. Hoje, os acupunturistas não usam necessariamente os meridianos tradicionais e pontos de acupuntura. Eles podem perguntar ao paciente ou até usar métodos como testes musculares (uma técnica da cinesiologia aplicada) para identificar os locais de aplicação das agulhas a fim de curar o órgão doente.

Quando eu (Amit) me submeti a um tratamento por acupuntura, meu médico, o dr. Gopala, usou testes musculares. Ele cutucava lugares do meu braço esquerdo e avaliava os músculos do braço direito para encontrar sinais de força ou fraqueza; se os músculos mostrassem força, ele considerava aquele ponto como um acerto. Esse seria o ponto de inserção da agulha.

Como funciona a acupuntura no alívio de dores de cabeça? Em um corpo com órgãos saudáveis, a aplicação das agulhas em áreas adequadas estimula, com uma nova infusão criativa, o nível geral do chi yang (chi manifestado) nos órgãos do corpo, especialmente as áreas do cérebro que produzem endorfinas, os opiáceos do próprio cérebro. A manifestação da vitalidade do chi ao nível vital cria estados cerebrais físicos com endorfinas. Com efeito, descobriu-se que drogas narcóticas antagonistas que bloqueiam endorfinas neutralizam o efeito curador de um tratamento por acupuntura.

A ciência da acupuntura propriamente dita destina-se a curar muitos males, não apenas enxaquecas ou dores. De modo geral, a acupuntura gera novas possibilidades de energia vital para a escolha da consciência. Com a intenção, um curador pode usar a acupuntura para permitir que a energia vital se manifeste no ponto de aplicação e flua dali para o órgão em questão, corrigindo seu desequilíbrio energético conforme for preciso para sua cura.

A Figura 10 mostra um dos principais canais, tanto com a parte interna quanto com a parte superficial do caminho. Perceba que o ramo superficial dos meridianos do braço passa por um ponto acima da artéria radial do pulso. Isso explica como o praticante da medicina chinesa é capaz de diagnosticar doenças lendo o pulso, uma arte muito sofisticada da medicina tradicional chinesa e, não por coincidência, do Ayurveda indiano.

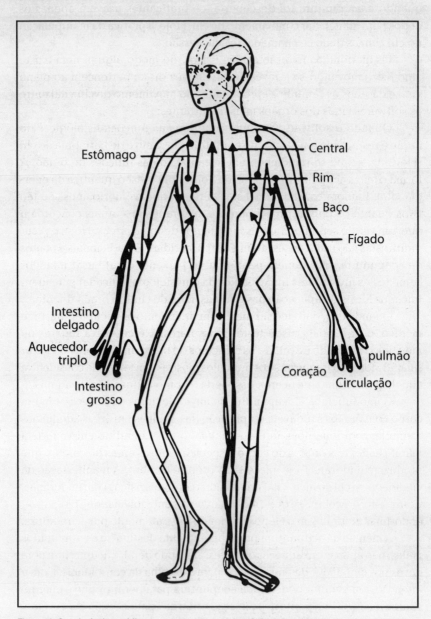

Figura 10. Os principais meridianos com as conexões superficiais e interiores.

Como seus equivalentes chineses, os praticantes tradicionais do Ayurveda também eram especialistas em diagnósticos através do teste do pulso (que, na verdade, testa os nadis). Eu (Amit) cresci ouvindo muitas histórias fantásticas sobre a eficácia do diagnóstico feito pelo teste do *nadi*. Eis uma dessas histórias.

Certa vez, um médico ayurvédico foi chamado por um rei muçulmano para examinar a saúde de sua esposa e sugerir uma dieta adequada. As mulheres muçulmanas casadas não podem ser vistas ou tocadas por outros homens (exceto os familiares), então, o costume exigia que a mulher ficasse sentada atrás de uma cortina com uma corda amarrada a seu pulso. O médico só podia examinar essa corda (ou seja, ler o nadi da mulher através da corda, uma tarefa semelhante a tentar ler o pulso dela através da corda). Porém, sem que o médico soubesse, os cortesãos do rei estavam lhe pregando uma peça; eles colocaram uma vaca no lugar da esposa.

Dizem que o mestre ayurvédico examinou a corda durante um longo tempo, aparentemente tentando ler o pulso, e então disse, com um suspiro:

— Não entendo, mas tudo que esta paciente precisa é de uma boa dieta de capim, e com isso ficará boa.

A homeopatia é real?

Eu (Amit) ainda me lembro de uma das minhas experiências de infância com o milagre da homeopatia. Eu tinha 12 anos de idade, era popular, praticava esportes ativamente, era bom estudante, mas imensamente triste, pois estava acontecendo uma coisa que me envergonhava terrivelmente: eu tinha verrugas crescendo no meu corpo todo. Tentamos diversos agentes de remoção das verrugas, mas nenhum funcionou. Um dia, alguém sugeriu a homeopatia. Ainda me lembro do medicamento que tomei, Thuja 30x — quatro pequenos glóbulos brancos com gosto doce. Eu tinha de chupá-los até se dissolverem na minha boca. Após dois dias ingerindo esses glóbulos, as verrugas foram simplesmente caindo do meu corpo, uma após a outra. Eu me curei. Fiquei muito aliviado. Foi como um milagre.

Na época, porém, não me dei conta do tamanho do milagre que a homeopatia representa de verdade. Não sabia que se podia provar facilmente com cálculos que, em média, era improvável haver qualquer substância medicinal na diluição de Thuja que eu tomei — pelo menos, não no sentido convencional daquilo que entendemos por medicamento. Segundo o modo convencional de pensar, quatro pequenas pílulas açucaradas curaram minha doença. Hoje em dia, a "cura com pílula de açúcar", ministrada como medicamento para que o paciente pense que está recebendo alguma coisa "boa" de um curador qualificado, é chamada de cura por placebo. Quando ouvem uma história como a minha, a maioria dos alopatas descarta a homeopatia, dizendo que as pílulas eram apenas placebo. O que complica a questão é que se sabe que muitas doenças como verrugas foram curadas com placebo.

É claro que o placebo também parece ser uma cura milagrosa. Para ver como funciona o placebo, pense em uma doença que ocorre quando a resposta do sistema imunológico não funciona adequadamente. Um bom exemplo é a artrite. O placebo funciona porque aciona o mecanismo de defesa do corpo, levando-o a funcionar adequadamente através da criatividade situacional, aumentando novamente nossa intenção de cura.

A homeopatia é um placebo? Foram realizados muitos estudos e o resultado ainda é controvertido, embora eu tenha lido que alguns deles são conclusivos. Que tal fazer a pergunta de outra maneira? A homeopatia funciona? Ela pode funcionar realmente diante da crítica correta dos alopatas, que dizem que nenhuma molécula da substância medicinal está sendo ministrada na homeopatia? E, se funciona mesmo, como funciona? Desenvolvi a teoria por trás da homeopatia em *O médico quântico.* Segue uma síntese.

Dois axiomas fundamentais da homeopatia foram descobertos por seu fundador, o médico alemão Samuel Hahnemann. O primeiro axioma é: semelhante cura semelhante. Se determinada substância medicinal produz certa confluência de sintomas em um corpo saudável, então essa substância irá atuar como cura para uma pessoa doente com os mesmos sintomas.

Até hoje, os pesquisadores da homeopatia fazem suas "provas" mais ou menos da mesma maneira como Hahnemann fazia em 1796. Ele pegava substâncias venenosas que, por algum motivo, também considerava medicinais e ministrava cada uma em doses minúsculas a sujeitos saudáveis que, por sua vez, registravam todos os sintomas que viessem a desenvolver; então ele pareava esses indícios com os sintomas de doenças conhecidas. Essas provas ainda são feitas atualmente. Depois, tornam-se parte de uma *Materia Medica*, que os médicos podem consultar para encontrar os medicamentos do tipo semelhante-cura-semelhante para doenças através da similaridade dos sintomas.

Eu (Valentina) raramente uso a homeopatia, mas sempre que usei obtive sucesso — principalmente quando a situação do paciente é mais difícil ou em determinados estágios da doença, e uma nova abordagem é necessária. Já usei a homeopatia, por exemplo, para tratar a doença de Lyme, fibromas e até derrame. Uso a homeopatia porque ela me dá acesso a toda uma classe nova de ervas venenosas que não podem ser usadas no Ayurveda.

Como a homeopatia consegue usar ervas venenosas? É aqui que entra o segundo axioma da homeopatia: "Menos é mais". Este é o axioma que mais irrita o alopata materialista. Quanto mais você dilui a substância medicinal em uma mistura com 87% de álcool em água (usando determinado procedimento, ver a seguir), mais potente é seu efeito. E as diluições que os homeopatas prescrevem rotineiramente para seus pacientes são ridículas em termos materiais.

Pense no seguinte: uma parte de uma substância medicinal é diluída em aproximadamente nove partes da mistura álcool-água. Essa mistura é completamente agitada (sofre "sucussões", usando o termo técnico) cerca de quarenta vezes; depois, nove partes são descartadas e a parte restante é diluída novamente na mistura água-álcool. Essa mistura também sofre sucussões, e o processo de diluição e sucussão pode prosseguir indefinidamente, produzindo medicamentos de potência crescente, indicados como 1x, 3x, 6x, 30x, 100x e assim por diante.

Os médicos alopatas ridicularizam a homeopatia porque após certa diluição é extremamente improvável, em termos matemáticos, que ainda haja uma molécula material do "medicamento".

Entraremos um pouco em termos técnicos para avaliar a alegação dos alopatas, aparentemente válida. A Lei de Avogadro da química diz que um "mol" (que significa o equivalente do peso molecular de uma substância em gramas) de qualquer substância contém cerca de 1×10^{24} moléculas da substância. Assim, após uma diluição homeopática de 24x de um mol de uma substância medicinal (o que significa, em termos químicos, a diluição por um fator de 10^{-24}), a presença de uma molécula sequer da substância medicinal não é provável.

Todavia, ambos os axiomas fazem sentido do ponto de vista da energia vital. Segundo a perspectiva vital, o sistema imunológico consiste em hardware físico e no software vital para defender o corpo de antígenos externos ou internos. A doença significa que essa combinação física-vital, em sua forma atual, não está funcionando adequadamente. Faz sentido que esse mau funcionamento se deva a um mau funcionamento do software vital. Se faltam alguns elementos ao software, temos de infundir tais elementos para reparar o software vital do sistema e realizar a cura. As ervas proporcionam os elementos de software vital que faltam.

Semelhante cura semelhante. Se a substância medicinal — uma erva viva — é venenosa, o software herbal irá suprimir aquela parte do software no software funcional da pessoa saudável; daí os sintomas. Os sintomas são a assinatura daquilo que está faltando. Assim, se uma pessoa doente tem os mesmos sintomas, concluímos que ela está com falta do software naquela erva venenosa. Percebe? É assim que a homeopatia extrai a parte vital da física. Ela fornece ao paciente apenas o software vital faltante sem o veneno, que está contido nas moléculas. Esse é o mistério do semelhante--cura-semelhante.

Agora, o princípio "menos é mais" também faz sentido: é a maneira de isolar o vital da parte física da erva. As substâncias medicinais costumam ser tóxicas, embora não venenosas, no nível físico. Se a cura está no plano vital, o físico passa a ser irrelevante, e qual seria a lógica em ministrar coisas tóxicas desnecessariamente ao organismo, que só produziriam efeitos colaterais indesejados? Faz sentido diluir o medicamento e eliminar o corpo físico do medicamento, enquanto o vital permanece intacto.

Como mencionado, os homeopatas usam um procedimento muito complexo de agitação da mistura antes de produzir novas diluições. Até isso se torna plausível agora. O procedimento da agitação garante que a energia vital, correlacionada antes apenas com a parte física do medicamento, torna-se agora correlacionada com a água da mistura álcool-água. (Como? Através da intenção consciente do preparador, todos os movimentos de sucussão ajudam a manter essa intenção.)

Será que a água pode fazer representações-memórias da energia vital, como um filme que registra uma foto? Sim, pode. O fenômeno da radiestesia prova isso. Nossa intenção pode transferir energia vital? Um grande pesquisador de Stanford, o norte-americano William Tiller, que estudou como a intenção pode transferir energia vital, demonstrou isso por experimentação direta.

A importância da Lei de Hering

Há outra doutrina homeopática de grande sabedoria preventiva. Sem entrar em detalhes, a importância dessa lei está neste fato: os sintomas físicos de uma doença são precedidos pelos sintomas do mau funcionamento do vital, mau funcionamento do mental, mau funcionamento arquetípico e, finalmente, mau funcionamento espiritual, nessa ordem.

Segundo a ciência quântica, a maioria dos casos de câncer de mama deve-se ao bloqueio da energia vital da energia do amor no chakra cardíaco. Na maior parte das vezes, esses bloqueios da energia vital são causados por um bloqueio mental, gerando um significado mental incorreto para um evento físico-vital. Por exemplo, morre um ente querido, e o luto do paciente é tão intenso que ele não aceita a energia do amor de mais ninguém. Agora, aplique a Lei de Hering. Muito antes dos sintomas físicos do câncer de mama — um caroço no seio da mulher — houve sintomas espirituais, arquetípicos, mentais e vitais. Portanto, o caroço cancerígeno na mulher é precedido por 1) uma desconexão espiritual, que é falta generalizada de expansão da consciência na vida cotidiana, o primeiro sinal de alerta; seguido por 2) dificuldades ou desinteresse na manutenção de relacionamentos amorosos íntimos — não necessariamente sexuais —, pois a pessoa perdeu especificamente o interesse pelo arquétipo do amor; por isso, toma 3) a decisão de retirar do mundo o amor e os sintomas dessa retirada — pouca indiferença; e 4) essa pouca indiferença produz um bloqueio da energia vital no coração, cujos sintomas são muito claros — luto excessivo, teimosia em não perdoar etc.; culminando em 5) sintomas físicos.

Observe a importância disso em termos de poder preditivo. Atualmente, 85% das pessoas têm visões de mundo confusas, o que causa uma desconexão espiritual geral. Podemos prever imediatamente que a imensa maioria delas acabará tendo algum tipo de doença crônica. Adicionalmente, algumas dessas pessoas que não conseguem manter um relacionamento irão desenvolver depressão. Uma parcela substancial delas poderá bloquear especificamente o arquétipo do amor, tornando-se propensas a doenças relacionadas tanto com o chakra umbilical quanto com o chakra cardíaco (veja detalhes no Capítulo 9). Se só bloquearem a autoestima, poderão contrair doenças crônicas do chakra umbilical, como diabetes tipo 2, na velhice. Finalmente, aqueles que bloquearem especificamente o amor pelo próximo no coração podem acabar tendo câncer.

Uso da homeopatia na convalescença de infecção bacteriana ou viral após cura alopática

De modo análogo, a Lei de Hering implica que a cura precisa se dar na ordem inversa, oposta à progressão da doença. Logo, após a cura alopática dos sintomas, é preciso curar o corpo vital, depois o corpo mental e assim por diante.

Como prevenção, você desenvolve sensibilidade e tenta identificar os sintomas no ponto mais precoce possível de seu desenvolvimento; então faz mudanças apropriadas no estilo de vida e coloca-as em prática.

Sob o monopólio da alopatia, há uma negligência crucial no sistema de saúde: dá-se pouca ou nenhuma atenção aos pacientes durante o período de recuperação, e estes ficam por conta própria, com pouca orientação sobre a importância do repouso e da dieta, talvez até sem a sugestão de uma consulta de acompanhamento com o médico. Isso é um grande erro. Nesse estágio, o paciente deve se consultar com praticantes de medicina alternativa e receber tratamentos adequados para curar seus outros corpos. Só então é que a cura pode ser holística e completa.

Entretanto, parece não haver consenso hoje entre os dois sistemas alternativos de medicina do corpo vital mais populares, a medicina tradicional chinesa e o Ayurveda. Uma das maiores realizações deste livro é a integração desses dois sistemas de um modo que também inclui a medicina taoista e a medicina dos chakras, tema dos próximos três capítulos.

capítulo 7

medicina comparativa: integrando Ayurveda e medicina tradicional chinesa

Se você perguntar a um médico alopata, "Qual é o meu tipo de corpo?", ele irá responder, "Bem, depende dos seus genes, não?". Mas será mesmo? Se você lembrar que os genes são mais ou menos simples instruções para a produção de proteínas, não para morfogênese e nem para a produção da fisiologia intencional e funcional dos órgãos, irritado, o médico alopata irá dizer, "Se os genes não conseguem explicar isso, então não existe um tipo de corpo. E, mesmo que existisse, não seria importante. Sua doença não liga para a constituição de seu corpo pessoal, a menos que você tenha um defeito genético. O tratamento também não depende de seu suposto tipo corporal".

Mas os seres humanos, e até criaturas unicelulares, são heterogêneos, por isso o software vital e a eficiência com que é usado varia de pessoa para pessoa. Nos sistemas medicinais que incluem o corpo vital — os campos morfogenéticos/litúrgicos que contribuem para a geração da forma e também atribuem função deliberada à forma —, o tipo corporal faz todo sentido. Desse modo, tanto a medicina ayurvédica indiana quanto a medicina tradicional chinesa têm muito a dizer sobre tipos corporais — a classificação de nossas constituições naturais. Ambas orientam a maneira de cuidar do corpo em função do tipo corporal — para cada tipo, desenvolvem-se certas tendências às doenças, e a prevenção e o tratamento dependem do tipo corporal. Diferentemente da alopatia, a medicina do corpo vital é individualizada, e esse é um de seus pontos mais fortes.

Infelizmente, quando você analisa as duas escolas, a indiana e a chinesa, pode se desapontar no começo. Aparentemente, um sistema não concorda com as avaliações de heterogeneidade do outro, e vice-versa. A ciência não deveria ser monolítica?

É muito importante lembrar que, como o corpo vital é sutil, a medicina do corpo vital também precisa ser sutil. Em termos gerais, só podemos ter experiências subjetivas e internas do sutil. Portanto, não podemos, em geral, esperar ter uma ciência fortemente objetiva, independente e com um único observador para o corpo vital. Ao mesmo tempo, a ciência exige pelo menos a objetividade fraca ou a invariância do observador; as conclusões devem ser independentes de um observador específico. O sistema chinês e o indiano têm pontos de similaridade suficientes para satisfazer o critério da objetividade fraca da medicina do corpo vital. Quando levamos em conta o condicionamento cultural, vemos que os dois sistemas se complementam e não se contradizem mutuamente, permitindo assim a possibilidade de um sistema integrado de medicina vital.

Tipos corporais na medicina tradicional chinesa

A filosofia subjacente da medicina tradicional chinesa — MTC é o taoismo, com ênfase na complementaridade dupla do yin e do yang, a potencialidade criativa e a concretude condicionada (dentro de uma gama flexível) — o software. Portanto, a caracterização chinesa dos tipos corporais é dupla: o tipo yang se aplica àqueles que tendem a manter o yang como está, o software existente da estase e dos movimentos vitais dentro da flexibilidade disponível, do yin existente; e o tipo yin se aplica àqueles que tendem a explorar novas potencialidades, ou novo yin.

A distinção dupla do yang condicionado/yin criativo no nível vital é bem eficiente para diferenciar tipos corporais: úmido/seco, pesado/leve, lento/rápido, passivo/agressivo, imóvel/ativo, criativo/estável, introjetado-introvertido/extrojetado-extrovertido etc.

A maioria dos sistemas medicinais — a antiga medicina grega, a MTC, a homeopatia moderna e a alopatia — supõe que a fisiologia humana nos é dada como uma instalação permanente, que nunca muda. Nesse caso, a classificação dupla teria sido suficiente para a manutenção da saúde, caso assumíssemos a condição humana como nosso fardo. Neste sentido, não seríamos diferentes de outros mamíferos.

O Ayurveda e uma avaliação mais adequada da heterogeneidade humana: desequilíbrios de dosha

Ayurveda é uma ciência da saúde e da cura desenvolvida na Índia, onde tem sido usada há milênios. Graças a seu amplo uso atual, tanto na Índia como no exterior, além de seus brilhantes expositores, como Deepak Chopra e David Frawley, conceitos ayurvédicos como os *doshas* tornaram--se corriqueiros nos Estados Unidos na década de 1990. Eu (Amit) me lembro de estar em uma festa durante esse período, e uma mulher completamente estranha me perguntou, sem mais nem menos: "Então, qual é o seu tipo corporal? Você é vata, pitta ou kapha?". A implicação disso ficou clara para mim. Era o quebra-gelo para dar início a uma conversa naquela época. Antes de começar a conversar com um estranho, essa pessoa precisava conhecer a tipologia dele, segundo o Ayurveda. Na década de 1970, o quebra-gelo seria a astrologia: "Você é de sagitário?". Em 2020, era: "O que você acha da Covid?".

A premissa fundamental do Ayurveda é que a pessoa nasce com um tipo corporal específico — um desequilíbrio específico no "nível básico" (chamado *prakriti* em sânscrito) das três características ou qualidades (chamadas *gunas* em sânscrito), que governam nossa criatividade na arena vital — *ojas*, *vayu* e *tejas* —, e suas corrupções, os doshas — kapha, vata e pitta, respectivamente. No nível vital, essas corrupções produzem defeitos manifestados no nível físico — a fisiologia — que podem levar a doenças.

O fato de muitas crianças sofrerem de condições crônicas de doenças endossa a visão de que pode haver desequilíbrios inatos das qualidades vitais de tejas, vayu e ojas produzindo desequilíbrios de dosha com os quais nascemos.

A expressão genérica "dosha" tem sido usada por alguns autores tanto para denotar as qualidades quanto seu mau funcionamento, o que gera confusão. Etimologicamente, dosha significa defeito, uma corrupção na aplicação do atributo guna. As contingências da vida, de estilo de vida e reação a estímulos ambientais etc. levam as pessoas à corrupção dos atributos durante os anos de desenvolvimento, produzindo mais desequilíbrio de prakriti. Em sânscrito, o nome genérico desse desequilíbrio é *vikriti*. É o desequilíbrio que causa doenças. Por isso, mais uma vez, tal como na medicina tradicional chinesa, o equilíbrio vayu-ojas entre criatividade e condicionamento não é suficiente para manter a saúde, para manter a fisiologia com que nascemos? Qual é o papel de pitta? Esta é, como você verá, uma questão crucial, que abre uma nova perspectiva para o Ayurveda.

Breve história da teoria tridosha

Tal como ocorre com a medicina grega, as primeiras ideias sobre o Ayurveda devem ter sido fruto da observação empírica dos três humores do corpo (kapha, que se traduz, literalmente, como fleuma em nosso sistema respiratório; vata, como gás intestinal; e pitta, como acidez estomacal), e sua associação com um defeito físico ocasionado pelo bloqueio ou corrupção de uma qualidade vital: inércia vital, ou ojas; vayu, ou a qualidade vital da criatividade situacional; e tejas, ou a habilidade da criatividade vital fundamental.

Kapha: Manter as mesmas atividades do software antigo é algo ritualístico, produzindo letargia vital; os movimentos vitais carecem de energia e os dejetos físicos não são eliminados. O resultado é a fleuma no sistema respiratório ou o colesterol no sistema circulatório. O bloqueio é chamado de dosha vital de kapha.

Vata: O humor do gás intestinal (vata) foi teorizado como o produto do bloqueio do guna vital de *vayu*, que produz o dosha vital de vata. O vata excessivo impede a manutenção do equilíbrio entre criatividade e condicionamento, necessário para a boa saúde do órgão.

Pitta: O humor da acidez estomacal (pitta) deve-se ao bloqueio do guna vital de tejas; o dosha vital correspondente chama-se pitta.

Os pesquisadores originais do Ayurveda também perceberam que vata predomina no terço inferior do corpo, abaixo do umbigo, enquanto pitta predomina no terço intermediário, cobrindo o estômago e o coração, e kapha, no terço superior, onde estão pulmão, garganta e cabeça.

O desenvolvimento do Ayurveda remonta aos tempos védicos e foi influenciado pela teoria dos cinco elementos da realidade, que era comum na Índia. Esses cinco elementos correspondiam às cinco experiências: sensação (física), sentimento (vital), pensamento (mental), intuição (arquetípico) e expansão da consciência (espiritual).

Infelizmente, e fortuitamente, acontece que a matéria também existe em cinco estados: sólido (terra), líquido (água), gás (ar), plasma (fogo) e vácuo (ausência de matéria ou éter). Os pesquisadores vitais perceberam que a fleuma era semissólida — uma mistura dos elementos da terra (sólido) e água (líquido); desse modo, o dosha kapha estava associado a esses dois elementos — terra e água. De modo similar, pitta estava associado a líquido e gás; e vata, a gás e vazio ou éter. Essas associações com a matéria tiveram um papel importante no desenvolvimento posterior do Ayurveda.

Do mesmo modo, a medicina tradicional chinesa desenvolveu-se com base na teoria dos cinco elementos do vital — a ideia de que as coisas vitais existem em cinco estados similares da matéria: terra, água, fogo, madeira e metal.

Os chineses usavam yin-yang para classificar órgãos, ou seja, se o órgão é dominado por yang (inércia) ou yin (criatividade). Usavam a teoria dos cinco elementos para ajudar a descobrir como os órgãos se influenciam mutuamente no nível vital. (Isso foi tratado em detalhes em *O médico quântico*, e não será repetido aqui.)

Além disso, os teóricos do Ayurveda observaram que o corpo é feito de sete componentes (*dhatus*, em sânscrito): *asthi* (tubos vazios, locais de vácuo, éter ou ar); *rasa* (suco); *rakta* (sangue); *shukra* (sêmen); *mamsa* (músculo); *meda* (gordura) e *majja* (tecido nervoso). As associações a seguir sugerem-se por si mesmas se você usar a teoria dos cinco elementos para fazer as associações que esses teóricos fizeram:

Asthi — vayu, vata

Rasa, rakta — tejas, pitta

Mamsa, meda, majja, rakta, shukra — ojas, kapha

Geralmente, asthi é traduzido como osso, o que causa confusão. Porém, o osso tem muitos espaços vazios em seu interior, tal como os tubos que transportam nossos dejetos sólidos — o cólon e o reto —, se você considerar que, em princípio, o cólon e o reto podem estar vazios e, de fato, estão vazios parte do tempo. E, claro, os nervos também têm muitos espaços vazios, sendo por isso associados com vata.

Rakta (o sangue) transporta oxigênio; nesse sentido, prosseguia o argumento, cai na categoria de pitta. Contudo, ele também transporta os nutrientes e é levado pelas artérias e veias — é, portanto, feito de sólidos; desse modo, rakta qualifica-se como pitta e também como kapha. O sêmen é líquido — ele contém espermatozoides, a substância básica do hardware biológico, e, por isso, está associado a ojas e kapha. Por falar nisso, o espermatozoide também é chamado de *oujas* — uma palavra sânscrita derivada de *ojas*.

O restante — mamsa, meda, majja — também está associado a ojas e kapha.

Rasa, que se traduz como suco, originalmente estava associado aos sucos digestivos intestinais. Mais recentemente, porém, os pesquisadores ayurvédicos incluíram corretamente o suco da linfa, do sistema imunológico, nesta categoria.

Assim, os antigos interpretaram kapha como o defeito no exercício da qualidade da estase, vata como defeito na motivação para movimentos criativos envolvendo ar e vácuo, e pitta como defeito no movimento criativo de rasa.

Finalmente, estamos obtendo pistas. Os dois rasas envolvem a função de dois conjuntos de órgãos importantes; o primeiro conjunto — os órgãos digestivos — pertence ao chakra umbilical. O outro, o sistema imunológico (na forma da glândula timo), pertence ao chakra cardíaco.

Se desejar se aprofundar mais nas ideias do Ayurveda clássico, leia o livro *Tridosha Theory*, de V. V. Subrahmanya Sastri. Todavia, fique alerta: não acolha todas as ideias de Sastri, pois só algumas delas são compatíveis com a ciência.

A postura quântica para a compreensão dos gunas e doshas vitais

Até certo ponto, este problema já foi tratado em *O médico quântico*. Nem a medicina tradicional chinesa nem o Ayurveda usam conceitos como criatividade e condicionamento. O uso de conceitos quânticos nos diz que vata inibe o movimento criativo, e que kapha compromete a estase do condicionamento; assim sendo, o ingrediente fundamental do processo criativo que chamamos de *do-be-do-be-do* (fazer-ser-fazer-ser-fazer) — a aplicação equilibrada e sequencial de movimentos imaginativos vitais e de estase relaxada — não opera mais adequadamente. Para termos saúde, precisamos equilibrar *vayu* e *ojas*.

Mas isso significa que voltamos ao ponto de partida: o desequilíbrio vata-kapha não é base suficiente para discutirmos todos os doshas do software vital da fisiologia humana que causam doenças? Qual é o papel de tejas? Como surge pitta?

A sabedoria ayurvédica convencional procura diferenciar a criatividade comum, envolvida na regulação de mudanças no movimento como resposta a estímulos do ambiente, da criatividade envolvida na conversão de alimentos em células do corpo. Mas não é esse o ponto. Em ambos os casos, o movimento do software existente é que precisa ser guiado criativamente usando sua flexibilidade, e vayu faz as duas coisas.

Antes, porém, iremos tratar desta questão: qual é a natureza do software? É todo universal e fixo? Claro que não. É preciso haver um componente pessoal do software; as pessoas têm desequilíbrios diferentes das qualidades criativas e dos vários doshas. A natureza fornece hardware, fisiologia e o software vital universal. A criação parental fornece o software vital pessoal durante o desenvolvimento, proporcionando a flexibilidade de que precisamos para mudanças situacionais no ambiente. A filosofia indiana e evidências muito recentes sugerem outra fonte de software pessoal: a reencarnação.

A reencarnação é parte integrante de todos os sistemas orientais de pensamento, e o Ayurveda não é exceção. A ideia da reencarnação é científica: a demonstração da existência da reencarnação prova, na verdade, a existência dos corpos sutis — vital, mental e supramental —, porque a modificação da expressão das leis de funcionamento desses corpos que vivemos é o que reencarna. Essas modificações, chamadas de karma, podem ser explicadas teoricamente, dando mais crédito à ideia da reencarnação. Para mais detalhes, leia o livro de Amit *A física da alma.*

Assim, a herança reencarnatória — o prakriti com o qual nascemos — é o karma vital; mas este não engloba o todo, há ainda a contribuição da criação que tivemos. Iremos deixar claro o papel da criação. Em nossos anos de formação, quando a estrutura do corpo está sendo feita, ojas domina. Ojas é inércia; deixa sossegados o software universa, e o prakriti em operação. Na porção intermediária do desenvolvimento, que começa aproximadamente aos 6 anos de idade, tejas — a capacidade de acionar a criatividade fundamental — começa a aparecer. Importantes formas individualizadas e a criação de softwares surgem entre os 6 anos e a idade adulta. Na porção final do desenvolvimento, quando nos tornamos adultos, quem domina é vayu — a criatividade situacional é usada na maioria das vezes para fazer novas mudanças. Quando termina o desenvolvimento, aproximadamente aos 25 anos, temos um novo prakriti — um novo equilíbrio dos gunas e doshas vitais. O Ayurveda tradicional diz que, se você preservar esse equilíbrio, terá boa saúde.

Tudo isso é linguajar padrão do Ayurveda, revestido de jargão quântico. E ainda não temos uma explicação real para o papel de tejas e pitta. O que tejas faz que vayu não pode fazer? Em outras palavras, usando a linguagem quântica, qual é o papel da criatividade fundamental na moldagem da função do órgão?

Como a doença acontece com mais frequência quando estamos na meia-idade ou mais, fica claro que a maior parte das doenças se deve à corrupção de vata ou ao aumento dos componentes dhatu, que alojam vata: o cólon, os nervos e as juntas dos ossos. A segunda doença mais preeminente deve-se à corrupção de pitta, envolvendo o mau funcionamento dos órgãos digestivos e do sistema imunológico. As doenças causadas pela corrupção de kapha são as menos comuns, mas entre elas temos a obesidade, que pode ser patológica. Doenças ligadas à congestão devem-se ao excesso de kapha, e falta de vayu para limpar, pois a corrupção de vayu resulta no aumento de vata.

Nosso estilo moderno de vida mais comum, com o pé no acelerador, agrava vata e pitta, segundo o Ayurveda tradicional. Portanto, diante disso, o Ayurveda nos transmite uma mensagem simples: evite o aumento de vata e pitta, e você será saudável.

Eu (Valentina) estudei e pratiquei Ayurveda e Panchakarma na Índia, no Dayanand Ayurvedic Hospital e na Universidade de Jalandhar, com um médico ayurvédico de verdade, Sanjeev Sood. Digo "de verdade", porque, infelizmente, hoje encontramos no Ayurveda a mesma postura materialista que vemos na alopatia: produção em massa. Em vez disso, precisamos tomar um rumo diferente. A ciência quântica está nos levando a compreender adequadamente a natureza da cura ayurvédica, trazendo a essa antiga ciência frescor e profundidade. Estamos escrevendo juntos este livro, enquanto desenvolvemos um curso sobre medicina integrativa para nossos estudantes de doutorado, e temos a impressão de que os pingos estão caindo nos lugares certos.

Aprendi que a prática do Ayurveda precisa ser mais sutil do que isso indica. Até a moderna medicina alopática começou a enfatizar o estilo de vida (a teoria social da doença). Doenças cardíacas, por exemplo, estariam associadas à personalidade tipo-A e seu estilo de vida (hiperativo, muito ansioso, faz-faz-faz), mesmo por médicos alopatas. Todavia, a personalidade se refere ao defeito na resposta emocional causada pelo modo como usamos a mente, em resposta a estímulos que ativam os circuitos cerebrais emocionais negativos. O Ayurveda, por outro lado, está falando principalmente do corpo vital.

A abordagem ayurvérdica leva em consideração o fato de que nem todos com personalidade tipo-A têm doenças cardíacas. O Ayurveda tenta trazer o paciente de volta à distribuição básica de dosha, ao prakriti do final do desenvolvimento de seu corpo. Se o nível base já é tipo-A, o Ayurveda não se preocupa em corrigi-lo. Ele não será um problema. Essa natureza personalizada do Ayurveda é o que o torna útil no tratamento de doenças, mas não necessariamente de doenças crônicas. Nesse departamento, o Ayurveda se sai melhor com a compreensão apropriada do funcionamento de tejas e pitta.

Qual é a base científica dessa ideia do guna tejas e do dosha pitta, se é que existe uma? Os modernos praticantes do Ayurveda evitam essa questão, mas neste livro nós apresentamos uma explicação científica para ela.

A ciência quântica do Ayurveda

A consciência causa o colapso de sentimentos vitais com o órgão físico correlacionado para ter suas experiências de vida. Temos de nos lembrar que nossos corpos físicos estão em fluxo constante; nossas células e órgãos estão sendo renovados constantemente com a ajuda das moléculas de alimento que ingerimos. Também temos de nos lembrar que as possibilidades quânticas do corpo vital consistem em um espectro de possibilidade (com uma distribuição correspondente de probabilidades determinada pela dinâmica quântica da situação) dos campos morfogenéticos/litúrgicos condicionados, as matrizes do software do corpo vital. As leis dinâmicas do corpo vital e as funções do órgão, os contextos do movimento do software do órgão, se encontram no supramental.

Como mencionado antes, todos nascemos com um software universal e um software pessoal adicional, resultado de nossa herança reencarnatória. No caminho para a vida adulta, produzimos outros softwares adicionais, usando qualidades ou atributos vitais que são os três gunas vitais:

- Ojas é inércia; não há adição de novo software ou de nova forma.
- Vayu consiste em criatividade situacional; quando a situação muda em virtude de fatores ambientais, podemos escolher com vayu uma combinação dos componentes disponíveis do software para encontrar uma resposta para o problema.
- Tejas, no pensamento quântico, consiste no uso da criatividade fundamental dos movimentos vitais. O que ele faz? Traz um software novinho em folha para a função do órgão, e o que mais? Mas o que ele significa?

Para a maioria das funções do corpo, ou seja, para as funções do dhatus — os sete componentes fundamentais que formam o corpo —, não precisamos de novas funções. As funções existentes são adequadas; o desafio da saúde é manter a função em andamento. Para isso, mantemos o equilíbrio yin-yang, um equilíbrio entre condicionamento e criatividade, vayu e ojas.

Em outras palavras, kapha e vata estão em correspondência exata com a caracterização chinesa. Kapha é a tendência à inércia excessiva; a atividade vital está lá, há yang demais, mas tudo é ritualizado, não há pressa, nenhuma potencialidade nova sendo manifestada, nenhum dinamismo. Com vayu, trazemos dinamismo, novo yin. Agora, podemos chegar a um equilíbrio. Entretanto, mais uma vez, se houver vayu demais e ojas de menos, então teremos um excesso de yin criativo sem que a maior parte dele se manifeste em novo yang condicionado; assim, o resultado novamente será o desequilíbrio de vata e kapha, respectivamente.

Para compreender a necessidade de tejas e explicar a existência de pessoas pitta, precisamos de outra perspectiva além da medicina tradicional chinesa e do Ayurveda clássica. Tejas e pitta entram em ação nos órgãos dos chakras umbilical e cardíaco. Iremos dar uma olhada na teoria dos chakras para obter mais pistas.

Dinâmica dos chakras no umbigo e no coração

Nossos sentimentos estão associados com os chakras. No chakra básico, sentimos medo ou segurança. Quando o cérebro entra em cena, temos as reações de fuga ou de luta, correspondentes ao modo como nos sentimos.

No umbigo, em resposta à sensação de fome, o cérebro assume o comando, traduzido por outra reação-F*: alimentação. Reações desequilibradas geram sentimentos variados, relacionados com emoções negativas — raiva, cobiça, orgulho e narcisismo.

À medida que crescem, as crianças precisam lidar com suas diferenças físicas e aprender a serem autônomas e a interagir com outras crianças. As crianças dominadas por ojas/kapha serão encorpadas e robustas. O prakriti reencarnatório será diferente de criança para criança; algumas serão dominadas por tejas/pitta, e outras dominadas por vayu/vata.

Veja o caso do fenômeno dos *bullies*, os valentões, os provocadores, sempre um desafio durante a fase do crescimento. Os valentões provocam algumas crianças, mas não outras. Como escolhem? Escolhem aquelas que têm os sentimentos normais no chakra umbilical — insegurança e orgulho.

É raro os valentões escolherem crianças confiantes e com sentimento de autoestima. De onde vem esse sentimento? A psicologia dos chakras conta a história. Essas crianças transformaram e despertaram o chakra umbilical, que agora opera em um nível funcional superior, dando-lhes autoestima durante sua luta pela autonomia na infância.

Postulamos que esse nível funcional superior é uma mudança fundamental no software funcional de um ou mais órgãos do chakra. E isso se deve à criatividade fundamental de tejas, uma função supramental manifestada.

O despertar do sentimento de autoestima significa autoexperiência quântica; uma autoidentidade explícita surgiu no chakra. Antes desse

---

* Uma referência dos autores às reações que se iniciam com a letra "F" em inglês – *flight* (fuga), *fight* (luta), *feeding* (alimentação). [N. de T.]

despertar, não havia autonomia vital e o chakra era governado pelo *self* do cérebro. Agora, o *self* no chakra pode ser vivenciado diretamente, um sentimento puro de autoestima.

O estudo de adultos dominados por pitta mostra que essas pessoas atingem um "pico" e depois descem, para depois ficarem novamente atoladas em seus sentimentos habituais. Por quê? A resposta é que o software está lá, mas usá-lo é uma opção. As pessoas tejas usam-no ocasionalmente. Quando descem, se tejas estiver equilibrado com ojas e vayu, não há problema. Do contrário, os desequilíbrios deste último irão complicar as coisas, como é habitual, e, então, será necessário tejas. O dosha pitta previne isso.

Mais tarde, na puberdade, o desafio da sexualidade exige, do mesmo modo, a invocação de tejas para criar nova forma/software no chakra cardíaco. Rapazes e moças se sentem atraídos naturalmente uns pelos outros e irão se entregar ao sexo. Porém, ocasionalmente, aparece um fenômeno chamado amor romântico: o casal envolvido tem a glândula timo (parte do sistema imunológico, que discrimina o mim do não mim) suspensa momentaneamente, e o coração desperta para um novo funcionamento quântico coerente, que o casal vivencia como uma expansão da consciência que inclui o outro, envolvendo o sentimento da atenção carinhosa. Quando as pessoas desenvolvem o software do amor, o sistema imunológico repousa com frequência e também começa a funcionar em um nível mais saudável — se vayu e ojas também estiverem equilibrados nesse nível mais alto. Essas são as pessoas tejas. Pessoas que só usam ocasionalmente o software do amor, com equilíbrio instável entre vayu e ojas, sofrem do dosha pitta.

Desse modo, podemos dizer que toda doença dos órgãos dos chakras cardíaco e umbilical deve-se ao aumento de pitta, à corrupção de tejas.

Perceba ainda que o despertar do romance no coração é uma experiência do *self* quântico e representa o despertar de um *self* autônomo no chakra cardíaco (veja também o Capítulo 11).

A exploração da criatividade fundamental amplia muito o repertório existente para software ou yin — potencialidade vital. Quando atinge a idade adulta, a pessoa pode viver contando apenas com vayu — a capacidade de ter a criatividade situacional do vital — para combater os efeitos nocivos de kapha. Mas só se mantiver um estilo de vida saudável.

Os doshas — defeitos do corpo físico no funcionamento dos órgãos — podem acontecer durante esse cenário de desenvolvimento em virtude de mudanças situacionais do ambiente causadas por viagens ou mudanças sazonais, que podem provocar pequenas doenças, ou por mudanças fundamentais em doenças graves causadas por acidentes, bactérias, vírus e estilo de vida estressante.

Após a recuperação de uma doença menor, como o resfriado comum, o que prevalece é uma fraqueza generalizada da vitalidade, exigindo que muito yin novo seja manifestado: criatividade. Se a criança for dominada por kapha, isso não irá acontecer. E a fraqueza vital pode se tornar uma característica permanente da criança, produzindo congestão no movimento da respiração — fleuma no canal respiratório.

Se o aspecto dominante for vata, então, durante a recuperação de uma doença comum, haverá muito yin sem ser manifestado, causando também um desequilíbrio. Este é responsável pela obstrução ao movimento das fezes, feculência — a tendência a emitir gases intestinais e outros problemas do sistema excretor, como constipação — o dosha físico de *vata*.

Finalmente, pense na recuperação de uma doença grave. Um efeito possível é a falta de apetite por conta da falta de tejas. Será preciso muita comida saborosa e condimentada para reativar tejas. Porém, se tejas estiver corrompido e a pessoa sofrer de pitta, o excesso de comida condimentada tende a produzir acidez excessiva.

Dá para perceber como surgiram os nomes dos doshas analisando a maneira como esses doshas físicos afetam nossa respiração e hábitos alimentares necessários para a manutenção do corpo.

Em suma: a combinação específica de desequilíbrios de dosha que desenvolvemos enquanto crescemos, nosso prakriti físico ou tipo corporal, é uma combinação homeostática da contribuição daquilo com que nascemos e de nosso desenvolvimento inicial até a vida adulta, quando o corpo deixa de crescer. No Ayurveda tradicional, o corpo físico funciona idealmente quando nos mantemos nessa homeostase. Se, porém, nossas tendências vitais a produzir novos desequilíbrios não forem corrigidas, permitindo-se que continuem sem obstáculos, acontecerão desvios dessa homeostase, que resultarão em doenças no nível físico.

Assim, a cura ayurvédica pode se dar de duas maneiras. Primeiro, a mais óbvia, que é corrigir os problemas físicos derivados desse desequilíbrio de dosha, além do dosha prakriti no começo da idade adulta, no próprio nível físico. Alguns tratamentos ayurvédicos destinam-se justamente a isto: Panchakarma, ou seja, a limpeza do corpo, por exemplo. Mas essa cura é apenas temporária e precisa ser feita regularmente.

A outra maneira consiste em corrigir as tendências que produzem o desequilíbrio do corpo vital, para as quais só a correção pode levar a um remédio permanente. Essa maneira pode ser praticada de dois modos — passivo e ativo. O modo passivo se dá através de comida e de medicina herbal; os médicos ayurvédicos ministram comida e ervas com softwares específicos de padrões de prana para compensar aquilo que falta. O modo ativo consiste em transformar diretamente os movimentos de prana no nível do corpo vital. Práticas respiratórias chamadas *pranayama*, nas quais a pessoa observa os movimentos da respiração juntamente com os movimentos associados ao prana vital ao longo dos meridianos, que conectam os diversos órgãos vitais, e tai chi, com movimentos alternados (principalmente com braços e mãos) e imobilidade no nível físico, são ótimos exemplos do modo ativo. Os mestres do reiki também conseguem mover energia entre os chakras usando os meridianos para curar desequilíbrios desses pontos, fazendo isso com um passar das palmas das mãos energizadas sobre o corpo do paciente. A dinâmica da interação vital produz novas possibilidades, dando à consciência uma oportunidade melhor para escolher o novo software de cura.

Doença e cura na medicina tradicional chinesa e no Ayurveda: medicina herbal

De modo geral, vemos que tanto o sistema tradicional indiano quanto o chinês usam princípios gerais sobre os campos litúrgicos vitais para:

a) definir saúde, que é equilíbrio e harmonia;
b) definir doença como a ausência de equilíbrio e harmonia;
c) identificar relações entre os sistemas do corpo físico-vital que podem então ser usadas para desenvolver curas.

Nesses sistemas de medicina, doenças que não forem crônicas significam desequilíbrios no yin criativo e no yang condicionado; o Ayurveda diria que aquele se deve a vata, e este, a um dosha kapha. Acima de tudo, o remédio é preventivo: manter o equilíbrio yin-yang na medicina tradicional chinesa — MTC e o prakriti no Ayurveda. Se isso não der certo, nenhum desses sistemas será muito útil, exceto na produção de algum alívio. Na medicina quântica integrativa, sugerimos a alopatia em casos de severidade inconveniente ou perigosa, tal como a necessidade de cirurgia ou de antibióticos. No caso de vírus, a alopatia também não costuma produzir uma reação rápida, e o uso preventivo da vacina é muito recomendável.

Contudo, o Ayurveda e a MTC (e também a homeopatia) são essenciais na convalescença da cura alopática. A cura alopática tem efeitos colaterais; o hardware e o software do corpo não estão mais correlacionados. Por conseguinte, a medicina alternativa é necessária para restabelecer as conexões físico-vitais. Ignorar o tratamento na convalescença é a principal causa de doenças como esclerose múltipla e fadiga crônica — uma falha simultânea e generalizada da conexão vital-física para muitos órgãos.

Tanto o Ayurveda quanto a MTC usam alimentos e ervas naturais (que é a naturopatia) para fornecer o software criativo faltante, necessário para a cura.

Algumas das ervas usadas têm substâncias químicas que se assemelham a remédios alopáticos. Por isso, existe a tendência a considerar essas ervas de forma reducionista, apenas em termos de seus efeitos químicos e fisiológicos. Mas isso deixa de lado o importante aspecto da energia vital da medicina herbal. Enquanto as ervas da medicina alternativa atuam tanto sobre o físico como sobre o vital, quando as substâncias ativas dessas ervas são isoladas restam apenas seus efeitos fisiológicos, perdendo a capacidade de corrigir o software vital.

No entanto, será que a medicina herbal funciona realmente no nível vital? Existe um efeito tangível? Os médicos ocidentais colaboraram com médicos chineses para idealizar um estudo usando um grupo de crianças que sofrem de um problema na pele, o eczema. Os médicos prepararam um chá "falso" feito com um punhado de ervas tradicionais que não tinham relação alguma com o tratamento do eczema e compararam o efeito disso com o do chá "real", feito com as ervas corretas, prescritas segundo os princípios da MTC. Metade das crianças do grupo (escolhidas ao acaso) receberam o chá real durante oito semanas, seguidas de um período de pausa de quatro semanas, e depois por outras oito semanas de chá "falso". A outra metade recebeu o tratamento na ordem inversa: primeiro o chá falso e depois o chá real. Os resultados foram notáveis. Sempre que as crianças recebiam o chá real, viam uma grande melhoria na condição de sua pele; sempre que recebiam o chá falso, a condição da pele deteriorava drasticamente.

Como no Ayurveda, e diferentemente da medicina alopática (na qual um tratamento se aplica mais ou menos a todos), na medicina chinesa os tratamentos são individualizados. Isso porque dois indivíduos podem sofrer da mesma doença, como úlcera do estômago, mas os desequilíbrios que deram origem às suas úlceras podem ser bem diferentes nos dois casos. Na mesma lógica, se duas pessoas têm os mesmos desequilíbrios no movimento da energia vital, podem ser tratadas da mesma maneira, independentemente de seus sintomas físicos.

Portanto, a confirmação do conceito do dosha ayurvédico e da heterogeneidade das pessoas pela ciência quântica é uma excelente contribuição para a saúde e a cura. A postura materialista nunca pode trazer a heterogeneidade e nunca pode proporcionar cuidados individualizados de saúde para as pessoas.

Doença crônica

No caso da doença crônica, a medicina tradicional chinesa não tem um conceito extra, mas o Ayurveda tem, no conceito de tejas e pitta, que, quando tratado à maneira quântica, leva a uma compreensão.

Os seres humanos evoluíram e superaram os animais com a ajuda da mente que processa significado. Na era evolucionária chamada de agricultura intensiva, os seres humanos descobriram o arquétipo do amor, e isso nos deu o conceito de família, que se baseia no conceito do amor. A experiência do amor materno e romântico foi ritualizada na forma de software universal no inconsciente coletivo. O amor pelo outro eleva o funcionamento dos órgãos do chakra cardíaco; a autoestima eleva a função dos órgãos do chakra umbilical. Isso nos proporcionou um novo software funcional universal para esses órgãos.

Infelizmente, na atual era mental/racional, fizemos tudo errado. Com o desenvolvimento de uma individualidade extrema, muita gente reprime o amor (evitando ser vulnerável ao outro, especialmente os homens); as mulheres, por necessidade, culturalmente não evitam o amor, mas são doutrinadas a evitar a individualidade. Desse modo, o dosha pitta entrou no cenário de modo marcante, tanto para homens quanto para mulheres.

Agora, a doença crônica. Ao evitar o amor pelo outro, você se mantém no funcionamento básico do sistema imunológico e este começa facilmente a funcionar mal, produzindo a estagnação vital — bloqueio de energia — no chakra cardíaco, um pré-requisito para todo tipo de doença crônica. De modo análogo, a falta de autoestima produz um bloqueio de energia no chakra umbilical. A mente também entra em cena. Uma análise completa é dada nos capítulos 10 e 11 sobre doenças da mente e do corpo.

A teoria dos cinco elementos é desnecessária

Perceba, por favor, que no Ayurveda quântico a teoria dos cinco elementos não é necessária. A ideia do software vital, da criatividade e do condicionamento elimina a necessidade.

O mesmo é válido para a medicina tradicional chinesa. Veja, tendo em vista aquilo que já leu, como é tolice evocar a teoria dos cinco elementos para explicar como o pulmão desenvolve a congestão-fleuma, quando contraímos um resfriado comum. Os desenvolvedores da medicina tradicional chinesa teorizaram que o pulmão é um órgão de metal com a capacidade de reter água. No desequilíbrio yin-yang, o pulmão perde um pouco de sua propriedade metálica e não consegue mais reter água; o resultado é congestão. Perceba como o Ayurveda já eliminou esse tipo de pensamento, introduzindo a ideia de *ama*, o acúmulo de toxinas no corpo quando os órgãos funcionam mal. A teorização quântica — a ciência quântica do Ayurveda — torna a explicação infalível.

capítulo 8

lição 1 da medicina preventiva: tipos de corpo e estilos de vida correspondentes

No Capítulo 7, isolamos duas das mais claras características de cada dosha, meramente com o propósito de distingui-las. Porém, se você quiser saber a que dosha ou tipo de corpo pertence, seria útil contar com uma lista mais detalhada, que pode ser encontrada em qualquer livro comum sobre Ayurveda. Autores como Deepak Chopra, Vasant Lad e David Frawley escreveram livros muito bons sobre o assunto.

No caso de doshas mistos, você terá uma combinação de características. A melhor maneira de conhecer seu dosha é analisar seu desenvolvimento físico-vital desde a infância até a vida adulta. Seguem algumas regras práticas para identificar seu dosha.

- Se você teve uma infância monótona, sem desafios físicos ou ambientais, terá desenvolvido um espectro muito estreito de possibilidades condicionadas para operação de seu software de órgãos vitais. Isso costuma desenvolver o desequilíbrio conhecido como dosha kapha.
- Se sua infância foi repleta de desafios e você sofreu de muitas doenças, provavelmente teve muito vayu, ampliando seu espectro de possibilidades condicionadas. Isso pode produzir o desequilíbrio conhecido como dosha vata. Perceba, porém, que sua suscetibilidade a doenças na infância indica a existência de um

software vital inadequado, muito provavelmente por conta do karma e de um dosha kapha herdado.

- Se o seu período de desenvolvimento foi tranquilo, apesar de desafios ambientais, isso significa que você já possuía (por herança reencarnatória) um bom espectro de possibilidades vitais condicionadas à sua escolha, e que seu vayu e ojas eram adequados e equilibrados. Nesse caso, você não fica nem com um dosha kapha nem com um dosha vata.

- No começo do seu desenvolvimento, se você passou pela experiência de ser provocado pelos valentões ou precisou de aprovação (em função de sua aparência, por exemplo), provavelmente nunca despertou o chakra umbilical e, por isso, desenvolveu a falta de autoestima. Um grave dosha pitta (talvez de karma passado) bloqueou você.

- Na sua adolescência, você se apaixonava frequentemente e mantinha relacionamentos íntimos sinceros? Se sim, seu tejas era adequado e você não tinha dosha pitta. Se, por outro lado, você era do tipo independente, mais interessado em conquistas sexuais do que em romance, provavelmente desenvolveu dosha pitta através do karma de vidas passadas ou desta vida.

- Se você é ousado na alimentação e prefere sabores pungentes e adstringentes, isso indica que tejas tem estado, e ainda está, ativo em você. Se, no entanto, aprecia sabores pungentes, mas seu software vital não consegue lidar com eles e você sofre frequentemente de acidez, isso é um sinal de dosha pitta.

- Mais tarde na vida, se enfrentou desafios ambientais ou em seu estilo de vida, e o software vital do seu corpo não conseguiu lidar com eles, e você precisa de criatividade, mas não tem um canal criativo à sua disposição, isso indica claramente que seu dosha vata está descontrolado.

Outro modo bastante eficiente para identificar seu dosha-prakriti consiste em analisar sua personalidade. Você é uma pessoa cálida? Então, seu chakra cardíaco está ativo e você desfruta de seus relacionamentos. O dosha pitta é um diagnóstico provável se você não explora muito seu coração e não entra muito em relacionamentos.

Se os outros reclamam e dizem que sua personalidade é fria, você é kapha ou vata. Se você é tanto frio quanto seco, provavelmente é um tipo vata. Em virtude de sua hiperatividade vital, as pessoas podem achá-lo inacessível.

Se você é frio e úmido, geralmente fácil de lidar e facilmente acessível, seu tipo é kapha.

Cuidado: os livros tradicionais sobre Ayurveda costumam atribuir frio, seco etc. a atributos do corpo físico, como pele seca. Mas não; essas descrições se referem ao corpo vital, como a pessoa se parece para os demais.

Conhecer seu dosha e prakriti pode ser útil para mais coisas do que apenas manter você longe de uma superprodução de desequilíbrios de dosha. Como dizem os autores norte-americanos Robert E. Svoboda e Arnie Lade, em seu livro *Tao e dharma: medicina chinesa e ayurveda*, a eficácia da acupuntura pode ser aumentada modificando-se a técnica usual de acordo com o desequilíbrio do dosha dominante do paciente.

Desequilíbrio de dosha

Se você mantém seu corpo segundo seu prakriti físico ou dosha básico ou tipo específico, tem boas chances de manter sua saúde com facilidade ao longo da vida. Os problemas surgem quando há um desequilíbrio, uma perturbação em algum dosha desse nível básico de prakriti. Geralmente, é mais provável que o desequilíbrio esteja em seu próprio tipo dominante de corpo — ou seja, é mais provável que a pessoa vata sofra de desequilíbrio de vata (vayu hiperativo, mas ineficaz ao nível vital).

Entretanto, não existe uma regra fechada; você pode ser uma pessoa kapha e ainda sofrer um desequilíbrio de pitta, não de kapha. Como saber se existe um desequilíbrio além do nível indicado em seu prakriti? O que causa esses desequilíbrios excessivos? Uma causa é a mudança das estações. Outra, a principal razão, é o estilo de vida.

Conexões entre dosha e as estações

Há uma conexão sazonal para o desvio dos desequilíbrios de dosha do prakriti que pode ser estabelecida com base na teoria desenvolvida aqui. Quando o ambiente exterior está quente, como no verão, o momento é de regeneração. Portanto, tenta-se atrair tejas em abundância, digamos assim, comendo pratos condimentados e saborosos. Se, todavia, a comida é um lanche rápido ou um alimento processado, como um taco picante, a tentativa de evocar tejas será ineficaz — a comida não é nutritiva e tejas não produz o efeito desejado, gerando pitta em excesso.

Quando está frio lá fora, por outro lado, isso significa hibernação ou a necessidade da estabilidade de ojas. Mas, se você reduzir demais sua atividade física, o excesso de ojas produzirá o desequilíbrio de kapha.

Da mesma forma, se você se movimentar demais de forma desatenta seu vata irá aumentar. Se o clima frio também for seco, a condição será propícia para o desequilíbrio de vata. Se for frio e úmido (chuva ou neve) e todos os movimentos cessarem, ojas será dominante no corpo vital, e acabaremos ficando com excesso de kapha.

Observe como, ao longo do ano, as mudanças sazonais afetam seus desequilíbrios de dosha. Na Costa Leste dos Estados Unidos, quando o inverno é frio e seco, muita gente usa vayu em excesso para se movimentar, embora esteja tão frio. Correm o risco de desenvolver o aumento de vata.

Porém, no começo da primavera, quando o clima fica frio e úmido, muitos param com a atividade física; isso também dá espaço para o desequilíbrio excessivo de kapha, e a pessoa tende a ficar resfriada (o que se deve, na maioria das vezes, ao kapha excessivamente desequilibrado).

No verão, quando é quente e úmido, dá para perceber, especialmente se o seu tipo for pitta, que o excesso de pitta causa problemas de acidez. Por isso, no verão, todos nós deveríamos preferir comidas e bebidas frias para manter pitta sob controle; para pessoas pitta, isso é obrigatório.

Portanto, em geral, se o seu tipo de corpo está de acordo com o ambiente, você deve prestar muita atenção para evitar que o desequilíbrio fuja do controle.

Desequilíbrio de vata e remédios no estilo de vida

Se você é uma pessoa vata, mas com prakriti equilibrado, então é alegre, entusiasmado e cheio de energia; quer fazer-fazer-fazer. E por que não? Sempre que acontecem mudanças em sua vida, o reservatório de contextos aprendidos de criatividade situacional no nível vital é capaz de restabelecer a homeostase de seu corpo físico, desde que sua intenção de cura se mantenha intacta.

Mas, se você percebe que sua energia fica comprometida por conta de ansiedades e preocupações, dores e desconfortos ou falta de sono, então deve se perguntar (mesmo que você não seja predominantemente vata): meu vata ainda está equilibrado, como no meu prakriti?

Um cenário para desequilíbrio de vata que é comum a todos os tipos envolve vata aumentando com a idade. Faz parte do processo de envelhecimento; nossa consciência se encontra atarefada demais usando vayu para fazer pequenos ajustes no software de manutenção do corpo. Com esse tipo de aumento de vata, não podemos fazer muita coisa. Iremos sofrer um pouco com insônia, com alguma perda de memória (eis a sua oportunidade para explorar a experiência de tornar-se o "professor distraído") e algumas dores e desconfortos. Nem seu apetite será o mesmo. Quando eu (Amit) lido com essas coisas, na idade madura de 85 anos, no momento em que escrevo este livro, sempre rio ao me lembrar de uma carta na qual o grande poeta Rabindranath Tagore reclamou amargamente dos problemas da idade para um amigo ou devoto.

Entretanto, há outros cenários. Imagine que a mudança em sua situação de vida é tão drástica que o reservatório de contextos aprendidos de criatividade situacional que você produziu com a criatividade vital de vayu não é mais adequado para fazer os ajustes rápidos necessários no nível vital. Seu vayu irá ficar novamente sobrecarregado, o que costuma causar a queda do vata no nível físico. Situações como essa surgem em nossas vidas quando viajamos muito, mudamos de cidade, passamos por um divórcio, enfrentamos a morte do cônjuge ou mudamos de emprego.

Eu (Amit) sei disso por experiência própria. Há cerca de duas décadas, no decorrer de um ano, eu me divorciei, comecei a cortejar outra mulher (com quem acabei me casando), troquei de emprego e me mudei de uma cidade para outra, muito maior. Além disso, recebi uma bolsa de pesquisa, o que me pressionou a mostrar resultados mentais e intelectuais rapidamente, algo que eu não fazia havia anos. E, finalmente, eu já estava enfrentando o aumento de vata pela idade que avançava. Dá para imaginar o grau de aumento de vata causado por tudo isso? Estava ficando tão desorientado que, nesse ano, sofri três acidentes de carro em um período de seis meses.

Qual é o remédio para essas mudanças inesperadas no estilo de vida? A medicina ayurvédica sugere vários caminhos: alimentação adequada; remédios herbais para aumento de vata; ambiente com calor e umidade; massagens com óleos; certos exercícios de hatha yoga; o processo de limpeza de Panchakarma pelo qual Valentina é tão apaixonada; e por último, mas não menos importante, a prática do relaxamento. Os detalhes sobre alimentação adequada e remédios herbais podem ser encontrados em bons livros sobre Ayurveda.

Uma vantagem da medicina ayurvédica é que, quando você aprende o básico, aplicá-la requer apenas bom senso, como você pode ver. Portanto, a menos que negligencie seu desequilíbrio por tanto tempo que o aumento se torne grave (e, nesse caso, o desequilíbrio irá se manifestar como os sintomas físicos daquilo que normalmente chamamos de doenças), é bem possível usar as recomendações ayurvédicas acima como medicina preventiva. Você nunca irá precisar consultar um médico.

No meu caso, meu regime habitual de yoga e meditação foi incapaz de enfrentar o grau de aumento de vata e, por isso, nunca solucionei o problema do desequilíbrio de vata enquanto estava na cidade grande. Felizmente, além dos acidentes de trânsito, não tive outros problemas físicos por causa desse desequilíbrio de vata. Felizmente, uma vez mais, o movimento da consciência cooperou, e precisei me mudar novamente da cidade grande para meu velho habitat na cidade menor. Em seis meses, meu vata se equilibrou, graças principalmente ao estilo de vida mais tranquilo que pude voltar a ter nesse meu antigo habitat. Devo mencionar, no entanto, que minha nova esposa me ajudou de diversas maneiras: ela me preparou uma dieta de pratos vegetarianos frescos, repletos de prana (chamada de alimentação sáttvica no Ayurveda; veja o Capítulo 13), e fez longos passeios comigo na natureza. Com ela, passei muito menos tempo ruminando e ri muito mais. (Um problema concomitante com vata em quantidade é o excesso de trabalho mental e a tendência resultante a levar-se demasiadamente a sério; você fica cheio de ar — quente...)

Desequilíbrio de pitta e remédios de estilo de vida

Se você é uma pessoa pitta, até com certa obstrução de dosha, provavelmente exsuda criatividade vital e é muito intensa. Quando pitta está equilibrado, você consegue lidar alegremente com sua intensidade natural, e obviamente gosta de ser intensa. Mas se a intensidade está presente e falta alegria em virtude de outros desafios da vida, então é bem provável que seu pitta esteja desequilibrado.

Viu como funciona? Pitta é um efeito colateral de um tejas muito ativo, a criatividade fundamental no nível vital. Tejas nos ajuda a formar um bom sistema digestivo e a mantê-lo com a renovação adequada necessária. Todavia, se o impulso de fazer-fazer-fazer não estiver equilibrado pelo relaxamento proporcionado pela alegria, a intensidade fica excessiva e o tejas aumentado não traz muitos dos resultados desejados; o efeito é o desequilíbrio de pitta.

Esse é um cenário bem comum após os 30 anos, antes da transição para a meia-idade. Nessa época, paramos de crescer fisicamente e, por isso, a pressão sobre o sistema digestivo, e tejas no nível vital, fica consideravelmente reduzido. Contudo, infelizmente, a inércia do hábito costuma mantê-los no mesmo nível que tínhamos quando éramos mais jovens. Esse excesso de atividade de tejas continua até nos assentarmos na segunda metade da vida. Portanto, quando estão na faixa dos 30 anos, as pessoas pitta precisam aceitar algum aumento de pitta, o que provoca acidez e azia, queda de cabelos, vulnerabilidade ao estresse e outras coisas, que tiram um pouco da alegria da intensa vitalidade da vida criativa.

No entanto, também há maneiras tolas de aumentar pitta, como forçar desnecessariamente o sistema digestivo com alimentos inadequados. Quando somos jovens, o fogo digestivo é forte e se intensifica consideravelmente ao comermos pratos quentes e condimentados. O tejas do alimento é todo utilizado para uma boa causa — criar um corpo saudável. Mas, se você não precisa mais desse intenso fogo digestivo, sobrecarregar o organismo com um tejas desnecessário irá produzir o desequilíbrio de pitta, que pode ser evitado. Se não prestar atenção, você acabará com azia crônica, ou até com úlcera.

A organização não é o forte das pessoas vitalmente criativas do tipo pitta, e, quando recebem demandas organizacionais, o sistema reage com raiva, frustração e ressentimento, cuja expressão requer tejas. O uso excessivo de tejas é o subproduto do excesso de pitta no nível físico. Por isso, para adultos na faixa dos 30 anos, o estresse emocional agrava pitta. Se não tomarem cuidado, podem desenvolver doenças cardíacas.

O remédio para desequilíbrio de pitta é a moderação. Reduza a ingestão de estimulantes como o café. Medite sobre a bondade e o amor. Faça longas caminhadas na natureza; aplique essa intensidade extra na apreciação de arquétipos como amor, bondade e beleza.

Desequilíbrio de kapha e remédios de estilo de vida

Como pessoa kapha, seu ponto forte é a força e a estabilidade, que o dotam de uma quantidade natural de generosidade e de afeto dado aos outros. Esse ato de doar deixa a pessoa kapha feliz. Ela é capaz de viver uma vida longa e alegre. Contudo, podem surgir alguns problemas.

Na infância, o corpo da criança saudável vai se formando sozinho; é preciso ter ojas em abundância e, de vez em quando, isso vai causar um excesso de kapha. Ele dá à criança suscetibilidade a resfriados, dores de garganta, problemas como sinusite e assim por diante, que se manterão pelo resto de sua vida como predisposições, embora sua existência seja saudável em outras áreas. Mas lembre-se: você não precisa ser uma pessoa kapha para ter essa consequência específica do desequilíbrio de kapha.

No entanto, quando a fase de formação do corpo termina, o excesso de ojas tende a produzir obesidade. Esse é o sinal do desequilíbrio de kapha que, se não for controlado, pode levar a outros desequilíbrios.

Do lado emocional, como nossa cultura não aprova a obesidade, o desequilíbrio de kapha ocasiona insegurança. Se, apesar dessa insegurança, a pessoa tenta ser generosa e dadivosa, isso produzirá apego e contração da consciência, em vez de expansão.

Do lado físico, a obesidade causa estresse no coração e leva à hipertensão e à dificuldade de respirar.

Outro cenário possível é uma dieta errada, com muitos doces, por exemplo. Uma manifestação dessa rota para o desequilíbrio de kapha é o diabetes.

Enquanto o desequilíbrio de vata requer uma vida monótona, o desequilíbrio de kapha exige o oposto: mais estímulos e variedade para abalar a inércia. Controlar o desequilíbrio de kapha também exige que a pessoa controle o peso, evite doces e tenha uma rotina rigorosa de exercícios.

Yoga e Ayurveda: como desenvolver a melhor prática para o dosha de seu tipo de corpo

Não há duas pessoas iguais. No Ayurveda, a constituição — prakriti — baseia-se no dosha predominante, o tipo corporal. Sua constituição afeta muitos aspectos de sua vida — desde a sua aparência até a maneira como você lida com desafios e tudo que há entre eles.

Como a sua constituição é uma influência de peso, compreendê-la é um meio poderoso de desenvolver uma prática eficaz. Iremos analisar os pontos fortes e fracos de cada dosha e analisar como você pode usá-los para atingir seu potencial mais elevado através da yoga e da meditação.

Se você não tem certeza do seu tipo de corpo, marque uma consulta com um médico ayurvédico. O praticante experiente pode identificar exatamente sua constituição com base em sua pulsação, língua, olhos, unhas e outros detalhes. Ou, então, você pode responder a um questionário *on-line* para ter uma ideia básica daquilo com que está lidando. São encontrados com facilidade.

Vamos recapitular. Segundo o Ayurveda, seu dosha deve ser levado em conta quando você decide o que deve comer, quando e como deve dormir, os exercícios que deve fazer e qual deve ser sua prática de yoga.

A razão para conhecer a constituição de seu dosha não é tentar criar um equilíbrio igual dos três doshas em seu ser, pois, para muitos, isso não é natural. Em lugar disso, você quer restaurar o equilíbrio dos doshas segundo seu prakriti, a proporção natural que havia quando entrou na fase adulta.

Agora que você compreende sua constituição e tendências, podemos explorar como desenvolver uma prática de yoga adequada a seu *dosha* a fim de combater seus desequilíbrios e aproveitar melhor seus pontos fortes naturais.

Recomendações para pessoas com kapha dominante

Em pessoas em que kapha é predominante, o fogo interior (*agni* — os arquétipos supramentais da mudança) costuma ser baixo. Isso pode provocar lentidão, sonolência, má digestão, pouca energia e peso corporal excessivo. Para se contrapor a isso, escolha uma prática ativa e dinâmica.

A boa notícia, se você é kapha, é que provavelmente tem muita vitalidade em potencial — muito mais do que as pessoas nas quais pitta ou vata são dominantes. Isso significa que, apesar de sua energia parecer "pesada" e mais difícil de se movimentar, quando ela começa a se mover, você tem muito poder para sustentá-la.

Surya namaskara: as saudações ao sol são dinâmicas e aumentam o calor do corpo, tornando-as muito eficazes para pessoas kapha. Cultivando a ressonância com o sol, considerado a fonte de toda atividade viva da Terra, as saudações ao sol equilibram a natureza fria e inerte de kapha.

Manipura (chakra umbilical) e as *asanas* que o fortalecem: qualquer asana que ativa o chakra manipura irá ajudar a queimar o excesso de kapha. Muitas asanas manipura (como Trikonasana) também são muito exigentes em termos físicos, o que é saudável para estimular um metabolismo lento e não permite um relaxamento excessivo na prática.

Geralmente, as pessoas kapha são calmas e estáveis, o que conduz facilmente à meditação. Entretanto, tendem ao torpor e à sonolência, e costumam ficar presas a padrões. Há o risco de a prática tornar-se apenas mais um hábito. Mantenha-se alerta e ágil na meditação fazendo um pouco de exercícios ou praticando yoga antes. É útil meditar em um lugar com bastante luz.

Mantenha-se vigilante contra o torpor. Deixe a postura firme e reta, comprometendo-se a manter a clareza. Se ficar sonolento, concentre-se na sua respiração algumas vezes, visualize uma luz intensa ou abra seus olhos durante um minuto.

Experimentar novas técnicas e se lembrar sempre de sua motivação pode ajudar a manter a centelha durante sua prática. Práticas devocionais como prece, cantos ou entoar *bhajans* também são muito boas.

Recomendações para pessoas com pitta dominante

Para pessoas pitta, o maior desafio da yoga é o excesso de energia ativa do corpo. Geralmente, esse tipo aprecia uma prática mais dinâmica, com muitas saudações ao sol e passagens rápidas de postura a postura, mas é exatamente disso que não precisam.

Como as pessoas ígneas podem ter dificuldade de parar de repente, podem começar sua prática canalizando gradualmente sua energia intensa de outras maneiras.

Faça algumas rodadas de *surya namaskara*, mas com ênfase na percepção-consciente, observando a quietude interior, mesmo enquanto o corpo está em movimento. Diminua gradualmente a velocidade da ação e faça pausas mais longas entre rodadas para se centralizar no coração. Quando o padrão de respiração desacelerar, as energias vitais e a mente também irão se assentar.

Após queimar parte da energia excessiva, você pode iniciar uma prática que enfatiza o aterramento, ou *grounding*, e a estabilidade.

Inclua muitas flexões para a frente e posturas que não exigem muito esforço. Elas demandam o sistema nervoso parassimpático ou o aspecto "repousar e digerir" do sistema nervoso (como oposição ao lutar-ou-fugir, que ativa o sistema nervoso simpático). O equilíbrio entre o sistema nervoso parassimpático e o sistema nervoso simpático é importante.

Procure relaxar profundamente a cada asana. Mantenha-se nelas por um bom tempo e sinta a imobilidade dos órgãos do corpo. Mesmo que sinta necessidade de se mexer, observe esse impulso e absorva a energia sem reagir.

As pessoas pitta têm fogo interior. Podem ser muito intensas e focadas, e o entorpecimento não costuma causar problemas. Há dois desafios importantes que as pessoas com predomínio de pitta podem ter durante a meditação.

Primeiro, elas podem ter problemas para relaxar. A energia do fogo sem controle causa muita inquietude física. Enquanto o corpo não se acomodar, será difícil acalmar a mente. Por isso, é bom para as pessoas pitta começarem por uma prática mais dinâmica antes de iniciar a meditação.

Segundo, a personalidade pitta é competitiva, perfeccionista, motivada e muito ativa. Na prática da inteireza, isso é uma faca de dois gumes. É muito bom ter bastante paixão e intensidade. Na Cabala judaica, dizem que a *Shekhinah* (o rosto feminino de Deus) se entedia com aqueles que a veneram de forma apenas correta e dentro das regras: Ela quer que as pessoas ardam com o amor divino.

As pessoas pitta não costumam esmorecer em suas práticas nem as transformar em rotina. Todavia, quando o impulso vem do ego, da necessidade de ser o melhor ou de fazer alguma coisa acontecer, isso se transforma em outra barreira na jornada para a saúde e a felicidade. Pode deixar a pessoa aferrada com mais firmeza à ideia de ser o fazedor, desenvolvendo um ego espiritual inflado e tornando-a propensa a contrair a consciência em vez de expandi-la.

Portanto, torne-se amigo da ideia de que abrir mão de sua natureza fogosa não significa desistir dela. Cultive a entrega, uma oitava mais profunda do relaxamento na qual a atividade é mantida enquanto o senso da ação se dissolve. Faça uma consagração antes de cada prática e, depois, dedique seus frutos ao benefício do Universo todo, como um lembrete de que sua prática não é para você. "Faço esta prática com amor e harmonia. Consagro-a para uso do mundo e consagro-me na verdade."

Se você está sempre se comparando com os outros, pratique com os olhos vendados ou sem ter alguém por perto. Finalmente, seja compassivo consigo mesmo e humilde para aceitar seus limites. Descanse quando precisar.

Recomendações para pessoas com vata dominante

As pessoas vata podem ser pensadoras extremamente ativas — a hiperatividade do fazer-fazer-fazer se estende também ao mental, com a tendência a produzir problemas de atenção. Quando o vata se move, a mente também o faz, e depressa. Isso pode dificultar a manutenção do foco e do relaxamento durante a yoga.

Para se acomodar na prática, é útil trabalhar a respiração. Mantenha-se sempre atento à respiração, especialmente à maneira como se move em seu abdômen, e sinta como ela desacelera quando você relaxa em cada asana.

Reserve um bom tempo para a imobilidade do corpo (*kaya sthairyam* em sânscrito) e a sintonia com a asana, conectando-se profundamente com seu corpo e sentindo a quietude de todos os órgãos.

Se estiver apegado à mente, o contato com o corpo irá tirar você dos círculos mentais e trazê-lo ao momento presente, pois o corpo é seu ponto de referência estável.

O predomínio dos elementos ar e éter (mental e espiritual) significa que geralmente as pessoas vata não conseguem manter a vitalidade, que é instável. Isso se manifesta como fraqueza física e baixa energia.

As pessoas vata também costumam se sentir sem base, como se estivessem perdidas em um turbilhão colorido de pensamentos, planos e ideias, e, de algum modo, desaparece sua conexão com a realidade concreta em que vivem.

A prática de muitas asanas de aterramento ajuda a reduzir esses dois problemas. Asanas para *muladhara* (aqui, *Badrasana* também irá funcionar) aumentam a energia física e trazem a paz mental, estabilidade e segurança. O melhor de tudo seria meditar e praticar as asanas para muladhara no chão, a fim de absorver diretamente a energia vital da biota da Terra.

O principal desafio enfrentado por vata na meditação é a agitação mental. Se você fica com a impressão de que passa a maior parte do tempo da meditação perseguindo seus pensamentos, procure iniciar as sessões de yoga com uma prática chamada "capturando a mente solta", ou *tratakam*, focalizando sua atenção na chama de uma vela; meditar caminhando também pode acalmar a mente.

Volte sempre que possível à sensação de quietude e relaxamento no corpo. Manter-se alerta às pausas do ciclo de respiração é uma ferramenta poderosa para acalmar a mente através da prática da meditação e da yoga. Mergulhe plenamente em cada pausa, saboreando a sensação de atemporalidade.

Vata adora a mudança, a excitação e as novidades. As pessoas vata, portanto, estão sempre ansiosas para adotar novas técnicas e explorar outras práticas. Isso é ótimo, pois as pessoas vata não ficam presas ao tédio em sua prática atual. Entretanto, dificulta qualquer tipo de aprofundamento. Dizem que se você quiser água, não cave cinquenta poços rasos. Basta cavar um poço profundo. É bom continuar a aprender, viver com o senso da curiosidade e do encantamento. Mas você também deve ser capaz de ir fundo.

Eu (Valentina) recomendo escolher uma prática ou técnica que ressoe com você, aderindo diariamente a ela por, no mínimo, seis meses, aproximadamente, até conseguir ver com clareza aonde ela o está levando. Além disso, sinta-se livre para experimentar coisas novas, mas sua prática terá uma coluna dorsal para sustentar os novos acréscimos.

Higiene interna: Panchakarma

O Ayurveda enfatiza muito a limpeza periódica dos sistemas do corpo para livrá-lo de humores excessivos, também chamados de *ama*, que ocorrem devido aos desequilíbrios de vata, pitta e kapha. O desequilíbrio de pitta, por exemplo, cria ama nos intestinos. Podemos tratar esse ama com a limpeza periódica dos órgãos afetados. O Panchakarma consiste em cinco desses procedimentos de limpeza: suor terapêutico; limpeza do nariz, com ou sem ervas; purgação do estômago e dos intestinos através de ervas ou enemas; massagem com óleo; e sangria. Panchakarma requer a supervisão de um médico treinado em Ayurveda.

capítulo 9

lição 2 da medicina preventiva: a ciência quântica dos chakras

Quando sentimos uma emoção, não há apenas um pensamento mental, mas também um sentimento acompanhando essa emoção. O que sentimos? Sentimos o movimento da energia vital acompanhando a emoção. Mas em que lugar do corpo experimentamos o componente do sentimento de nossas emoções?

Quem conhece os sentimentos dirá que depende tanto da emoção como de quem você é. Se você for um intelectual, provavelmente sentirá apenas a energia vital na cabeça. Quando somos intelectuais, a energia vital irá para o chakra frontal, ou do terceiro olho.

Se você não é predominantemente intelectual, irá identificar outros lugares do corpo nos quais sentirá a energia chegando. Naturalmente, o mais familiar desses lugares é o chakra cardíaco, o lugar onde sente a energia romântica. Consegue se lembrar da primeira vez que percebeu que sentiu o amor? Feche os olhos e lembre-se agora mesmo daquele momento; em pouco tempo, irá sentir a presença da energia no chakra cardíaco (na forma de uma pulsação, um formigamento, um calor ou apenas uma expansão). É por isso que as pessoas leem romances ou assistem a filmes suaves e que encantam o coração — para revisitar esses sentimentos. As pessoas (principalmente as mulheres) gostam do surto de energia (calor) no chakra cardíaco.

Em contraste, quando as pessoas (principalmente os homens) assistem a cenas de sexo e violência na tevê, há, sem dúvida, o envolvimento de seus circuitos cerebrais emocionais negativos, mas também movimentos de energia vital nos três chakras inferiores. Essa atividade pode ajudar as pessoas a se sentirem ancoradas.

Quando nos sentimos bem conosco mesmos, sentimos um aporte de energia no chakra umbilical, ou do plexo solar; se nos sentimos inseguros, sentimos a energia sair desse chakra — o frio no estômago. Sentimo-nos enraizados quando a energia se move até o chakra básico, mas quando a energia é drenada de lá, sentimos medo.

É no chakra sexual, ou sacral, que a energia aparece quando nos sentimos amorosos. O Viagra pode ajudar o homem a ter ereções quando é idoso, mas não há como repor a vitalidade necessária para desfrutar da sexualidade. É por isso que as pessoas se sentem insatisfeitas com o sexo do Viagra: as ereções induzidas pela droga nem sempre vêm com vitalidade na forma de energia sexual. A mecânica está lá, mas pode não haver vitalidade; o sexo do Viagra é basicamente mental.

Depois do sexo ou depois de uma boa refeição, a energia sobe até o chakra cardíaco; sem dúvida, as mulheres sabiam disso no passado, pois geralmente pediam dinheiro ou itens para a casa após o sexo ou após uma refeição. Já ouviu falar na expressão "O caminho para o coração de um homem passa por seu estômago"?

Quando ficamos nervosos, porque temos de fazer uma apresentação, parece que a garganta fica seca; isso acontece porque a energia vital saiu do chakra laríngeo, e o efeito físico é uma dose alta de adrenalina que inibe as glândulas salivares. Nossa interpretação mental do bloqueio vital na garganta influencia a glândula adrenal por meio de conexões psiconeuro-gastrointestinais. Por outro lado, quando você estiver se comunicando bem, sentirá o chakra laríngeo. Irá gostar das vibrações lá; todos gostam.

Quando nos concentramos em algo intelectual, nossas sobrancelhas ganham foco e podemos sentir o calor no ponto médio entre elas, no chakra frontal. Bem atrás dele, temos o córtex pré-frontal, onde nossos pensamentos intelectuais são processados. Uma abertura maior (expressão usada para indicar o despertar) desse chakra faz com que sejamos mais receptivos para pensamentos intuitivos e *insights* criativos, como se uma nova maneira de enxergar, um "terceiro olho", tivesse aparecido. Na Índia, quando as pessoas fazem trabalhos espirituais, isso abre espaço para muitas e excelentes experiências intuitivas, e o terceiro olho fica tão quente que as pessoas usam pasta de sândalo para aliviar o calor. Você já deve ter visto as mulheres indianas usando um *bindi* na testa; isso acalma a sensibilidade da mulher à intuição.

Assim, novamente, quando estamos vivenciando uma emoção, sentimos a energia vital localizada nos chakras ao longo de nosso corpo físico.

A ciência quântica dos chakras

Se você examinar a Figura 3, irá perceber que cada um dos chakras situa-se perto de um ou mais órgãos importantes do nosso corpo. Isso tem sido notado há milênios e é uma pista para a compreensão científica dos chakras.

Lembra-se de nossa conversa anterior sobre campos litúrgicos? Os campos litúrgicos do corpo vital proporcionam a matriz para o software vital epigenético que programa as funções dos órgãos. Rupert Sheldrake descobriu a ideia original dos campos litúrgicos (também conhecidos como campos morfogenéticos), mas não notou sua conexão com os sentimentos. Eu (Amit) também não conhecia muito bem os chakras antes de participar de uma conferência sobre psicologia transpessoal e assistir a uma palestra sobre psicologia dos chakras. Essa palestra levou sincronisticamente à combinação dessas duas ideias: os chakras são lugares de seu corpo físico nos quais a consciência manifesta simultaneamente o vital e o físico; isso ocorre ao longo do processo pelo qual os programas de software são executados, as funções dos órgãos se dão, os campos litúrgicos coordenados se movem e você sente esse movimento na forma de energia vital.

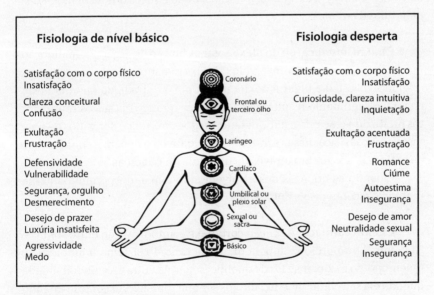

Figura 11. Chakras e como os sentimentos a eles associados mudam quando os *selves* frontal, cardíaco e umbilical despertam. Os sentimentos correspondentes à fisiologia de nível básico estão à esquerda; os sentimentos correspondentes à fisiologia desperta estão à direita. Para cada chakra, o sentimento de cima significa um sentimento positivo quando os órgãos desses pontos estão funcionando bem; a sensação de baixo indica uma sensação negativa quando a função do chakra-órgão é interrompida.

Segue, portanto, a descrição, chakra por chakra, da fisiologia dos órgãos físicos em cada um desses pontos e os sentimentos associados (Figura 11) para a fisiologia de nível básico.

Chakra básico: A fisiologia do órgão é a eliminação, um componente crucial da manutenção do corpo chamado catabolismo. Os órgãos que expressam a função são os rins, bexiga, intestino grosso, reto, ânus e, o mais importante, a glândula adrenal. Os sentimentos são de estabilidade (egoísta) e de competitividade orientada para a sobrevivência quando a energia se move para dentro e de medo quando a energia se move para fora. Através da evolução, o controle deste chakra é feito pela amígdala cerebral, que produz respostas de medo (fuga) ou agressividade (luta).

Chakra sexual, ou sacral: A função do corpo vital é a reprodução. Todos os órgãos reprodutores — útero, ovários, próstata e testículos etc. — contribuem para a função da reprodução. Os sentimentos de sexualidade e amor acontecem quando a energia se move para dentro; o sentimento de luxúria (insatisfeita) ocorre quando a energia sai. Aqui, também, o controle é feito pela amígdala do mesencéfalo através dos testículos e das glândulas ovarianas.

Chakra umbilical ou do plexo solar: A função do órgão é manutenção (anabolismo) e os órgãos envolvidos são o estômago e o intestino delgado, o fígado, a vesícula biliar e o pâncreas. Com a entrada da energia neste chakra, o sentimento resultante é o orgulho; quando ela sai, os sentimentos produzidos são raiva, indignidade, mágoa etc., todos derivados de uma insegurança básica. Esses sentimentos negativos recebem a contribuição da amígdala do cérebro através da glândula do pâncreas.

Quando as crianças desenvolvem autonomia, despertam o chakra umbilical e conhecem a autoestima.

Chakra cardíaco: A função corporal é a autodistinção entre "mim" e "não mim" proporcionada pela glândula timo do sistema imunológico. O sentimento é a defensividade quando a energia entra e a vulnerabilidade quando ela sai. Naturalmente, muitos sentem romance no coração quando a energia entra. Quando a energia sai, essas pessoas sentem perda, luto, dor e às vezes ciúme. Por que isso?

Vamos detalhar: por que as pessoas sentem romance no chakra cardíaco quando encontram o parceiro apropriado? Porque, agora, o "mim" se estende e inclui o parceiro: é isso. De algum modo, a defensividade e a distinção que o sistema imunológico faz entre mim e não mim some. Por quê? Porque o sistema imunológico fica momentaneamente suspenso. E, quando isso acontece, o coração desperta, entra em um modo quântico de movimento coerente e é capaz de uma nova função — romance. Este é o amor romântico que as pessoas sentem.

Chakra laríngeo: A função fisiológica é a produção de sons de expressão. Os órgãos são os pulmões, a garganta e suas cordas vocais, os órgãos da fala, os órgãos da audição e a glândula tireoide. Os sentimentos associados são a exultação da liberdade (de expressão) quando a energia entra e a frustração quando a energia sai. (Você pode perceber porque a liberdade de expressão é considerada tão importante em nossa cultura, embora a verdadeira liberdade seja a liberdade de escolha.)

Chakra frontal ou do terceiro olho: A função fisiológica é o pensamento racional. O órgão central para isso é o córtex pré-frontal, que fica na parte de trás da testa. Os sentimentos associados são a clareza de compreensão quando a energia entra e a confusão com o esgotamento da energia. Com uma abertura maior, este é o chakra que canaliza a energia intuitiva associada a experiências arquetípicas. O sentimento associado que dá início à exploração arquetípica é a curiosidade; quando a curiosidade é tratada adequadamente, sentimos satisfação; quando a curiosidade não termina em sucesso, sentimos aflição.

Chakra coronário: A função fisiológica é o conhecimento do corpo e a imagem do corpo. O órgão físico é o lobo parietal. O senso de identificação com o corpo físico vem desse chakra. Quando você olha no espelho e gosta da imagem do seu corpo, a energia entra no chakra, dando-lhe a sensação de satisfação consigo mesmo; se você não gosta daquilo que vê no espelho, a energia sai e você se sente perturbado.

A Figura 11 mostra os chakras e os sentimentos associados quando os chakras despertam para o funcionamento quântico e parte da fisiologia do órgão se eleva.

É crucial o fato de existir uma glândula endócrina associada a cada um dos chakras. As glândulas endócrinas se comunicam com o cérebro pelos chakras do corpo, inclusive o cardíaco. Dessa maneira, por meio dessa conexão "psiconeuroimunológica", bem como do sistema nervoso autônomo, a mente ganha controle sobre as energias vitais nos chakras do corpo depois que a reação inicial termina e o neocórtex entra em ação.

Doenças nos chakras

Em seu livro *Frontiers of Health: How to Heal the Whole Person*, a médica inglesa Christine Page classifica abertamente muitas doenças nos órgãos como um movimento anormal da energia em um ou outro chakra. Eis uma amostra das doenças relacionadas por Page (alteramos um pouco a lista) que podem ocorrer quando o movimento da energia fica desordenado nos chakras:

- **Chakra básico**: constipação, hemorroida, colite, diarreia etc.
- **Chakra sexual**: impotência, vaginismo; doenças da próstata nos homens e doenças do sistema reprodutor feminino nas mulheres.
- **Chakra umbilical**: síndrome do intestino irritável; diabetes, úlcera péptica e úlcera gástrica, doenças do fígado, hérnia de hiato.
- **Chakra cardíaco**: doenças cardíacas, doenças autoimunes, câncer, talvez demência.

Há um bom motivo para o câncer estar listado como doença do chakra cardíaco. As células do câncer são células anormais e, em princípio, o sistema imunológico deveria ser capaz de detectá-las e eliminá-las. Uma razão pela qual o câncer ocorre é o mau funcionamento do sistema imunológico e, por isso, o câncer pode estar relacionado com o movimento anormal da energia vital no coração. O câncer pode se desenvolver em qualquer órgão em virtude de falhas do sistema imunológico nesse local; subsequentemente, pode se espalhar para quaisquer órgãos, um processo chamado de metástase. Curiosamente, mesmo depois de se espalhar, tende a manter o caráter do câncer original. Isso mostra que o agravamento local, alinhado ao mau funcionamento do sistema imunológico, dá origem ao câncer daquele órgão. Por exemplo, o fumo, juntamente com a falta de amor, causa câncer do pulmão. Pessoas que têm amor podem escapar do câncer, mesmo que fumem. Isso não justifica o hábito detestável e perigoso do fumo, pois, na nossa experiência, muitos fumantes tendem a deixar o amor de lado por muito tempo em seus relacionamentos, a menos que prestem atenção. Além disso, claro, há o enfisema e outras doenças respiratórias graves que devem ser levadas em conta.

Por que o sistema imunológico funciona mal quando a energia do coração — o amor — está ausente? Amor é a suspensão temporária da função defensiva do sistema imunológico. Assim, o sistema imunológico precisa ter uma suspensão momentânea somando-se a um período de repouso, assim como nosso neocórtex usa o sono para descansar. Esse período de repouso tem relação com o fato de haver uma autoidentidade associada ao chakra cardíaco, bem como com o neocórtex.

- **Chakra laríngeo**: Tireoide hiper ou hipoativa; asma; garganta inflamada; doenças do ouvido.
- **Chakra frontal**: Enxaqueca e dores de cabeça por tensão; doenças dos olhos; doenças da mente e do cérebro como depressão e esquizofrenia; doença de Alzheimer.
- **Chakra coronário**: Apotemnofilia, somatoparafrenia, anorexia e bulimia.

A apotemnofilia é uma doença peculiar, na qual o paciente expressa o desejo de amputar uma parte saudável do corpo. Esses pacientes diriam, "Prefiro cortar meu braço esquerdo". A somatoparafrenia é uma doença similar, que surge quando o lobo parietal direito é danificado por um AVC (Acidente Vascular Cerebral). O paciente não deseja mais a parte superior do braço esquerdo. (Para mais informações, veja o livro de V. S. Ramachandran *O que o cérebro tem para contar*.)

Resumindo brevemente, a medicina dos chakras consiste na complementação do tratamento dos sintomas físicos (através da alopatia), lidando com o desequilíbrio prânico (pelo Ayurveda, medicina chinesa ou homeopatia) com a mentalidade do trabalho psicológico e cura psíquica, através da infusão prânica direta por um curador prânico no chakra afetado.

A boa notícia é que quase todos podem ser curadores prânicos, pois todos nós temos capacidades psíquicas para tanto. No Ocidente, não são muitas as pessoas familiarizadas com a sensação do movimento de prana, mas isso é algo que se aprende facilmente. Um exercício simples para compreender o funcionamento do prana consiste em esfregar as palmas das mãos e depois afastá-las por um centímetro, mais ou menos, no estilo de saudação da Índia Oriental chamado "namaste" (que, por sinal, significa "Eu saúdo você desde o lugar onde você e eu somos um"). Você irá sentir formigamentos que não são decorrentes da circulação sanguínea ou impulsos nervosos: esse é o movimento de prana na pele. Você pode amplificar o formigamento estendendo os braços (à maneira taoista), abrindo as palmas das mãos para o céu e convidando todo o chi de cura e o chi universal da biota extraterrestre que o universo estiver disposto a lhe enviar. Agora, as palmas de suas mãos estão energizadas e você está pronto para efetuar a cura prânica em um amigo.

A medicina dos chakras se beneficia da psicologia concomitante dos chakras, na qual o terapeuta procura corrigir a mentalidade que está causando o desequilíbrio de energia no chakra. O câncer de mama, por exemplo, pode indicar falta de autoestima, bem como a falta de outros tipos de amor, e a psicoterapia pode ajudar, reavivando o amor.

Perguntas e respostas

O que vocês querem dizer de fato com "ativação dos chakras"? É prestar atenção neles e vivenciar sentimentos?

Autores: Os órgãos continuam funcionando como potencialidades determinadas. A ativação consiste em causar o colapso desses movimentos, concretizando-os, e experimentando o sentimento vital associado. Esse seria um sentimento positivo.

O que significa "vitalização dos chakras"? É o mesmo que a questão anterior?

Autores: Não exatamente. Vitalizamos um chakra, quando levamos uma resposta criativa a um estímulo vital não local de outro ser vivo (como um ente querido), ou a uma intuição (como contemplar uma flor e intuir sua beleza). Se quiser, pense nesse último como uma espécie de sintonia, similar à ressonância.

O que significa o movimento da energia de um chakra para outro? É como retirar a energia de um lugar e passá-la para outro chakra? Se for isso, assim como a energia física, a energia vital também teria uma lei de conservação?

Autores: Quando respiramos, quando inalamos, levamos oxigênio e o órgão funciona mais vigorosamente; quando o oxigênio se move, outro órgão começa a funcionar vigorosamente etc. Pense nisso como um movimento da energia vital, a vitalidade de um chakra a outro usando caminhos conhecidos, os meridianos ou nadis. Movimentos similares podem ser efetuados movendo as palmas das mãos ativadas de chakra em chakra. Sim, nesse processo a energia se esgota em um lugar (é levada até o nível padrão) e reforçada em outro. Porém, ao contrário da energia física, não existe lei da conservação quando somos criativos. A energia sutil é infinita; não existe necessidade de uma lei da conservação. Pela ressonância, veja o Capítulo 4; se somos muito sensíveis, trazemos novas energias arquetípicas o tempo todo.

O que significam bloqueio e desbloqueio dos chakras? Para começar, como se dá esse bloqueio?

Autores: Nós existimos e nossos órgãos continuam a funcionar quando estamos vivos, e assim a energia vital de todos os chakras precisa se "mover", pois, do contrário, como o corpo irá funcionar? Quando a energia é bloqueada, o órgão não está funcionando segundo seu modo habitual de potencialidade determinada. Na próxima vez que seu intestino não esvaziar, preste atenção: você pode sentir facilmente a perda de vitalidade resultante. É por isso que o Ayurveda enfatiza tanto a regularidade dos movimentos intestinais.

Quando a energia sexual fica bloqueada, você não se interessa pelo sexo, o que acontece comumente com muitas mulheres e até com alguns homens, após alguns anos de casamento e um ou dois filhos, e pode ficar difícil motivarmo-nos a ser criativos.

Este livro postula que o bloqueio de energia no chakra básico é responsável por doenças crônicas do chakra básico, como a síndrome do intestino irritável. O chakra umbilical bloqueado é responsável pelo diabetes tipo 2; o chakra cardíaco bloqueado pode causar câncer; e o bloqueio do chakra frontal pode causar Alzheimer.

capítulo 10

mente quântica: significado, emoções e medicina

A medicina mente-corpo não faz sentido enquanto você não perceber que ela não é uma consequência da mente sobre o corpo, mas uma consequência da consciência sobre o corpo. Tanto o corpo (na forma do cérebro) quanto a mente são possibilidades quânticas da consciência. No caso de um colapso das ondas de possibilidade, a consciência usa a mente para dar significado tanto às possibilidades externas quanto às internas manifestadas no cérebro. Ao mesmo tempo, a consciência usa os neurônios do cérebro para fazer representações (memórias) do significado mental. Se o significado atribuído pela mente, mal orientado pela memória cerebral para um estímulo de significado neutro, for desarmônico, tirando você de seu conforto, tome cuidado: o resultado pode ser uma doença da mente-corpo. Mas a consciência também tem a capacidade de alterar o contexto do significado mental, e assim a cura também está ao seu alcance. Isso é a cura mente-corpo.

Estresse emocional: evidência de doença mente-corpo

Primeiro, precisamos definir algumas expressões. Estressor é um agente externo, que pode ser uma morte na família, um problema de matemática, um exame, um emprego entediante etc. Estresse é o modo como a pessoa reage ou responde a um estressor. Isso significa, mais uma vez, o significado mental que atribuímos ao estressor e como mentalizamos — ou seja, atribuímos um significado que geralmente é exagerado ou mesmo errado — o sentimento associado com nossa reação ao estressor.

Em uma cultura específica, os significados tornam-se mais ou menos fixos e o estresse associado a muitos estressores comuns produz respostas de estresse similares na maioria das pessoas. Podemos falar em uma resposta mediana. O pesquisador norte-americano Richard Rahe mediu esse estresse médio em "unidades de mudança de vida" (que, em inglês, apresenta a sigla LCU) — o grau de ajustes na vida exigidos por um estressor. No estudo de Rahe, uma doença simples, por exemplo, tem um nível de estresse de 25 LCUs, enquanto a morte de um cônjuge eleva a contagem a 105 LCUs.

Até um estresse aparentemente simples, como um exame, pode matar uma pessoa. Mais gente morre de ataques cardíacos na segunda-feira do que em qualquer outro dia, graças à suposta "síndrome da segunda-feira". A segunda-feira é o dia em que as pessoas voltam de um fim de semana relaxante e projetam uma semana de trabalho estressante, monótona, difícil e assim por diante; em consequência disso, seu coração sucumbe ao estresse. A mentalização é que mata as pessoas.

Agora, pelo menos, existem algumas evidências preliminares de que o estresse também pode causar doenças do sistema gastrointestinal. Um exemplo é a úlcera do estômago, embora alguns alopatas afirmem que a úlcera seria causada por uma bactéria. O estresse pode causar doenças graves do sistema respiratório, como asma, e do sistema imunológico, como câncer, doenças cardíacas e doenças autoimunes, nas quais o sistema imunológico ataca as células do próprio corpo. Os órgãos do corpo não são independentes da dupla mente-cérebro.

Psiconeuroimunologia: o cérebro e a mente assumem o controle dos chakras do corpo

Imagine que, graças a determinado estressor, você está irritado e muito abalado. Seu cérebro está mapeando esses pensamentos furiosos. Mas será que seu cérebro comunica seus mapas ao corpo, especificamente ao sistema imunológico?

Os órgãos do sistema imunológico, inclusive a glândula timo, também são chamados de órgãos linfoides porque produzem linfócitos, as importantes células brancas do sangue que são as mediadoras da resposta imunológica do corpo. A produção inicial de linfócitos ocorre na medula óssea.

Um conjunto deles, as células T, vivem na glândula timo no começo de seu desenvolvimento e tornam-se condutores da distinção entre mim e não mim. Os linfócitos percorrem o corpo na forma de pequenos exércitos que se mantêm alertas nos nodos linfáticos e no baço. É por meio desses órgãos linfáticos que a tarefa de distinção entre mim e não mim do sistema imunológico continua, mesmo depois que a glândula timo fica semiaposentada, por volta dos 16 anos.

É o sistema imunológico que defende o corpo dos intrusos: vírus, bactérias, qualquer objeto estranho e não mim. Inicialmente, isso parece ser bem independente daquilo que o cérebro faz. Surpreendentemente, porém, um neurologista da Universidade de Rochester descobriu que os órgãos do sistema imunológico têm nervos por toda parte; é bem plausível que o sistema imunológico se comunique com o cérebro. Mas por quê? O enredo ficou mais complicado em 1981, quando o neurofisiologista norte-americano Robert Ader descobriu que o sistema imunológico poderia ser condicionado usando o mesmo procedimento que o condicionamento mental.

Analisemos o experimento clássico de Ader que o motivou a criar a palavra "psiconeuroimunologia". Ader estava trabalhando em um experimento de condicionamento pavloviano com ratos, ensinando-lhes a aversão à água com gosto de sacarina. A prática padrão consistia em correlacionar o ato de beber a água com a injeção de uma droga (psicofosfamida) que induz náusea e vômitos. Rapidamente, os ratos aprenderam a associar a água doce à náusea. Depois do condicionamento, os ratos só ficavam nauseados com a água doce, mesmo sem a adição da droga. Contudo, houve um complicador peculiar. Aparentemente, os ratos também aprenderam a morrer após beberem a água adoçada: a psicofosfamida estava induzindo a supressão do sistema imunológico. O condicionamento ensinou os ratos não apenas a simular, depois de beber água doce, o efeito nauseante da droga, como também a interromper o sistema imunológico. Foi a interrupção do sistema imunológico que tornou os ratos propensos à doença e à morte.

Não tardou para que fizessem experimentos até no nível humano. Um desses experimentos iniciais correlacionou a taxa de infecção de marinheiros a bordo de um navio com eventos reais da vida. Os marinheiros mais descontentes em função de seus eventos de vida também mostraram a mais elevada taxa de infecção. A percepção de um significado negativo produz estresse, que produz infecção mediante a supressão do sistema imunológico — um caso claro de psiconeuroimunologia.

O estresse causado pela morte do cônjuge pode levar ao funcionamento reduzido do sistema imunológico em virtude da redução de seu arsenal de células T assassinas, pondo em risco a defesa contra bactérias e vírus. Não restam muitas dúvidas de que o luto é um fator que contribui para o câncer de mama entre as mulheres.

Não se preocupe muito com toda essa conversa pesada sobre o efeito negativo do estresse sobre o sistema imunológico. Existe também o efeito Madre Teresa. Em um estudo da Universidade de Harvard, estudantes assistiram a um filme de Madre Teresa cuidando afetuosamente de pessoas desamparadas, agonizantes. O filme melhorou o funcionamento do sistema imunológico dos estudantes, conforme evidenciado pelo aumento de um marcador de melhoria imunológica (aumento do IgA salivar). Isso também é psiconeuroimunologia. O amor é um antídoto para estressores do sistema imunológico.

Moléculas de emoção

O que regula a interação do sistema imunológico com o cérebro? Na década de 1970, a neurocientista e farmacologista norte-americana Candace Pert, com outros pesquisados, descobriu que o cérebro excreta certas moléculas chamadas neuropeptídeos, que ajudam na medição da analgesia, mudanças hormonais e outras respostas ao estresse e doenças resultantes (veja o livro de Pert *Molecules of Emotion*). Entre os neuropeptídeos, talvez os mais famosos sejam as endorfinas, que se ligam a pontos específicos de recepção no cérebro e no corpo (e é interessante notar que o encaixe funciona como um mecanismo de fechadura e chave). O fato de as endorfinas (ou sua falta) afetarem nossa experiência de dor (ou de prazer) é algo que já foi bastante comentado na imprensa popular. Veja o caso da pimenta malagueta, por exemplo, da qual, como muitas pessoas, nós, autores desta obra, gostamos. Por que a pimenta forte é prazerosa — ou seja, permitindo que experimentemos a dor misturada com o prazer — se, de acordo com sua composição molecular, seu sabor quente e condimentado só deveria nos causar dor? A resposta está nas endorfinas. Se você come uma pimenta quente com um bloqueador de endorfina, o que irá sentir é dor, pura e sem adulterações.

A conexão do neuropeptídeo é de mão dupla: as endorfinas do cérebro se conectam com o sistema imunológico e a molécula timosina, do sistema imunológico, conecta-se com o cérebro. Conexões similares de mão dupla também foram estabelecidas entre o cérebro e o sistema endócrino — psiconeuroendocrinologia.

Gunas mental

A postura habitual dos proponentes da medicina mente-corpo consiste em demonstrar primeiro com dados que a mente causa doenças; depois demonstrar, por meio de uma discussão sobre psiconeuroimunologia e psiconeuroendocrinologia, como a mente afeta o corpo; finalmente, entram nas técnicas de cura da medicina mente-corpo. Com a ciência quântica, porém, podemos fazer algo melhor.

A abordagem objetiva não explica por que nem todos contraem doenças da mente e do corpo, ou por que a resposta ao estresse não é universal. Há dados mostrando que as pessoas otimistas são dedicadas ao trabalho e têm controle sobre ele, veem os estressores como desafios a serem superados e não sofrem os efeitos nocivos do estresse. Entre nós, também há pessoas mentalmente preguiçosas que, de algum modo, passam flutuando pela vida sem sentir estresse.

O fato é que existe individualidade em nossa resposta mental aos estressores. Assim como o uso desequilibrado da criatividade, do condicionamento e dos gunas vitais de vayu e ojas criam certos doshas no corpo físico, há certos gunas mentais (qualidades) cujo uso desequilibrado também cria doshas no cérebro.

Há três gunas mentais, cada um com um nome sânscrito: *sattva*, que costuma ser traduzido como a qualidade da iluminação; *rajas*, denotando a tendência do rajá ou rei a construir impérios; e *tamas*, que significa escuridão e denota a inércia. Na ciência quântica, *sattva* é a capacidade para a criatividade fundamental, *rajas* é a capacidade para a criatividade situacional e *tamas* é a tendência a manter o *status quo*, a inércia. Perceba que, para a criatividade, *do-be-do-be-do* (fazer-ser-fazer-ser-fazer), precisamos tanto das qualidades criativas quanto da qualidade de condicionamento. Dessa forma, os gunas devem permanecer em equilíbrio.

Doshas mente-cérebro e doenças mente-corpo

A ciência da medicina ayurvédica baseia-se nesta ideia: a aplicação desequilibrada dos gunas (qualidades) no nível vital dá origem a doshas (defeitos) — kapha, vata, pitta — no nível físico-vital do órgão. Assim, deveríamos analisar os análogos dos doshas vitais criados pela mente através do abuso infantil de suas qualidades ou gunas. Além disso, como a mente só está correlacionada com o neocórtex e esses doshas farão parte do cérebro cortical, iremos chamá-los de doshas mente-cérebro.

Não é difícil ver o que são esses doshas mente-cérebro. O uso desequilibrado de sattva mental produz a insensibilidade ao verdadeiro significado das intuições e cria o intelectual: aquele que só usa novos contextos (problemas) para continuar pensando racionalmente, e não para buscar soluções criativas. Um efeito colateral da insensibilidade à intuição é ser insensível também a sensações do corpo; em outras palavras, o intelectual tende a se tornar distante do corpo.

Uma bela história sufi nos ajuda a lembrar desse perigo.

> O herói perene dessas histórias de sabedoria, mulá Nasrudin, é barqueiro desta vez e está levando em seu barco um pândita até determinado destino. Assim que iniciam a viagem, o pândita começa a dar mostras de seus conhecimentos a Nasrudin — neste caso, a gramática. Mas Nasrudin está entediado e não se esforça para esconder isso. Ele começa a bocejar. O pândita fica irritado e diz:
>
> — Se você não sabe gramática, desperdiça metade de sua vida.
>
> Nasrudin deixa passar o comentário. Depois de algum tempo, o barco apresenta um problema e começa a adernar. Nasrudin pergunta ao pândita se ele sabe nadar, e o pândita responde negativamente, acrescentando que a ideia de exercício físico sempre o entediou. Então, mulá Nasrudin diz:
>
> — Nesse caso, você desperdiçou sua vida inteira. O barco está afundando.

O uso desequilibrado do rajas mental dá origem a uma atenção muito fugaz e a hiperatividade no nível do cérebro físico. As pessoas hiperativas vivem em um estilo de vida fazer-fazer-fazer, sempre sintonizadas nas realizações mentais — o resultado, não o processo. O transtorno do déficit de atenção com hiperatividade, muito comum nesta era da internet, é um caso extremo de dosha da mente-cérebro.

A inércia mental desequilibrada, ou tamas, dá origem ao não engajamento mental com novos estímulos do cérebro, uma letargia básica do ego para se dedicar a novos aprendizados mentais, que não deve ser confundida com a deficiência mental herdada geneticamente. Isso pode acontecer se os pais foram negligentes em criar um ambiente com estímulos suficientes. Também pode acontecer em razão de um desajuste entre propensões de vidas passadas e os estímulos disponíveis no ambiente da criança.

O autismo deve-se, em parte, a uma falta de reação do neurônio-espelho na criança. Os neurônios-espelho são circuitos embutidos no cérebro que imitam as respostas comportamentais de outras pessoas a um estímulo. É assim que emoções negativas e até algumas expressões positivas, como o riso, tornam-se contagiantes. A falta de neurônios-espelho deixa a criança incapaz de reagir da forma sociocultural habitual. Essa parte da causa do autismo pode ter origem genética.

Há ainda uma contribuição do desenvolvimento que recua até o feto no ventre da mãe. No final da gravidez, algumas mulheres ficam deprimidas. Como o feto está correlacionado não localmente com a mãe, a depressão da mãe pode afetar as potencialidades do bebê, que sofrem colapso depois que ele nasce. Dessa forma, pode desenvolver-se a desconexão emocional que vemos nas crianças autistas.

Acreditamos que até a reencarnação contribui para o autismo. O desajuste entre propensões de vidas passadas e o ambiente contribui para o autismo. A criança fica simplesmente desinteressada e se entrega ao onipresente guna de tamas, desenvolvendo a apatia mental.

Com efeito, um estudo publicado na revista *The Lancet* mostra que, se os pais são treinados para se comunicar com os filhos autistas durante os primeiros estágios do desenvolvimento, a capacidade de comunicação da criança melhora e o comportamento repetitivo diminui, sugerindo uma redução da lentidão mental. É claro que a atenção dos pais mantém os filhos interessados e ajuda a superar o efeito de um desajuste entre o ambiente e suas propensões cármicas.

Embora esses doshas mente-cérebro residam no cérebro, eles governam nossa atitude perante todas as emoções — aquelas do cérebro e também aquelas do corpo. Entre as pessoas dos três doshas, só aquelas mentalmente "preguiçosas" evitam o duo mente-cérebro e vivem no corpo — não apenas nos três chakras inferiores, mas também no coração. As pessoas dos outros dois doshas "mentalizam" regularmente seus sentimentos, atribuindo significado errôneo a eles. As pessoas com intelectualidade predominante irão suprimir as emoções percebidas e, com isso, podem sofrer de depressão crônica. Pessoas com predomínio do dosha de rajas (hiperatividade), por outro lado, são expressivas, irritam-se facilmente e são propensas a apresentar rapidamente raiva e hostilidade como reação ao estresse. A hiperatividade também está associada à ansiedade. Filmes de Hollywood como *Forrest Gump* (1994) parecem retratar a ideia de que só os simplórios podem ser felizes ou bons para com os demais. Talvez haja alguma verdade nisso.

Reação à emoção: expressão

Como você reage às emoções? No Ocidente, especialmente nos Estados Unidos, existe um forte condicionamento cultural contra a expressão das emoções. Considera-se que a expressão das emoções é um sinal de fraqueza e, por isso, de maneira quase universal, os homens ocidentais aprendem tradicionalmente a reprimir as emoções à medida que crescem. Enquanto isso, para as mulheres, que antes eram tidas como o "sexo frágil", o condicionamento cultural contra a expressão das emoções não é tão intenso (agora, isso está mudando, pois as mulheres exigem igualdade).

Todavia, nem todos os homens ocidentais se esforçam para reprimir as emoções. Na verdade, alguns homens narcisistas se dedicam a expressar emoções, sem a habitual restrição social da defesa de sua própria persona. Atualmente, podemos ver pessoas assim por toda parte em virtude, ao que parece, de uma epidemia de narcisismo. Sob estresse emocional, essas pessoas mostram reações bem identificadas, como irritabilidade ou "pavio curto". Podemos ver aqui a conexão com doshas mente-cérebro com hiperatividade dominante. Isso é particularmente válido quando a hiperatividade se desenvolve de maneira desequilibrada com a natureza pessoal.

Se a pessoa tem a felicidade de contar sempre com um familiar ou amigo, ou até um bajulador que lhe permita manifestar as emoções, ela pode ajudar a dissipar o impacto negativo das expressões emocionais. Em sociedades tradicionais, como a da Índia, a regra geral era essa e, até certo ponto, continua sendo; por isso, o impacto da expressão emocional sobre a saúde é relativamente pequeno. Mas agora tudo isso está mudando.

O que a expressão das emoções sob estresse mental e emocional, sem apoio, pode fazer conosco? A reação ao estresse é uma função do sistema nervoso autônomo com dois componentes: simpático e parassimpático. O sistema nervoso simpático "simpatiza conosco" e produz cortisol, o hormônio do estresse, do qual precisamos para "sobreviver" ao estressor. O sistema parassimpático controla a "reação de relaxamento" destinada a devolver o equilíbrio ao corpo. Logo, uma reação expressiva prolongada a estressores produz um desequilíbrio nas atividades do sistema nervoso simpático e parassimpático; no final, o sistema fica em um estado permanente de excitação simpática.

Desse modo, a irritabilidade crônica e a tensão nervosa podem levar à falta de sono. E a irritabilidade crônica, combinada com a competitividade e a dominação — ambas emoções negativas instintivas —, dá margem a uma hostilidade declarada. Com o tempo, aquilo que antes era uma hiperatividade mental, expressada através de programas condicionados do cérebro, manifesta-se nos órgãos físicos. Todos eles começaram a funcionar em um nível mais intenso, produzindo doenças nos órgãos envolvidos. Não raro, a doença se manifesta em um único órgão.

Se a expressividade da reação emocional se instala no sistema circulatório, temos doenças cardíacas, hipertensão etc. Se a expressão ocorre através do sistema digestivo gastrointestinal, o resultado é úlcera. Se a expressão se dá através dos sistemas excretores do corpo, as doenças são síndrome do intestino irritável, transtornos da bexiga etc. Se a expressão tem lugar pelo sistema imunológico, causando uma reação imunológica excessiva a antígenos, o resultado é alergia. Se a expressão é pelo sistema respiratório, a doença é asma.

Por que a expressão se instala em um órgão e não noutro? Essa tem sido a pergunta milionária e ainda não resolvida da medicina tradicional. Na ciência quântica, isso tem relação com a resposta do software vital do órgão-V, que é onde os sentimentos se originam nos chakras.

Lembre-se: as emoções são sentidas em chakras diferentes. Por exemplo, irritabilidade e raiva são sentidas no chakra umbilical quando nossos desejos são frustrados. O processamento rápido de significados, como fazem as pessoas hiperativas, amplifica o sentimento nesse ponto. Dessa maneira, a irritabilidade crônica se expressa nos órgãos do chakra umbilical, geralmente como úlcera péptica.

Hostilidade significa ver o mundo como um inimigo, como não mim. Quando a irritabilidade cede lugar à hostilidade, tal como acontece quando se combina com a competitividade e a tendência a dominar os outros, o sistema imunológico reage fortemente, causando inflamação nos órgãos do chakra cardíaco.

Se você dirige uma reação hostil a pessoas com as quais mantém um relacionamento íntimo, irá mostrar agressividade em momentos de discussão, por exemplo. Naturalmente, só porque mostra agressividade nesses momentos não significa que está desistindo do amor; por isso, a função do sistema imunológico não é afetada. Com o tempo, porém, o órgão afetado é o coração, e o resultado será uma doença cardíaca.

Entremos em detalhes sobre como se dá a obstrução coronariana, uma importante fonte de doença e morte. O sistema imunológico produz inflamação nas artérias. Se, além disso, existirem doshas vata-kapha, o colesterol pode se acumular em razão do dosha kapha; vayu não está disponível para limpar as artérias por causa do dosha vata, e o resultado é a obstrução. Se isso acontece nas artérias coronárias, a obstrução pode ser fatal.

Se a reação hostil se dirige ao ambiente e às pessoas ao seu redor porque você não tem um relacionamento íntimo, então você desistiu do amor e o órgão afetado é o próprio sistema imunológico. O mau funcionamento do sistema imunológico irá levar ao câncer em um cenário similar ao descrito acima. As células anormais se acumulam devido ao kapha agravado; o vata agravado impede a limpeza da anormalidade acumulada, que com o tempo torna-se câncer quando, além disso, o sistema imunológico falhar. Desse modo, pessoas emocionalmente expressivas com a personalidade chamada tipo-A estão propensas tanto a doenças cardíacas quanto ao câncer.

A hostilidade não é o único problema com a irritabilidade e a competitividade. Estágios avançados de irritabilidade e competitividade também podem dar origem à frustração, um sentimento do chakra laríngeo (que surge quando a energia vital desse chakra se esgota). Quando a mente entra em cena em razão do dosha de hiperatividade, o sentimento de frustração aumenta. O aumento repetitivo da frustração se expressa como uma doença do chakra laríngeo, como a asma, se já houver um aumento conjunto de kapha-vata.

Se as emoções expressadas forem medo e insegurança, o chakra envolvido é o básico. Quando essa condição é ampliada pela mente, pode levar a doenças dos órgãos do chakra básico, como uma constipação grave e a síndrome do intestino irritável.

Quando o sentimento envolve o chakra sexual, como no caso da luxúria insatisfeita, a amplificação mental dá origem a doenças nesse chakra, causando o mau funcionamento do caminho até a bexiga. O aumento da bexiga, responsável por problemas urinários como a ida frequente ao banheiro à noite para urinar, comum em homens com 60 anos ou mais, é uma doença desse tipo.

Eu (Amit) tinha um amigo na faixa dos 60 anos que guardava fotos de modelos nuas da *Playboy* em sua escrivaninha com um cartaz que dizia: "Velhos safados também precisam de amor". Ele tinha razão. O amor é um remédio preventivo para todas as expressões orgânicas do mau funcionamento do sistema imunológico.

Supressão das emoções

Quando a consciência suprime uma emoção através da intermediação do cérebro e sua conexão com os órgãos físicos mediante nervos e neuropeptídeos, os movimentos do corpo vital no chakra correspondente são suprimidos, afetando as funções fisiológicas dos órgãos físicos dali. Isto é que causa o efeito somático, a experiência da doença em um órgão específico em resposta a um estressor. Em particular, se a emoção do amor é suprimida, o sistema imunológico não funciona bem. Podemos ter câncer.

O mau funcionamento do sistema imunológico também é responsável por doenças autoimunes como artrite na articulação do joelho, mas é mais complicado do que isso. A maneira como o sistema imunológico reconhece as células de um órgão do corpo como "mim" é deixar um marcador no órgão no início do desenvolvimento. Todavia, se o órgão muda fisicamente devido ao desgaste, como a junta do joelho, o marcador torna-se inútil e o sistema imunológico defeituoso não consegue identificar as células do órgão como pertencentes ao próprio corpo; então, ele as ataca.

A supressão no chakra frontal pode ser responsável por dores de cabeça causadas por tensão e enxaquecas, até depressão. E a supressão no chakra coronário leva a doenças peculiares relacionadas com o lobo parietal e imagens físicas do corpo.

Sabe-se que algumas adolescentes são extremamente atentas aos seus corpos (o que é exacerbado ainda mais pela atual cultura do Instagram), a ponto de chegarem até a passar fome e morrer — a doença da anorexia.

Como funciona a bioenergética? A dinâmica de supressão-repressão costuma ser memorizada nos músculos, pois quando nos pomos na defensiva, a tendência é tensionar os músculos. Quando reprimimos a experiência mental-emocional, também reprimimos a tensão muscular, e os músculos nunca chegam a relaxar plenamente. Com isso, o músculo cria uma memória da emoção suprimida, uma memória na qual o músculo está fixado em certa posição e não consegue relaxar. Desse modo, a repressão da mente se traduz como a repressão da atividade muscular. Os músculos preservam uma "memória corporal", digamos, do trauma emocional suprimido.

Então, o que significa a supressão repetitiva de uma reação emocional em termos da memória da tensão muscular? A física quântica diz o seguinte: nas experiências subsequentes daquele estímulo, assim como a consciência não consegue causar o colapso de certos estados mentais de percepção-consciente da reação emocional, aquela memória muscular específica também não sofre colapso. Portanto, esse músculo em particular não é reativado por experiências emocionais subsequentes, pois o mecanismo de defesa mental está sempre ativado.

Essas emoções suprimidas e espalhadas pelo corpo dão origem a doenças graves, como a fibromialgia — um estado de dor muscular generalizada. Uma doença relacionada é a síndrome da fadiga crônica, da qual o principal sintoma no corpo físico é a fadiga total. Se os sentimentos são suprimidos em todos os chakras do corpo, praticamente todos os movimentos correspondentes do corpo vital serão suprimidos. Isso pode se manifestar como uma falta generalizada de vitalidade, explicando a fadiga crônica. Se a supressão dos sentimentos envolve mais as partes estruturais do corpo nas quais os órgãos estão inseridos, mas não os órgãos em si, a falta de energia vital pode ser sentida como a dor por todo o corpo: fibromialgia.

Um comentário: a dor é interessante, pois, como sensação, ela precisa ter uma conexão com a energia vital. Contudo, o papel dos nervos também é inegável, pois quando os dessensibilizamos (anestesia local), também dessensibilizamos a dor. Logo, a dor é uma sensação mentalizada, uma sensação conectada com a supressão do movimento da energia vital em qualquer parte estrutural do corpo e interpretada pela mente como dor, pois é desagradável. Essa é uma mentalização muito persistente, obviamente com milhões de anos de idade, e de muito valor para a sobrevivência.

Personalidade propensa a doenças

Existe algo como um tipo de personalidade que desenvolve uma doença específica da mente-corpo? As doenças cardíacas coronarianas, por exemplo, estão conectadas à personalidade tipo-A, pessoas que reagem rapidamente com raiva e hostilidade, especialmente hostilidade, a uma situação que causa estresse. Será que essa conexão é válida para outros tipos de doença em que a mente pode estar envolvida?

Em dado ponto, houve uma quantidade considerável de trabalhos conectando o câncer exclusivamente à personalidade tipo-B, associada à supressão da emoção e à não assertividade, até à desesperança. Mas o câncer também pode afligir a personalidade tipo-A, negando esta conclusão.

Na verdade, só há apoio clínico para a ideia de que existe algo como uma personalidade propensa a doenças. Os norte-americanos Howard S. Freidman e Stephanie Booth-Kewley se dedicaram ao estudo dessa conexão específica entre tipos de personalidade e asma, doenças cardíacas coronarianas, úlceras, dores de cabeça e artrite. Encontraram poucas evidências de uma conexão específica entre as doenças mencionadas acima e um tipo de personalidade. Em vez disso, seus dados mostraram a existência de uma personalidade propensa a doenças envolvendo depressão, raiva/hostilidade, ansiedade etc.

Essa descoberta é totalmente consistente com a ideia do dosha mente-cérebro. Algumas pessoas têm uma mistura de doshas mente-cérebro que se manifesta como personalidades com mais de uma disposição predominante para a emoção, tanto a supressão da emoção (depressão) quanto sua expressão (irritabilidade, hostilidade etc.). Tudo que podemos dizer sobre essas pessoas é que são propensas a doenças.

Pergunta e resposta

Se minha personalidade é propensa a doenças, não parece que sou responsável por minha doença? Devo me sentir culpado?

Autores: Esta é uma boa pergunta. Muitos professores da Nova Era certamente vão colocar a culpa pelas doenças sobre os ombros da pessoa acometida — "Por que você está se escondendo por trás dessa doença cardíaca?" —, mas, na verdade, como podemos saber se a doença foi produzida no nível mental, e não no vital ou físico? E, mesmo que tenha sido no nível mental, o responsável por alguém se encontrar um pouco indefeso é o ego condicionado. O fato é que, na maior parte das vezes, não sabemos, não podemos saber sem o poder da intuição profunda.

Ao mesmo tempo, o que nos impede de assumir a responsabilidade por nossa própria cura se queremos mesmo ser curados? Só quando assumimos essa responsabilidade é que poderemos, de fato, lidar com as técnicas de cura da mente-corpo, que dependem não só da sabedoria do nosso corpo, mas também de nossa criatividade.

O lendário dr. Hamer

Segundo o médico alemão dr. Ryke Geerd Hamer (1935-2017), não existem doenças reais; em vez disso, aquilo que a medicina estabelecida chama de "doença" é, na verdade, um "programa da natureza de significado especial" (em alemão, *sinnvolles biologisches Sonderprogramm*) ao qual pertencem bactérias, vírus e fungos; eles funcionam como resposta a seus conflitos emocionais. A teoria médica de Hamer pretende explicar doença e tratamento segundo essas premissas, removendo do cenário a medicina tradicional. A cura é sempre a solução do conflito. Alguns tratamentos, como a *quimioterapia* ou drogas que aliviam a dor, como morfina, são mortais, segundo Hamer.

O dr. Hamer estava estudando o câncer testicular de seu filho. Então, percebeu que, nas tomografias computadorizadas, todo paciente com câncer testicular ou ovariano tinha uma mancha escura. Ele concluiu que não só o câncer, mas todas as doenças, são provocadas por choques e traumas que afetam o cérebro. Mais tarde, chegou à conclusão de que diversos gatilhos emocionais de menor porte podem se acumular ao longo de anos ou mesmo décadas antes de se manifestarem como doença.

O dr. Hamer resumiu assim sua pesquisa de pós-doutorado na Universidade de Tübingen, na Alemanha, em outubro de 1981: "Procurei o câncer na célula e encontrei-o na forma de uma codificação errada do cérebro".

O dr. Hamer é a primeira pessoa que pode proporcionar evidências científicas de que as doenças não se originam em um órgão/tecido, como se presumia antes, mas no cérebro, como o resultado de choques e conflitos inesperados. O resultado de sua pesquisa é um detalhado diagrama científico (um mapa do cérebro) que indica exatamente a área do cérebro que controla uma doença específica e a qual tipo de conflito específico o sintoma físico está relacionado biologicamente. O método de análise da tomografia cerebral proporciona uma ferramenta bastante confiável, tanto para diagnóstico quanto para prognóstico, e não é aquilo que "Hamer precisava desesperadamente para reconquistar sua posição na sociedade médica", escreveu Caroline Markolin, uma doutora em literatura alemã que depois se tornou expoente da Nova Medicina de Hamer. Pode mesmo haver tais programas em nosso cérebro? Se sim, o que os produz?

A mentalização desnecessária dos sentimentos pode ser nociva à nossa saúde

Um sentimento é um sentimento é um sentimento. Não é intrinsecamente bom nem ruim. O valor que atribuímos aos sentimentos, bem como a nossos gostos e aversões, é criado pela "tarefa" mental de atribuição de significado a tudo que são capazes de processar. Essa é uma maneira pela qual mentalizamos sentimentos de valor neutro.

Os antropólogos americanos descobriram que alguns esquimós nativos que conheceram não tinham uma palavra para traduzir a raiva. Isso deve significar que a raiva, como expressão emocional, não fazia parte da tradição social do mundo desses esquimós. Naturalmente, isso mudou depois da interação com os antropólogos: eles precisaram inventar uma palavra para expressar a raiva e descrever a irritabilidade e as frustrações ao comentarem o comportamento dos antropólogos.

Veja um sentimento como o medo. Se um tigre se aproximar de meu ambiente próximo, medo — o surto de energia vital sai de meus chakras umbilical e básico — libera em mim a adrenalina física que ajuda em minha reação de "fugir" ou (raramente em casos como esse) "lutar". É um sentimento necessário para a sobrevivência de nossa espécie, e, sem dúvida, a evolução ajudou a fazer disso um instinto. Mas e se você tem a fantasia de que há um tigre na sua sala de visitas, que na verdade é seu chefe, e fica com medo como resultado de sua fantasia? Surge um arrepio no seu corpo (medo) e um frio no estômago (ansiedade) por causa de sua fantasia, e um surto de adrenalina (reação do estresse) também, mas tudo é um caso de mente sobre o corpo vital, uma mentalização desnecessária de um sentimento que, em outro momento, é útil e natural. Perceba ainda que até as pessoas mentalmente preguiçosas não conseguem evitar problemas de saúde decorrentes de emoções fantasiosas.

capítulo 11

a ciência quântica do chakra cardíaco e o câncer de mama em mulheres

Já cobrimos a teoria da doença crônica como doença da mente--corpo, então, neste capítulo iremos falar de alguns casos específicos desse fenômeno. Eu (Amit) tive problemas sérios de estilo de vida antes de me dedicar seriamente à construção da alma. Sofri de síndrome de intestino irritável, úlcera do estômago e doença cardíaca coronariana. Agora, estou com mais de 80 anos, e o Alzheimer é uma ameaça real. Entretanto, o câncer de mama é a doença que teve um papel crucial na descoberta da ciência do coração e, por isso, começarei por ele.

A ciência do coração, amor e câncer

O sentimento do amor está associado ao chakra cardíaco. Será que podemos sentir com o chakra cardíaco tal como pensamos com o neocórtex, como um *self* que vivencia um sentimento separado de si mesmo? Assim como vivenciamos um pensamento separado do "eu" que é nossa consciência que se identificou com o cérebro, há um *self* associado ao chakra cardíaco? A resposta está no evocativo romance de Antoine de Saint-Exupéry, *O pequeno príncipe*:

> *Só se vê bem com o coração, o essencial é invisível aos olhos [e ao cérebro].*

171

A resposta é sim, o coração tem um *self*, e a neurociência tem demonstrado novas evidências que apoiam essa ideia.

Eu (Amit) venho estudando a consciência experimentalmente através de várias práticas espirituais — algumas tradicionais e outras, originais — e, intelectualmente, através da física quântica, há mais de quarenta anos. Com o tempo, minha exploração levou à descoberta de uma ciência para a autoidentidade do coração.

A conversa sobre o amor e o coração tem muito a ver com uma das mais temíveis doenças dos tempos modernos: o câncer, que hoje é a segunda doença mais letal e crônica. E, ao contrário das doenças cardíacas, até agora sabemos muito pouco sobre a causa exata do câncer.

Quando comecei a minha pesquisa, o que sabíamos era que certas células de certo órgão, que chamaremos de células rebeldes, começavam a sofrer mutação quando se dividiam. As primeiras divisões não mostram muitas anormalidades, mas da quarta divisão em diante, aproximadamente, fica claro que, de algum modo, a célula se livrou da "tampa" do cromossomo, uma tampa que estabelece um limite para o número de vezes que a célula pode se dividir (em torno de cinquenta para uma célula humana normal). Fazendo experimentos com culturas de células humanas em tubos de ensaio, o médico norte-americano Leonard Hayflick descobriu que as células humanas só podem se dividir umas cinquenta vezes, não mais.

A célula sem tampa é considerada "potencialmente cancerígena", pois pode continuar a se dividir indefinidamente. Mas o ponto exato em que se torna cancerígena e o que causa isso são questões ainda envoltas em mistério.

Igualmente misteriosa é a razão para um câncer que começa em um órgão e passa para outro durante a metástase. Ele simplesmente o faz e, ao fazê-lo, não muda seu caráter. Uma célula cancerígena que começa no fígado é sempre uma célula do fígado, mesmo quando aparece em outro órgão.

Isso é fácil de entender quando aceitamos o conceito de campo litúrgico associado à célula cancerígena sendo o responsável por seu comportamento irregular. O campo litúrgico é a fonte do software vital que controla a função celular. Em última análise, quem causa essa mutação nociva do campo litúrgico é o *self*.

Lembre-se, a consciência é benevolente; ela acompanha sua intenção quando você presta atenção. Contudo, se você não presta atenção, ela funciona com base em seu comportamento médio. Por isso, se você não está prestando atenção, as predisposições genéticas, e talvez o karma de vidas passadas, irão determinar o destino das células do seu corpo. A medicina preventiva, que presta atenção na sua saúde, é a solução. Mas prestar atenção é algo mais fácil de conceituar do que de pôr em prática em todos os contextos diferentes que a vida nos apresenta.

Naturalmente, sabemos muito pouco sobre a cura do câncer. Cirurgia, tratamento por radiação ou a perigosa (por causa dos efeitos colaterais) quimioterapia são procedimentos que normalmente prolongam a vida do paciente, mas reduzem sua qualidade de vida, e nenhum dos tratamentos pode dar qualquer garantia de que o paciente será curado. A questão da qualidade de vida faz com que muitos pacientes nem sequer iniciem o tratamento por quimioterapia.

Em termos estritos, o tratamento do câncer através da medicina moderna, a alopatia, só oferece um pouco mais de tempo, mas não é um tempo com qualidade. A medicina alopática é uma medicina de emergência. E seria bom ter alternativas à disposição, especialmente alternativas que realmente podem curar e restaurar a inteireza.

Na década de 1960, os Beatles cantaram: "Só precisamos de amor". No entanto, esses tempos eram imaturos, e os hippies interpretavam o amor de maneira muito física. Hoje, com a ajuda de um novo paradigma da ciência nascendo nas últimas décadas, baseado na física quântica e na primazia da consciência, conhecemos muito mais sobre o amor. Todos nós conhecemos a frase: "O amor é uma coisa muito esplendorosa". Mas o que talvez você não saiba é que um dos muitos esplendores do amor é a forma como ajuda a prevenir certos tipos de câncer, talvez até todos os cânceres. Outro modo de dizê-lo é: é muito perigoso bloquear as energias do amor, pois isso pode lhe causar câncer. No entanto, se cultivamos e exploramos o coração até nos rebelarmos em nossa identidade com ele, é pouco provável que o câncer nos afete.

Antes, fizemos uma conexão entre o amor e o chakra cardíaco, que também envolveu a importante glândula timo, uma parte crucial do sistema imunológico. Suspender momentaneamente o sistema imunológico permite-nos amar. Bloquear as energias do amor no chakra do coração provoca um distúrbio no sistema imunológico. Por quê? Será que o amor dá ao sistema imunológico um merecido descanso? Talvez, privar de descanso o sistema imunológico seja como privar o neocórtex de um sono profundo. O neocórtex precisa de um repouso periódico do grande trabalho de representação da consciência manifestada no cérebro. Será que o mesmo acontece com o sistema imunológico?

No começo de minha pesquisa, postulei a existência da autoidentidade no chakra cardíaco. Se o bloqueio do repouso for longo, o distúrbio no sistema imunológico fica tão grande que o sistema imunológico não consegue mais matar células "estrangeiras" e potencialmente cancerígenas no corpo, levando à malignidade. Isso me levou a uma teoria preliminar sobre o câncer.

É muito difícil penetrar no *establishment* médico convencional, e, infelizmente, isso não é menos válido para o *establishment* da medicina alternativa, embora em menor grau. Comecei a receber alguns convites para dar palestras depois que meu livro, *O médico quântico*, foi publicado, especialmente após a segunda edição, para a qual Deepak Chopra escreveu o prefácio.

Avançamos até 2012, ano em que eu (Amit) fui convidado para uma conferência organizada por um especialista em medicina tradicional chinesa — MTC. Depois de dar a minha palestra, o especialista me convidou para uma conversa particular. Ele estava muito preocupado com a prevenção do câncer de mama nas mulheres, disse, e compartilhou alguns de seus resultados preliminares. Seus dados me surpreenderam.

Esse praticante da MTC alegou que, se as mulheres prestarem atenção no fígado e no estômago, bem como nos meridianos que conectam o fígado e o estômago ao chakra cardíaco, podem prevenir o câncer de mama. Quando os praticantes da MTC dizem fígado, não estão se referindo literalmente ao fígado. Querem dizer a contraparte vital ou o software vital do fígado — o fígado-V. O meridiano do fígado conecta a contraparte vital do fígado às contrapartes vitais dos órgãos do chakra do coração. Até aqui, eu pude decifrar. Também fiquei surpreso, porque achava que o câncer se relacionava aos cuidados com o sistema imunológico e ao repouso adequado, e aqui estava o bom doutor em MTC falando de fígado, estômago e meridianos.

Naquela época, meu principal interesse era o ativismo quântico — um movimento para mudarmos o *self* e a sociedade com os princípios aprendidos com a visão de mundo quântica. Por isso, no começo, não prestei muita atenção nos novos dados. Depois, aconteceu outra sincronicidade. A atriz norte-americana Angelina Jolie estava passando por uma mastectomia dupla, o que na época gerou muitas manchetes. Não, ela não estava com câncer de mama; a cirurgia fora totalmente preventiva, porque seu oncologista lhe havia avisado que ela tinha 86% de chances de desenvolver câncer de mama em função de uma predisposição genética.

Esse episódio me deixou triste com os preconceitos do *establishment* médico. Por outro lado, senti admiração por Angelina Jolie, cuja coragem e amor por seus filhos levaram-na a se submeter a uma mastectomia radical.

E, francamente, os resultados notáveis sobre prevenção do câncer de mama do praticante de MTC — prestando-se atenção às contrapartes vitais do fígado e do estômago e dos meridianos que se conectam ao chakra cardíaco — eram estritamente empíricos. Ainda não existia uma teoria sobre a razão para isso funcionar e, por isso, senti-me motivado a encontrar uma teoria.

Agora, apresentamos esta nova pesquisa, bem como um novo olhar sobre descobertas mais antigas. A conclusão da pesquisa é aquilo que você já deve ter percebido: existe uma potencialidade do amor esperando em cada um de nós para ser manifestada como um *self*, centrado em torno do chakra cardíaco. O movimento rumo a essa concretização nos leva à inteireza espiritual; o movimento para longe dela, caso seja intenso, culmina em doenças, inclusive câncer, doenças do coração, doenças autoimunes e até depressão. Os órgãos do chakra cardíaco — a glândula timo e o sistema imunológico, além do coração, claro — não estão sozinhos nisso. O fígado e o estômago — órgãos do chakra umbilical da autoestima — também estão envolvidos na produção de um forte *self* do coração, que não só tem o amor pelo outro como também a autoestima.

Na Idade Média, embora seja fato que a maioria das pessoas vivia como servos e que sua vida material era uma luta contínua, também é fato que viviam segundo estruturas familiares e sociorreligiosas que reconheciam tacitamente a importância do amor para o bem-estar de todos. Aquilo que, hoje, os praticantes da medicina mente-corpo chamam de estresse mental é, em sua maior parte, a ausência do amor na vida das pessoas, especialmente quando estão idosas. Esta é a principal razão para vermos o anacronismo da expectativa aumentada de vida e uma qualidade de vida muito reduzida na idade provecta das pessoas. Concluímos que a medida preventiva mais importante é o amor. A visão de mundo quântica ajuda você a ver isso com clareza e a escolher. Amar ou não amar é a questão crucial para seu bem-estar, especialmente em sua velhice (veja o Capítulo 16).

Finalmente, uma palavra sobre predisposição genética. Agora, sabemos que isso significa que existe uma grande probabilidade de que alguma célula rebelde se livre da lacuna celular que impede as células de se dividirem indefinidamente.

Porém, a consciência só recorre com o colapso do comportamento probabilístico, quando não estamos prestando atenção e só quando, por algum motivo, estamos confusos sobre a intenção de cura. O que essa abordagem quântica baseada na consciência sugere é que a predisposição genética pode ser impedida de se tornar fato se prestarmos regularmente atenção na manutenção da intenção de cura.

O coração tem um *self*?

Quando eu (Amit) desenvolvi, pela primeira vez, uma explicação científica para os chakras, na década de 1990, e até quando escrevi sobre isso em *O médico quântico*, achei que deveríamos ser capazes de vivenciar sentimentos puros em todos os chakras, não apenas no neocórtex, que é o sexto chakra contando de baixo para cima. Achei que seria apenas a falta de sensibilidade que nos impediria de ter essas experiências. E estava preparado para dar à fêmea de nossa espécie o benefício da dúvida. Como parece que as mulheres sempre conversaram muito sobre sentimentos e coração, achei que elas talvez fossem mais sensíveis do que os homens e que seria por isso que falam tanto do coração.

Entretanto, nosso *self* de experiências está preso a um compromisso com uma hierarquia entrelaçada que exige aparatos de cognição e de memória como o neocórtex. Por isso, depois de pesquisar um pouco, concluí que não existe essa hierarquia entrelaçada nos chakras e que, por isso, nossa experiência visceral do sentimento do amor precisava esperar até a mente atribuir significado ao sentimento e a medição quântica da hierarquia entrelaçada acontecer no neocórtex; só então experimentaríamos o sentimento, sempre misturado ao pensamento, como uma emoção.

Mas espere: embora os homens costumem aceitar que seu *self* está centrado na cabeça, algumas mulheres afirmam que seu coração "conversa" com elas, porque elas sabem ouvi-lo. Seria uma simples metáfora para a emotividade feminina, ou haveria uma base científica para isso? Será que as mulheres se enganam pensando que vivenciam os sentimentos diretamente no coração? Talvez. Porém, muitas tradições místicas se referem à jornada espiritual como uma jornada rumo ao coração. Como assim?

Há mais do que uma metáfora aqui. Primeiro, temos a nova descoberta da psiconeuroimunogastrointestinologia: o cérebro tem uma comunicação permanente e de mão dupla com o sistema imunológico (do chakra cardíaco) e com o sistema gastrointestinal (do chakra umbilical).

Segundo, o sistema imunológico é o segundo órgão mais importante do corpo. Os cientistas estão descobrindo que o sistema imunológico tem certa autonomia.

Terceiro, todos sabem que o neocórtex precisa de sono todas as noites; a privação do sono é ruim, tanto para a saúde física quanto para a mental. É fácil conectar a glândula timo (do sistema imunológico) com o amor romântico; o romance ocorre quando a função de distinção entre o mim e o não mim do sistema imunológico é suspensa. Sendo assim, por que precisamos do amor? A resposta deve ser: para dar um descanso ao sistema imunológico. Se negamos repouso ao sistema imunológico, irá ocorrer o mau funcionamento desse sistema, o que pode levar a muitos transtornos, como doenças autoimunes, doenças cardíacas e câncer.

Perceba que, se nossa argumentação estiver correta, de todos os órgãos do corpo, só o neocórtex e o sistema imunológico parecem precisar de repouso regular. O que eles têm em comum? O neocórtex tem autonomia; também tem hierarquia entrelaçada e, portanto, adquire um *self*. O sistema imunológico tem autonomia, mas será que também tem um *self* e hierarquia entrelaçada? Iremos olhar isso mais a fundo.

Uma surpresa recente da neurociência foi a descoberta de neurônios no chakra cardíaco. Não existe dúvida de que há um sistema de cognição nesse ponto, pois o sentimento do amor é uma excelente forma de cognição. Com o feixe de nervos disponível, há também a capacidade de criar memória. Cognição e memória — os dois sistemas que formam uma hierarquia entrelaçada — estão incluídos no chakra cardíaco. Portanto, esse chakra possui um *self*: o chakra cardíaco pode manifestar experiências — sentimentos puros — sozinho, sem a ajuda do cérebro.

Há muito a se enfatizar sobre o coração. Para mim (Valentina), a energia vital e práticas de meditação sobre o coração (como as práticas do perdão e da gratidão) são a principal maneira de curar e, ao mesmo tempo, despertar a espiritualidade. A jornada de ser e de começar a manifestar seu potencial humano começa quando despertamos o coração — nosso coração espiritual, é claro.

Mais recentemente, os neurocientistas também descobriram outro pequeno "cérebro", outro grande feixe de nervos, no chakra umbilical. Esse chakra tem um aparato de cognição; ele identifica o sentimento do autorrespeito ou da autoestima. Seu pequeno cérebro proporciona-lhe um aparato de memória. A combinação forma uma hierarquia entrelaçada e manifesta uma autoidentidade centrada no umbigo.

Na cultura japonesa, o centro do umbigo é chamado de *hara*, o *self* do corpo; uma cultura espiritual, no mínimo, reconhece esse centro do *self* há centenas de anos. Para sermos justos, até na nossa cultura moderna as pessoas criativas falam de uma "sensação no estômago" que lhes diz algo sobre a veracidade de uma experiência intuitiva.

A pergunta importante é: por que não escutamos a pequena voz do coração e a pequena voz do chakra umbilical, esses sentimentos puros associados à manifestação da experiência nesses chakras? Cremos que isso tenha relação com a evolução e a cultura, e talvez seja o principal fator de contribuição para a diferença entre homem e mulher.

Desse modo, se não existe amor na vida da pessoa, a função do sistema imunológico nunca fica suspensa, e a ocorrência prolongada disso pode produzir transtornos do sistema imunológico. Para uma mulher, certas situações, como o luto, podem levar a uma suspensão prolongada do amor em sua vida e daí ao mau funcionamento do sistema imunológico. Isso, por sua vez, pode causar o câncer de mama.

A identificação da ausência do amor como a fonte do mau funcionamento do sistema imunológico nos dá apoio adicional a nosso esforço para compreender o câncer e traz ao primeiro plano o papel da mente como causa de bloqueios da energia vital. Deixar o chakra cardíaco sem amor — a menos que sua satisfação só seja adquirida com o parceiro desejado, e mais ninguém — costuma ser uma decisão mental que suprime o sentimento do amor pelo outro. Assim, certos tipos de câncer, particularmente o câncer de mama, podem ser reconhecidos como doenças da mente e do corpo.

Mais uma vez, sob a perspectiva de doenças da mente e do corpo, a melhor política para se lidar com o problema é a prevenção. Historicamente, as pessoas eram estimuladas a ficar de luto por mais tempo do que o fariam naturalmente. O apoio da família compensava parte do amor romântico que se fora. Hoje, com as conexões familiares enfraquecidas, com um ambiente propenso ao câncer e o aumento exponencial ao estresse emocional, deveríamos fazer o contrário, desestimulando o luto prolongado.

Essa ideia pode ser testada. Basta fazer um estudo clínico para verificar se é verdade que mulheres enlutadas mostram maior incidência de câncer de mama.

Novos caminhos para diagnósticos

O câncer de mama que é causado por bloqueios da energia vital no chakra cardíaco pode ser diagnosticado com um procedimento bem simples e não invasivo. Durante algum tempo, a fotografia Kirlian, imagens da pele feitas através de fotografia de contato e eletricidade de alta voltagem, foi capaz de transmitir informações sobre nossos estados emocionais. A foto Kirlian funciona porque os biofísicos descobriram que, além do corpo bioquímico, temos um corpo eletromagnético na pele. Como todos os órgãos, a pele também tem um correlato vital cujos movimentos estão conectados com os movimentos vitais dos correlatos de órgãos dentro do corpo. Dessa forma, uma fotografia elétrica Kirlian da pele na área do chakra cardíaco pode nos revelar se há bloqueio da energia vital nesse ponto.

Há relatos de médicos na Índia que já estão detectando o câncer de forma bem precoce usando essa técnica, com resultados confirmados posteriormente por biópsia, e foram criadas etapas para a cura com índices de sucesso imensamente maiores na eliminação do câncer.

Ouvi especificamente relatos sobre um dr. Chauhan, da Índia, que procurou, e encontrou, evidências de bloqueios da energia vital em muitas mulheres enlutadas através de medições feitas por fotografia Kirlian. Depois, ele testou essas mulheres com biópsias e, em muitos casos, foi capaz de intervir precocemente e impedir que as mulheres tivessem de se submeter a mastectomias.

A última peça do quebra-cabeças

Ainda falta um enigma: o amor acontece quando o sistema imunológico está suspenso momentaneamente, quando paramos de nos defender e nos tornamos vulneráveis a um parceiro (em potencial). Mas toda experiência exige o colapso ou a manifestação concreta de nova potencialidade para o software de algum órgão. O coração não é apenas uma bomba de sangue.

Esse assunto ficou claro para mim (Amit) quando Valentina, um dia, chamou minha atenção para os dados, já citados, do Heart Math. Quando amamos, os movimentos do coração tornam-se mais coerentes, conforme mostram medições de eletrocardiogramas. A coerência é um sinal garantido de comportamento quântico. Bingo! É o coração, afinal, que se eleva até uma nova função: o amor. O coração está onde o *self* está: no chakra cardíaco.

Conectando tudo: uma teoria completa sobre a forma de prevenir o câncer de mama

Agora, iremos analisar a revelação que esses novos dados e a ciência quântica nos oferecem. Não só o coração tem um *self*, como também o chakra umbilical. Acrescente a isso a dicotomia homem-mulher: os homens têm o umbigo forte, mas o coração fraco; as mulheres têm o oposto — o coração forte, mas o umbigo fraco.

O coração forte dá às mulheres a capacidade de amar o outro. Infelizmente, o umbigo fraco significa que as mulheres carecem da capacidade de autoestima, para não falar em amor-próprio. Equilibrar os dois chakras proporcionaria a capacidade de amar o outro e a capacidade de amor-próprio também.

O que o médico e professor de medicina tradicional chinesa, Nan Lu, faz com seus estudantes equivale a equilibrar o funcionamento do coração e do chakra umbilical. Essa nova maneira de ver as coisas nos dá meios alternativos de prevenção, usando, por exemplo, tai chi, chi kung, pranayama e muitos outros exercícios de energia vital para equilibrar os dois chakras.

Por que as células se tornam rebeldes?

O mistério do coração está resolvido, mas resta ainda um mistério final: por que as células de um órgão se tornam rebeldes, desafiando o limite de Hayflick de divisões celulares? Com a ciência quântica nos guiando, podemos dar uma explicação.

Uma grande pista vem de estudos que provam conclusivamente a conexão entre o fumo e o câncer do pulmão e da garganta. Podemos generalizar: o abuso de um órgão contribui para o câncer daquele órgão. O que o abuso faz? Prejudica o funcionamento regular do órgão; a disfunção de um órgão traduz-se como a desconexão entre a fisiologia do órgão e o software vital; quanto mais disfunção, mais desconexão.

A consciência se liga com um órgão via conexão vital-física. Quando essa conexão é comprometida, o mesmo acontece com a conexão entre a consciência e o órgão como um todo.

No entanto, a consciência ainda consegue se conectar com as células individuais do órgão, a consciência celular que cuida dos interesses da célula; em outras palavras, abre-se espaço para que a célula se rebele.

capítulo 12

lição 3 da medicina preventiva: como lidar com a mentalização

O que podemos fazer para prevenir a mentalização errada desde o início? Esse é o tema da próxima lição preventiva.

Sabendo que o significado errôneo contribui para nossas doenças e males, se você ficar doente, pode ter até a tentação de se perguntar se a doença não poderia ter sido causada por você e se você deve ter a culpa. Pensar dessa maneira, só irá piorar sua situação.

Se o significado é uma coisa inerente ao modo como a mente se dedica a processar as coisas se estamos indefesos atribuindo significado que provocam doenças a nossas experiências no mundo, inclusive as doenças de que sofremos, qual é a melhor estratégia para lidar com a mente? Algumas pessoas acham que pensar objetivamente na doença é o melhor a se fazer, segundo esse ponto de vista. Mas, como lembra corretamente o médico norte-americano Larry Dossey, em seu livro *Meaning and Medicine*, negar o significado também significa atribuir significado negativo.

Negar o significado de nossas doenças é como os ateus que negam a existência de Deus — eles ficam mais obcecados do que o necessário. Se ao menos pudéssemos ser realmente agnósticos.

Então, qual é a boa estratégia? Como disse o filósofo grego Epíteto: "As coisas em si são sempre neutras; é a percepção que temos delas que as torna positivas ou negativas". Se aplicamos um significado mental negativo a um evento, isso causa uma incongruência com nosso estado normal de felicidade. Em vez disso, imagine que interpretamos tudo de forma a manter a congruência.

Swami Sivananda, místico da Índia Oriental, forneceu uma maravilhosa estratégia geral para lidarmos com a mente que atribui significado, e iremos compartilhá-la com você.

Um rei tinha um ministro de quem gostava bastante, exceto por uma coisa que o irritava muitíssimo. O ministro tinha o hábito de dizer: "Tudo que acontece é para o bem", independentemente do que ocorresse com ele, bom ou ruim. Um dia, o rei cortou o polegar enquanto se distraía com uma faca e o ministro, que estava por perto, disse prontamente:

— Tudo que acontece é para o bem.

Esse comentário deixou o rei furioso e ele mandou o ministro para a cadeia. Para se consolar, o rei foi caçar sozinho na floresta.

E, veja só, ele deve ter ido bem longe das fronteiras do reino, pois encontrou guerreiros de uma tribo que o capturaram. Infelizmente para o rei, eram de uma tribo que sacrificava seres humanos à sua divindade. Assim, o rei foi levado até o sacerdote para ser oferecido como sacrifício humano. O sacerdote da tribo, porém, ao banhar o rei em preparação para sua morte, descobriu o corte no polegar. Como pessoas com defeitos não podiam ser oferecidas à divindade, ele rejeitou o rei, que foi solto.

No caminho de volta ao palácio, o rei pensou muito sobre o que acontecera e percebeu que o ditado do ministro estava correto; de fato, o corte no polegar salvara sua vida. Por isso, assim que voltou, mandou soltar o ministro e lhe disse:

— Você estava certo a meu respeito; afinal, tudo que aconteceu comigo foi para o meu bem. Mas eu o mandei para a masmorra por aquilo que você disse, algo que parece não ter sido para o seu bem. Como explica isso?

O ministro respondeu:

— Oh, grande rei. Quando me mandou para a cadeia, também salvou a minha vida. Do contrário, eu o teria acompanhado na caçada, teria sido feito prisioneiro e, como não tenho máculas, teria sido oferecido como sacrifício humano.

Os adeptos da Nova Era encontrarão nessa história uma receita fácil de inteligência emocional, mas a pergunta é: como o ministro desenvolveu essa atitude? A resposta é muito reveladora. Certamente, não é fácil.

Meditação: isso também irá passar

Quando crianças, não temos muito controle sobre a maneira como crescemos. Assim, sempre haverá pessoas com doshas cerebrais variados, a menos que mudemos drasticamente a sociedade como um todo, especialmente na área da criação dos filhos e de sua educação.

Como adulto, você pode mudar seu estilo de vida. Há alguma alternativa para lidar com as emoções, além da supressão e expressão e do conselho superficial da Nova Era, que só diz: "Manifeste a intenção de que tudo está bem e a negatividade irá embora"? Sim, há: a meditação.

As emoções negativas são reações automáticas envolvendo a amígdala e contornando o neocórtex. A meditação desacelera a psique e os órgãos do cérebro, que é uma de suas maiores virtudes. Com isso, quando o neocórtex entra em cena, ganhamos tempo para observar sua reação ao estímulo que surge quando agimos.

Claro que a reação emocional negativa é rápida e inconsciente. Assim, também precisamos que alguns circuitos cerebrais emocionais positivos entrem em ação. Precisamos deles para cultivar práticas como doação, perdão etc. através da transformação. Com isso, lentamente, com a prática, podemos perceber que a reação, supressão ou expressão passam; não precisamos nos apegar à resposta condicionada e acionar os órgãos motores do cérebro. Em outras palavras, podemos usar a liberdade de dizer não a continuar no estado de escolhas condicionadas de ação. Com o tempo, podemos formar muitos circuitos cerebrais envolvendo o hipocampo e contornando a amígdala — muitos circuitos cerebrais emocionais positivos em uma área do cérebro chamada córtex cingulado anterior — usando o processo criativo e tornando-os disponíveis sem esforço, a ponto de neutralizar basicamente os circuitos da amígdala. Isso faz com que o processo do retorno ao equilíbrio após um abalo emocional seja mais rápido.

Essa maneira de lidar com estressores pode eliminar uma fonte importante de sua insatisfação com a atual sociedade individualista, contribuindo muito para sua felicidade e saúde geral.

Podemos aprender a não mentalizar emoções? Desacelerar a mente permite-nos examinar com mais clareza o modo como atribuímos significado a um sentimento específico e perceber, após alguma prática, que não precisamos atribuir o significado condicionado a um estressor. O medo que temos do chefe não precisa ser o medo que temos de um tigre.

Ainda de modo geral, há mais estressores em nossas vidas por causa do estilo materialista de viver com padrões elevados, obrigando-nos a ter empregos que não nos satisfazem. Você veio para esta encarnação em uma sociedade economicamente avançada, que requer muito rajas. Isso mostra que você é uma alma "antiga". Provavelmente, decidiu explorar um *dharma* — um arquétipo preferido — nesta vida. Mas o ambiente sociocultural o impede de seguir seu dharma. Se isso lhe parece familiar, procure ficar atento ao seu dharma. E, se você descobrir seu dharma, o arquétipo que escolheu, tente segui-lo; isso lhe trará felicidade.

Mesmo que todo esse esforço para explorar seriamente um arquétipo não se encaixe com seu estilo de vida, leve em conta a questão da congruência: sincronize sua vida com a maneira como você se sustenta.

Falando mais sobre como evitar a mentalização

A mente procura controlar naturalmente a área vital de nossa experiência atribuindo significado a sentimentos de significado neutro — mentalização. O truque consiste em mudar esse padrão de hábito para que a mente possa se voltar para o supramental, onde ela é a serva.

Assim, observamos a maneira como mentalizamos nossos sentimentos e os padrões específicos de atribuição de significado que damos a eles. Quando descobrimos nosso padrão, com toda franqueza, ficamos abertos para a mudança. Lembre-se: para mudar um padrão é sempre melhor dar um salto quântico criativo.

Um salto quântico criativo da mente significa sempre uma mudança no contexto com o qual processamos significados. Nossos contextos tornam-se muito fixos porque o raciocínio funciona melhor dentro de um conjunto fixo de crenças — um sistema de crenças. Se apenas uma dessas crenças muda, todo o sistema pode ter de ser questionado. E o ego-mente condicionado odeia isso, receia isso.

O erro que cometemos é pensar que podemos mudar a forma de percepção de significados apenas lendo alguma coisa ou seguindo um professor, ou mesmo nos dedicando a uma prática; mas tudo isso é apenas uma preparação.

Você já esteve na aula de um mestre zen? Ele pode pegar um leque e lhe perguntar: "O que é isto?". Se você disser: "É um leque", ele responderá: "Vou bater em você", sugerindo, se você tiver sutileza suficiente para compreender, que o leque também pode ser usado para bater em alguém.

Mas espere: se você quiser usar esperteza, dizendo "É uma coisa para bater nos outros", o mestre zen ainda não irá ficar satisfeito. Ele pode dizer algo como: "30%", na melhor hipótese.

O que está acontecendo? Em seu famoso livro sobre zen, *Os três pilares do zen*, o autor norte-americano e mestre budista Roshi Philip Kapleau descreve o estado ao qual ele saltou após cinco dias em uma sala de meditação. Ele correu até seu professor, tirou o leque da mão dele e o golpeou com o objeto. Depois, coçou seu próprio corpo com o leque e o usou como uma balança. Todas essas traquinagens alegres e espontâneas não deixaram dúvidas, para o professor, de que o estudante estava agindo a partir de seu *self* quântico, um estado no qual nossas ações provêm da certeza, e não da astúcia.

Não podemos escolher a saúde por um mero desejo; isso seria astúcia. Quando você escolhe a saúde desde o espírito da exploração, as mudanças no estilo de vida começam a acontecer. Depois de um salto quântico criativo, obtemos um senso de direção que nos ajuda ainda mais. Quando damos um salto quântico de criatividade fundamental, temos certeza de nossa busca; só então somos capazes de dominar a energia para fazer as mudanças no estilo de vida que sabemos que são necessárias. Mas sabe de uma coisa? Tudo isso é uma jornada de felicidade, de bem-estar.

PARTE 3

LIBERANDO O PODER PLENO DA MEDICINA QUÂNTICA INTEGRATIVA

capítulo 13

lição 4 da medicina preventiva: nutrição

Este capítulo abordará a nutrição dos cinco corpos do ser humano através de um processo que chamamos de yoga quântica. Nesse contexto, yoga significa integração. Nossos vários corpos não são independentes um do outro; por isso, a nutrição apropriada para uma manutenção preventiva da saúde exige yoga. Como estamos usando princípios quânticos, yoga quântica.

Começamos pelo nível físico. Antes, porém, faça um exercício simples: desenvolva a percepção-consciente dos diversos estados pelos quais você passa durante um dia típico.

1. Tente se lembrar daquilo que lhe aconteceu durante o dia. Com que estado físico, emocional e mental você começou seu dia?
2. Que estados você vivenciou durante o dia?
3. Em que estado de espírito você se encontra agora?
4. Algum padrão energético ou de pensamento ficou se repetindo dentro de você?

O nível físico-vital

A alimentação é uma parte vital de nossa nutrição física, mas, nos últimos anos, temos recebido muitas informações conflitantes sobre o que comer e o que não comer. Como resultado, muitos perderam o contato com os sinais naturais do corpo; ocupamo-nos com o foco no exterior, sem ouvir o que nossos corpos estão pedindo lá dentro. As recomendações nutricionais dadas aqui não são regras às quais você precisa aderir. Essa jornada não significa "você precisa comer isto e não aquilo"; na verdade, mostra como ouvir seus cinco corpos, para saber do que precisam para sua nutrição, e depois agir de acordo.

O alimento serve tanto para a nutrição quanto para o prazer. Nossas células precisam de comida para se manter e se multiplicar, nossos órgãos precisam de nutrição para funcionar da maneira ideal e por isso são recomendados alimentos frescos e naturais, com boa energia vital. Todavia, nossos cérebros possuem circuitos de prazer, e se alimentos não nocivos, mas não ideais, atendem a esse propósito, ocasionalmente devemos ceder. O desafio é fazer com que essa extravagância ocasional seja a mais inofensiva possível.

Certas condições energéticas, como agradecer ou fazer uma prece antes de comer, também elevam a nutrição fornecida pela energia vital do alimento. Também é importante observar que pratos vegetarianos têm uma energia vital mais elevada (e, além disso, relativamente indiferenciada) do que alimentos não vegetarianos, e refeições vegetarianas frescas e não processadas também proporcionam uma digestão mais fácil. Quando nós, os autores, damos aula na Índia, fazemos três refeições vegetarianas agradáveis, com muitos carboidratos, sem beliscar muito entre uma e outra, e nenhum de nós, incluindo outros membros da equipe (principalmente ocidentais), ganha peso. A razão? Nós procuramos garantir a satisfação em todos os níveis. A refeição em si é fresca e balanceada, incorporando, quando possível, os seis sabores recomendados pelo Ayurveda: doce, ácido, pungente, adstringente, amargo e salgado. Como temos um mecanismo intrínseco que busca o prazer, essa combinação de alimentos, ajustada para uma ênfase pessoal de sabores segundo seu dosha-prakriti, é perfeita para oferecer o fator do prazer.

Precisamos nos lembrar de que, quando comemos carnes, não só estamos ingerindo todas as substâncias químicas que o animal recebeu antes de ser abatido como também o medo pelo qual ele passou antes e durante o processo de abate. (Mesmo depois da morte, que é a morte cerebral, os tecidos que comemos ainda preservam a integridade não local, que inclui sua correlação com o vital.)

Ainda temos de ter em mente o fator do prazer quando pensamos na quantidade a se ingerir. Todos nascem com a capacidade de sentir fome e saciedade, mas muitos perdem o contato com esses sinais naturais porque são influenciados por fatores externos e também emocionais. Adicionalmente, alimentos processados podem afetar nossa capacidade de sentir saciedade. Recomendamos que você pratique a sintonia com os sinais de fome e de saciedade do seu corpo. Leve em conta os seguintes pontos:

- Aprenda como é a verdadeira sensação de fome. O início da fome é gradual, lembre-se disso. Não coma segundo seu ritual se não estiver com fome.
- Com que frequência você faz lanchinhos? Quando os faz, está mesmo com fome?
- Você é dessas pessoas que nunca sentem fome? Isso pode acontecer se nossos padrões de refeição são instáveis e se comemos alimentos processados e não saudáveis. Uma das maneiras mais simples de superar isso consiste em estabelecer uma rotina de alimentação baseada na fome, focando a ingestão de alimentos frescos e não processados e evitando lanchinhos o máximo possível.

Entrar em sintonia com seu sinal de saciedade também pode exigir certa prática. Eis alguns pontos a considerar.

Nosso cérebro precisa de tempo para registrar que comemos aquilo que precisávamos comer; por isso, mastigar bastante, comer lentamente e sintonizar-se de vez em quando com seu nível de satisfação durante a refeição é uma boa ideia.

Há uma diferença entre estar confortavelmente cheio e sentir-se cheio. Muitos pensam que comer adequadamente traz a sensação de se estar cheio, mas na verdade você já terá comido demais. Quando está confortavelmente cheio, deve se sentir satisfeito em todos os níveis, mas, de modo algum, desconfortável. A sonolência após uma refeição é sinal de que comeu demais.

O sinal mais importante de que você não comeu demais é a sensação de expansividade que deve acompanhar cada refeição que o nutre. Preste atenção nisso sempre que comer. É então que o prazer cede lugar à felicidade.

Jejum

Todos têm um médico dentro de si; só temos de ajudá-lo a fazer o seu trabalho. O poder curativo natural [intenção] que todos temos dentro de nós é o maior poder que temos para nos sentirmos bem. Nosso alimento deveria ser nosso remédio. Nosso remédio deveria ser nosso alimento. Mas comer quando está doente é alimentar sua doença.

— Hipócrates

O jejum não recebeu a atenção que deveria no mundo da saúde e da medicina. É por isso que não dá para ganhar dinheiro com ele. Os estudos da ciência farmacêutica usados nas faculdades de medicina para ensinar os médicos sobre a saúde humana não focalizam o jejum o suficiente para que os médicos conheçam bem o assunto. Os médicos também aprendem muito pouco sobre nutrição e, por isso, são treinados para prescrever drogas.

Eu (Valentina) gosto muito de jejuns periódicos (especialmente durante equinócios e solstícios). Prefiro o jejum com água. Já vi os efeitos positivos do jejum em múltiplos níveis em termos de saúde. Temos até um grupo de jejum, e fica muito mais fácil jejuar quando fazemos isso em grupo. O corpo tem grande sabedoria; só precisamos dar-lhe uma pausa de vez em quando. É o mesmo princípio do *do-be-do-be-do* (fazer-ser-fazer-ser-fazer). O sistema digestivo precisa de uma pausa regular, que tem o efeito de provocar aquele "fogo" natural do corpo, despertando o quântico, e isso irá permitir que a saúde se eleve até um nível fisiológico superior.

Até mesmo estados emocionais negativos podem ser "limpos" através do jejum. Basta prestar atenção e observar todos os processos que acontecem no seu ser. A maneira como você inicia e termina um jejum é importante, e também aquilo que você faz, especialmente sua atitude durante o jejum. Há clínicas espalhadas pelo mundo (como na Rússia), nas quais, sob supervisão médica e testes de laboratório, pacientes se curam de algumas das piores doenças através do jejum. Geralmente, essas clínicas estão instaladas em florestas ou no meio da natureza. As pessoas jejuam e se reúnem para praticar yoga, sessões de tai chi, caminhadas pela natureza, danças e outras terapias naturais.

O dr. Jason Fung, nefrologista de Toronto, faz parte de um número crescente de cientistas e médicos que alertam para os imensos benefícios à saúde obtidos através do jejum. É uma das mais antigas intervenções dietéticas do mundo e vem sendo praticado há milhares de anos. Se o jejum feito corretamente fosse ruim ou nocivo, como sugerem alguns médicos, já saberíamos disso e não estariam aparecendo novos estudos mostrando os benefícios à saúde obtidos com jejuns regulares. Um estudo publicado na revista científica *Cell* mostra como uma dieta de jejum pode provocar a autorregeneração do pâncreas, controlando o nível de açúcar no sangue e revertendo sintomas de diabetes. Isso confirma a predição da ciência quântica que diz que, quando os órgãos digestivos do umbigo (estômago etc.) suspendem temporariamente sua função, o pâncreas dá um salto quântico até um nível funcional mais saudável, gerando a sensação de autoestima. Além disso, esses saltos quânticos devem ajudar a curar o diabetes tipo 2.

Mark Mattson, um dos mais destacados pesquisadores norte-americanos dos mecanismos celulares e moleculares por trás de transtornos neurodegenerativos múltiplos, como as doenças de Parkinson e de Alzheimer, mostrou em seu trabalho que o jejum pode exercer um efeito imenso sobre o cérebro e ajudar a prevenir, ou até reverter, os sintomas de transtornos neurodegenerativos múltiplos.

Outros estudos mostraram como o jejum chega a combater o câncer e provoca a regeneração de células-tronco. Não há absolutamente nenhuma evidência, para a pessoa média, de que o jejum seja perigoso. Se você toma medicamentos prescritos por médicos ou tem outros problemas médicos, então há exceções, obviamente. Mas está bem claro que o corpo humano foi idealizado para passar longos períodos sem comida e que isso é completamente natural.

> Por que a dieta normal consiste em três refeições diárias e lanchinhos? Não é porque seria o padrão mais saudável de alimentação; bem, esta é a minha opinião, mas creio que há muitas evidências para apoiá-la. São grandes as pressões para mantermos esse padrão de alimentação, há muito dinheiro envolvido. A indústria alimentícia — será que irá ganhar dinheiro se pularmos o café da manhã, como eu fiz hoje? Não, irá perder dinheiro. Se as pessoas jejuam, a indústria alimentícia perde dinheiro. E as indústrias farmacêuticas? Se as pessoas fizerem jejum intermitente, exercícios periódicos e se mantiverem com boa saúde, como a indústria farmacêutica irá ganhar dinheiro com pessoas saudáveis? (Mattson, 2022).

O dr. Jason Fung é coautor, junto com Jimmy Moore, do livro *The Complete Guide to Fasting: Heal Your Body Through Intermittent, Alternate- -Day, and Extended Fasting*. É um ótimo trabalho, que põe fim a receios e mitos associados ao jejum prolongado com água. O dr. Fung também publicou *O código da obesidade: decifrando os segredos da prevenção e cura da obesidade* (São Paulo: nVersos, 2018).

Recomendação para iniciantes

Os humanos vivem com um quarto daquilo que comem; com os outros três quartos, vive seu médico.

— Inscrição em pirâmide egípcia

Um tipo de dieta recomendado e testado por Michael Mosley, jornalista da BBC, para reverter seu diabetes, colesterol elevado e outros problemas associados à obesidade, é conhecido como Dieta 5:2. No plano 5:2, você corta a ingestão de alimentos para um quarto do número normal de calorias diárias durante dois dias de jejum (cerca de 600 calorias para os homens e cerca de 500 para as mulheres), consumindo bastante água e chá. Nos outros cinco dias da semana, come normalmente.

Outro modo é restringir a ingestão de alimentos ao período entre o meio-dia e as oito da noite, todos os dias, não comendo nada nos outros horários. Hoje em dia, essa dieta, conhecida como 16:8, está ficando popular. Eu mesmo (Amit) a uso não como dieta, mas como ritual regular de alimentação.

O jejum está despertando o interesse de muita gente porque, com essa mudança de consciência, traz a percepção-consciente de um mundo além deste físico. Esse domínio lida com experiências de quase morte, física quântica, parapsicologia, nossa natureza espiritual como um todo e a prova emergente de que somos mais do que este mero corpo, e que os seres humanos têm, de fato, uma natureza espiritual.

O fato de a ciência moderna, em muitos casos, estar se aproximando da sabedoria antiga é muito empolgante. Isso não está acontecendo apenas na neurociência e na física quântica, mas também nos cuidados com a saúde.

O biólogo celular japonês Yoshinori Ohsumi recebeu o Prêmio Nobel em Medicina por suas descobertas sobre a maneira como as células reciclam seu conteúdo, um processo conhecido como *autofagia*, expressão de origem grega que significa "comer a si mesmo". Tentar compreendê-la é um processo crucial. Durante a fome, as células quebram as proteínas e componentes não essenciais e as reutilizam como fonte de energia. As células também usam a autofagia para destruir bactérias e vírus invasores, mandando-os para a reciclagem, para se livrar de estruturas danificadas. Imagina-se que o processo fica descontrolado no câncer, doenças infecciosas, doenças imunológicas e transtornos neurodegenerativos. Também se acredita que distúrbios na autofagia podem ter algum papel no envelhecimento.

Mas pouco se sabia sobre como a autofagia se dá, quais genes estão envolvidos ou seu papel na doença e no desenvolvimento normal antes que o dr. Ohsumi começasse a estudar o processo em leveduras de panificação.

O processo que ele estudou é crítico para a sobrevivência das células e para nos mantermos saudáveis. Os genes da autofagia e os caminhos metabólicos que descobriu na levedura são usados por organismos superiores, inclusive os humanos. As mutações nesses genes podem causar doenças. Seu trabalho levou a um novo campo e inspirou centenas de pesquisadores do mundo todo a estudar o processo, inaugurando uma nova área de investigação.

Há cinco formas cruciais de ativação da autofagia: manter uma dieta rica em gorduras e pobre em carboidratos; limitar a ingestão diária de proteínas a 15 gramas; uma vez por semana, praticar jejum intermitente; fazer exercícios regularmente; e manter um sono reparador.

Cuidados com o corpo vital

Equilibrar o corpo vital entre a criatividade e o condicionamento — yin e yang — é extremamente importante para o bem-estar. Mencionamos antes que a supressão traumática da energia vital afeta significativamente o corpo físico, e que tanto a psicologia da energia como a medicina da energia são excelentes modalidades para nos ajudar a obter o equilíbrio da energia vital.

Embora o trabalho com a liberação de traumas possa requerer orientação específica, há exercícios de energia vital que todos podem fazer para ajudar a reequilibrar as energias. Apresentamos alguns exercícios a seguir.

Meditação sagrada

Comece esfregando as palmas das mãos uma na outra e depois afaste-as cerca de um centímetro (como no gesto de saudação *namaste*). Você poderá sentir um formigamento nas mãos, que é o movimento do prana (energia vital) na pele. Agora, estique os braços para que as palmas das mãos se voltem para o céu e chame toda a energia de cura que o universo (ou seja, toda a biota do universo) está lhe enviando. Isso irá energizar ainda mais as palmas das mãos, e agora você estará pronto para realizar uma cura prânica em um amigo.

Peça a seu amigo que se deite em uma posição confortável e que se mantenha receptivo ao processo. Então, aproxime as palmas energizadas de cada um dos chakras principais dele com a intenção de cura por um minuto, mais ou menos. Comece pelo chakra coronário e vá percorrendo todos os chakras sucessivamente (coronário, frontal, laríngeo, cardíaco, umbilical, sexual e básico). Lembre-se: não é necessário o contato físico.

Pranayama: respirando profundamente e com percepção-consciente

É preciso enfatizar bastante as práticas de respiração chamadas de pranayama nas práticas de limpeza dos chakras. As práticas de respiração também são essenciais para o equilíbrio dos chakras. Muitas pessoas respiram sem profundidade, sentindo a respiração predominantemente na garganta e no nariz, mas, quando focalizamos profundamente a respiração, essa irá até o estômago. Um desses exercícios consiste simplesmente em respirar profundamente e com percepção-consciente. Para este exercício, sente-se confortavelmente e inspire relaxada e lentamente, com foco, até o estômago, segurando cada respiração por alguns segundos enquanto observa o que acontece no seu corpo, e depois expire.

O movimento do prana no corpo vital é paralelo ao movimento do ar quando levamos oxigênio até os órgãos ao longo da espinha; essa é a base do pranayama. O objetivo dessas práticas respiratórias é controlar o movimento do prana entre os chakras; claramente, quando atingimos esse controle, os chakras podem ser equilibrados facilmente e mantidos nesse estado.

Quando desaceleramos o ritmo da respiração, também desaceleramos o movimento do prana entre os nadis (canais de condução da energia). Os nadis estão conectados aos chakras e, por isso, a desaceleração da respiração também ajuda a reduzir o ritmo dos órgãos nos chakras. Assim, não só temos uma percepção-consciente melhor do movimento prânico como também permitimos o processamento inconsciente e o colapso de novos movimentos do prana, melhorando até a chance de dar saltos quânticos criativos.

Respiração por narinas alternadas

Este é um grande exercício para ativar o sistema nervoso parassimpático, ajudando o relaxamento e a regeneração. Também ajuda a equilibrar os sistemas de energia do corpo. Obviamente, também ajuda a equilibrar um sistema nervoso simpático muito ativo quando estamos sob estresse.

Procure se sentar confortavelmente; relaxe e concentre-se na respiração normal. Você irá usar a mão direita, especificamente o polegar e o dedo anular, para este exercício. Feche suavemente a narina direita com o polegar e expire lentamente pela narina esquerda. Depois, use o dedo anular para fechar a narina esquerda e expire suavemente pela narina direita. Mantendo fechada a narina esquerda, inspire pela narina direita. Agora, feche novamente a narina direita com o polegar e expire pela narina esquerda. É um ciclo. Repita isso cinco vezes e depois volte a respirar normalmente.

Kapalavati ou "fronte radiante"

Sente-se confortavelmente e comece inspirando levemente, depois pratique a expiração forçada da respiração, usando apenas os músculos do estômago. Pratique isso de 20 a 40 vezes por minuto. Quando o exercício é feito de maneira correta (talvez você precise de um professor para ajudá-lo), é comum sentir falta de ar por alguns momentos ao parar. Dê-se um tempo para voltar à respiração normal. Perceba que, quando você está sem fôlego, também para de pensar. Esse estado sem pensamentos abre caminho para experiências do *self* quântico, e você poderá ter o sentido da intuição mais aguçado.

Há ainda outras práticas simples que você pode fazer e que irão ajudar a equilibrar a energia nos chakras. Andar descalço no solo ou na grama é muito bom para o chakra básico. A meditação do riso, que é a prática do riso ininterrupto, é muito boa para os chakras do umbilical e cardíaco. Para o chakra laríngeo, a expressão livre da criatividade, tal como o canto — mesmo que seja no chuveiro —, ajuda a equilibrar essa área.

Alternar a repetição focada de um mantra (meditação da concentração) e a observação relaxada do céu da mente (meditação de atenção plena, ou *mindfulness*) ajuda a manter balanceado o chakra frontal.

Chegando ao nível emocional primordial

As emoções não são nada más. Na sua base, são as energias primordiais que podem ser bem empregadas. De fato, a energia da iluminação vem da mesma fonte que dá à luz nossas paixões e emoções diárias.

— James Austin

Muitas pessoas são sensíveis às emoções, mas não percebem a mensagem da citação acima. A informação sutil que recebem em uma experiência emocional mantém-se no nível subconsciente de suas mentes e elas não percebem isso. Elas têm a tendência a compartilhar essa informação de maneira inconsciente e eruptiva, pois estão sobrecarregadas ou em pânico, ou às vezes apenas irritadas ou abaladas (ou estão passando por uma oscilação no humor), e não sabem por que fazem isso.

Outras pessoas têm consciência de sua sensibilidade e podem identificar e usar a informação sutil que recebem do estressor emocional. Logo, têm menos supressão e menos pressão eruptiva de seu inconsciente. Sincronizam melhor suas palavras e ações, obtendo mais sucesso.

Além disso, há pessoas hipersensíveis que podem agir com eficiência, tirando proveito da informação e da sabedoria acumuladas que recebem na forma de intuição.

A maioria das pessoas manifesta uma mistura dessas categorias, ora estando cientes, ora alheias a certos aspectos relacionados com a própria sensibilidade; às vezes atentas para alguns deles, às vezes, não.

Inteligência emocional

Inteligência é a capacidade de responder apropriadamente a uma situação. A inteligência medida pelos testes de QI, por exemplo, é nossa capacidade de solução de problemas, que é mental e, portanto, algorítmica, lógica e quantificável.

Além da inteligência mental, outro tipo de inteligência que está sendo comentada hoje em dia é a inteligência emocional, graças a exposições populares como o livro do pesquisador norte-americano Daniel Goleman *Inteligência emocional*. Quando somos confrontados com uma situação emocional, nossa capacidade mental de solução de problemas não nos ajuda muito.

O que é inteligência emocional? O psicólogo norte-americano Peter Salovey define-a como capacidades em cinco domínios distintos da experiência: conhecer-se a si mesmo — a percepção-consciente de nossa própria natureza emocional; gerenciamento de emoções; controle e direcionamento de emoções a serviço da motivação orientada para metas; empatia — a capacidade de interagir com a emoção dos outros, preservando a objetividade pessoal; e, finalmente, o trato dos relacionamentos íntimos.

Muitas das técnicas da medicina dos chakras, bem como da medicina mente-corpo dos capítulos anteriores, visam ajudar-nos a desenvolver a inteligência emocional; como exemplo, o treinamento da percepção-consciente e da empatia e o balanceamento energético entre os chakras.

Exercícios para percepção-consciente emocional

1. Escreva em seu diário sobre três experiências recentes, positivas ou negativas, durante as quais você agiu com base em suas emoções. Por exemplo: "Eu pedi perdão a ela, porque compreendi como ficou magoada com meu comportamento". Outro exemplo: "Assisti a um documentário sobre crianças desaparecidas e fiquei agitada o dia todo". Que percepções físicas e emocionais você teve antes e depois do evento? Como percebeu o que estava sentindo? Como as pessoas à sua volta reagiram a isso?

2. Descreva três experiências nas quais outras pessoas se mostraram emocionalmente sensíveis ou insensíveis com você. Como isso o afetou?

3. Pense em alguns casos nos quais você captou inadvertidamente a emoção negativa de alguém. Tente prestar mais atenção em situações como esta, quando você poderia ter mais sensibilidade

emocional e não captar a negatividade de alguém. Ao mesmo tempo, quando acontecer um evento desse tipo, faça o melhor para ampliar a empatia pela pessoa que está passando pela negatividade, usando essa abertura empática para obter mais informações sobre a situação emocionalmente abalada da pessoa e contribuir mais para ajudá-la. Perceba o que sente depois de ampliar a percepção consciente para as emoções do outro.

O que percebemos quando prestamos atenção nas experiências dos chakras de nosso corpo físico? Quais atividades conseguimos perceber? Talvez seja mais fácil perceber nossa própria respiração no estômago, ou a atividade do coração — a parte do coração. Se formos capazes de ir mais fundo, talvez consigamos perceber gradualmente outros processos bioquímicos, até a vibração de nossas células, e daquilo que chamam de "entidades quânticas" que produzem som "interior".

Exercício

Sente-se em uma posição confortável, com as palmas das mãos voltadas para cima e apoiadas no seu colo. Relaxe e respire lentamente. Focalize totalmente sua atenção no momento presente e no interior do seu corpo. Perceba a energia vital dentro de seu ser, sem a qual nem sequer viveríamos. Transfigure seu corpo e a energia vital que a está animando.

Observe sua respiração, o ar fresco entrando em seus pulmões e as impurezas sendo expelidas; observe a sucessão desse ciclo sem interferir. Perceba seus batimentos cardíacos e depois sua pulsação em diversas partes do seu corpo. Essa vibração é um pouco mais rápida do que o ritmo de sua respiração. Tente identificar-se com seus batimentos cardíacos, sem interferir no ritmo cardíaco ou modificá-lo.

Agora, faça uma varredura de todo o seu ser, seus nadis, percebendo essa vibração da vida em toda a sua estrutura.

Você pode focalizar determinado órgão ou tecido celular. Imagine que está olhando para as células através de um microscópio e tente sentir a vibração muito sutil, específica, identificando-se até com uma única célula, e perceba a imensa força vital e as vibrações dentro da célula.

Volte gradualmente desse estado expandido de consciência para o estado normal, das células para os órgãos e nadis, para as pulsações, para os batimentos cardíacos, para a respiração; conscientize-se do estado global de regeneração dentro de você.

Para compreender melhor o que, como e quão profundamente sentimos, é necessário conscientizarmo-nos de nossos próprios padrões emocionais. Conhecer e cultivar padrões saudáveis nos ajudará a tomar decisões melhores e manter relacionamentos melhores; conhecer os negativos nos ajudará a compreender melhor nossas feridas e os bloqueios energéticos criados por essas feridas. Essa percepção-consciente nos indica os aspectos da inteligência emocional que precisamos desenvolver em nosso próprio ser.

Como se conscientizar de seus padrões emocionais

Vamos viajar no tempo em nossa imaginação, recuando até nosso período como bebês, logo após o parto, quando agíamos totalmente como seres empáticos e sensíveis, centrados em nosso *self* de sentimentos, antes de desenvolvermos a identidade egoica e mecanismos miméticos e antes de aprendermos a falar e a criar lâminas protetoras em um castelo interior. Na época, éramos unitários, como um minissol, emitindo luz, amor e alegria para todos aqueles que quisessem se regozijar com essas vibrações, vindo receptivamente até nós. Sempre que nosso amor chegava até nossos pais ou outras pessoas próximas, a reação vinha com o mesmo amor e empatia, confirmando e tornando nossa realidade mais viva ainda. Podíamos sentir a vibração de nosso *self* quântico através de uma sensação que podemos chamar de *plaisir*.

Qualquer infância saudável é caracterizada por essa autopercepção--consciente quântica específica. Em sua imaginação, banhe-se nesse *plaisir*.

Por outro lado, às vezes nossos pais ou outras pessoas manifestavam medo e negatividade, fechavam seus corações, tratavam-nos com desconfiança ou rejeitavam a alegria espontânea que estávamos recebendo dessas vibrações específicas de *plaisir*. Talvez isso acontecesse porque nosso progenitor teve uma infância difícil e copiou seus padrões, convencido de que todos os filhos precisavam de disciplina, tal como ele ou ela teve. Sempre que nossa alegria sem fim encontrava as convicções rígidas e severas desse progenitor e suas emoções duras, a vibração que estávamos percebendo não era mais uma vibração da alma. Estávamos sentindo que alguma coisa não estava bem, mas não sabíamos exatamente o que era, e isso fazia com que nos sentíssemos confusos e desorientados; isso nos imprimiu emoções mais baixas, orientadas para a sobrevivência, mais densas e mais sombrias do que as nossas próprias emoções naturais. E foi principalmente isso que nos trouxe a experiência de um mundo externo, negativo, separado não apenas da vida e da senciência, como também temível. Todas essas percepções negativas perpetuaram-se através do nosso inconsciente e nos separaram de nosso *self* quântico. Nós as sentimos sob a forma de dor.

Como resultado, nossos seres estavam procurando constantemente o amor para se sustentarem. Dessa forma, na infância, aprendemos que a energia que recebíamos de nossos pais não seria tão desagradável se adaptássemos seu comportamento — ou seja, se imitássemos as convicções e posturas corporais de nossos pais. Assim, sempre que precisávamos, nós os copiávamos, renunciando à nossa própria expressão, tal como nossos pais fizeram.

Nenhuma criança consegue manifestar a expansividade e a criatividade natural se está sendo sempre punida por isso. A criança desiste de expressar seu amor se essas emoções não são correspondidas por seus pais. Seus olhos ou seu peito não emanam mais calor se os olhos de sua mãe se mantêm frios ou se o coração de seu pai se mantém pétreo. A criança aprende a parar de falar, percebendo que sua mãe relaxa melhor dessa maneira; ou aprende a andar como seu pai para validá-lo e, assim, obter seu amor.

Às vezes, a criança banca o palhaço, o bufão, pois os momentos engraçados facilitam suportar as longas ausências dos pais que trabalham. A criança aprende a deixar sua energia fluir apenas nas áreas permitidas e bloqueia-a em outras áreas. Ela comete o erro de adotar as convicções, tendências emocionais ou posturas corporais de seus pais com o amor deles. Se não recebe a validação de seu *self* quântico, acaba aceitando aquilo que recebe dos pais simplesmente para sobreviver, mesmo que receba muito pouco deles.

Esses abusos repetitivos, essas imensas contrações de seu ser, podem retardar drasticamente o crescimento e o desenvolvimento da criança em todos os níveis. E é assim que muitas crianças adquirem seus primeiros hábitos emocionais. Aprendem a se sentar de certas maneiras, a manifestar apenas certas energias, e raramente permitem que as centelhas criativas da luz natural do *self* quântico brilhe sem um acompanhamento cuidadoso.

Essa é a história do desenvolvimento da personalidade de muitas crianças. A criança aprende a se definir de certa maneira, com certo tipo de persona — mesmo falsa — em determinadas situações, considerando que não pode funcionar senão sob certas regras.

"Não podemos viver a experiência de nosso *self* porque nosso mundo interior está repleto de traumas passados. Quando começamos a eliminar esse filtro, a energia da luz e do amor divino começa novamente a fluir livremente por nosso ser", escreveu o monge católico norte-americano

Thomas Keating. Em meu (Amit) livro com Sunita Pattani, *Psicologia quântica e a ciência da felicidade*, chamamos esse filtro de "nuvens que cobrem o sol (do nosso *self* quântico)".

Como abandonar padrões emocionais negativos de personalidade e começar a formar outros positivos

Quanto mais inconscientes estávamos quando adaptamos nossa infância às condições externas limitadas, ao amor condicionado e à aceitação parcial, mais sobrecarregados nos sentimos agora, quando os estímulos externos, na forma de novos estressores, incidem sobre nós. Estímulos que não correspondem aos padrões aprendidos na infância podem parecer estranhos e ameaçadores hoje, tal como pareciam na época da infância quando tínhamos de aprender os padrões dos pais. Eles também parecem aniquilar nossa identidade autêntica e bloquear nossas emoções criativas. E, geralmente, reagimos inicialmente negando os novos estressores que agora nos confundem para nos apegar à nossa persona/identidade existente.

Agora, vamos discutir a primeira fase da transformação. Sempre que nosso corpo vital existente recebe um novo estressor, traz à superfície os bloqueios suprimidos da infância desde o inconsciente. Estes se associam aos primeiros acordos que fizemos na infância, às primeiras resignações e às primeiras sensações de perda do amor. Por isso, agora temos uma segunda chance de nos conscientizar dessas percepções nocivas, vendo-as como desafios que devemos superar para que nos transformemos, pois precisamos mesmo mudar para nos adaptar aos novos desafios de novos estressores.

Na segunda fase, pomos em prática os sete "Is" da ciência da manifestação — Inspiração, Intenção, Intuição, Imaginação, Incubação, *Insight* e Implementação (note que isso inclui o processo criativo) — para dar o salto quântico de amor até nosso *self* quântico (que foi bloqueado durante o desenvolvimento) que agora, com a implementação e a incorporação do amor em nosso software vital, irá brilhar com força dentro de nós. Ao mesmo tempo, seremos capazes de equilibrar os padrões emocionais negativos criados anteriormente. Naturalmente, não podemos fazer tudo isso da noite para o dia; é preciso paciência, muitas repetições e uma boa dose de autocompaixão.

Quando identificamos os padrões emocionais baseados no medo, percebemos que alguns deles têm em sua base a decisão de sair correndo e evitar o estresse (como uma fobia), enquanto outros têm em sua base a decisão de lutar e controlar a qualquer custo.

Antes de mais nada, precisamos começar a identificar exatamente o que não funciona em nossa vida e a compreender, com compaixão, como ficamos bloqueados nesses padrões disfuncionais, perdoando-nos e perdoando aqueles que contribuíram para sua criação, e depois, a identificar padrões novos e benéficos para substituir os antigos.

O próximo passo consiste em nos tornarmos plenamente conscientes de quaisquer ocasiões em que manifestamos um padrão nada saudável, fazendo-o pela prática de um novo padrão. Se damos as costas para um amigo que não concordou conosco, por exemplo, não precisamos beber vodca para nos acalmar; em lugar disso, podemos começar a adotar um padrão saudável, que inclui a recentralização e a percepção da realidade de nosso amigo, para podermos compreender melhor sua posição.

Não precisamos nos entregar à autocrítica e nem nos punir. Podemos dizer: "Puxa, eu faço a mesma coisa; fico me isolando de pessoas que considero estranhas". Ou: "Vejo que fico culpando a pessoa amada porque ela não presta atenção naquilo que quero". Só precisamos perceber esse padrão e nos centralizar plenamente no momento presente, suspender as deliberações por alguns momentos, relaxar a mente e nos conscientizar daquilo que estamos vivenciando, sem modificar, de modo algum, a sensação ou os sentimentos ambientes. Se nos sentirmos desconfortáveis, poderemos prolongar essa sensação por mais alguns segundos a fim de nos manter plenamente conscientes dela. Em outras palavras, podemos nos tornar observadores. O propósito disso é levar os padrões inconscientes até a luz de nossa percepção-consciente, a fim de tomar medidas eficientes.

Em seu livro *Managing Anxiety*, o filósofo alemão Peter Koestenbaum disse:

> Ansiedade é apenas a experiência de crescer e amadurecer. Se a negamos, ficamos doentes. Se a aceitamos e a vivenciamos plenamente, ela se transforma em alegria, segurança, poder, centralização íntima e caráter. A fórmula prática que deveríamos seguir é esta: "Vá até onde está sua dor".

Se essa dor se torna alegria depois de algum trabalho criativo, esse é um bom conselho para começar a enxergar o negativo como uma oportunidade de crescer.

Se surgem sentimentos como supressão ou aversão, fazemos uma pausa. Depois, podemos tornar a escolher: existe um padrão saudável que poderia substituir o antigo? Por exemplo, em vez de explodir de raiva porque alguém nos ofendeu, podemos simplesmente anotar no diário as lembranças da infância que envolvem uma experiência assim? Ou poderíamos nos livrar de nossas tensões pela yoga ou tai chi. Desse modo, quando conseguimos nos livrar de um padrão emocional pouco saudável, precisamos substituí-lo por um padrão saudável. Se para isso for preciso usar o processo criativo e o salto quântico, por que não? No final, você terá o que mostrar em troca de seu esforço. "Está vendo? Agora, faço de outro jeito."

Você está pronto para voltar ao estado de completa abertura e autenticidade que tinha na sua infância, e ainda mais? Está pronto para obter uma participação cada vez maior do *self* quântico em suas atividades, um processo que chamamos de construção da alma na ciência quântica? Está pronto para manifestar uma fisiologia nova e aprimorada em seu corpo, novos portais de saúde e felicidade? Quer ser um indivíduo por seus próprios méritos? Essa é a maneira de fazê-lo.

Liberando a memória emocional pela terapia

Quando fazemos ciência segundo a primazia da consciência, fica fácil ver de nova maneira outro tipo de cura da mente e do corpo: a psicoterapia. Na teoria psicanalítica, presume-se que as pessoas reprimam frequentemente a memória de um trauma de infância em seu inconsciente; mais tarde, o comportamento pouco saudável emerge do processamento no inconsciente. Mas, se a pessoa não está ciente da procedência de seu comportamento, não pode fazer nada a respeito. Na cura mente-corpo, o trabalho da psicanálise é tornar conscientes essas memórias inconscientes através da terapia. Formas mais recentes de psicanálise — como, por exemplo, a psicodinâmica — destinam-se especificamente a explorar reações emocionais atuais (como a hostilidade) em termos de memórias passadas.

A ciência quântica concorda com a teoria psicanalítica. A consciência se recusa a causar o colapso de memórias traumáticas em virtude da dor envolvida. A terapia pode ajudar a abrandar o medo da dor e, por isso, quando a memória traumática aflora como possibilidade no processamento inconsciente, a consciência é capaz de reconhecer, lembrar, escolher e perceber essa memória. O poder de cura dessa percepção-consciente pode ser enorme.

Como mencionado antes, armazenamos memórias traumáticas no corpo na forma de estados não manifestados de excitações dos músculos do esqueleto. Na técnica indiana oriental do hatha yoga, as posturas da yoga destinam-se a liberar essas tensões musculares não concretizadas conscientizando-se delas e depois aliviando a dor. Técnicas recentes como rolfing, acupressão e até a terapia do campo de toque (batidinhas terapêuticas, ou *tappings*) visam à mesma ideia básica.

Julie Motz é uma curadora não tradicional que trabalha com cirurgiões em hospitais (como o Stanford University Hospital, nos Estados Unidos). Ela toca o paciente e sua energia começa a se alinhar, vibrando em ressonância com a dela, e os meridianos energéticos que ela toca elevam sua energia até os chakras superiores. Ela usa a intenção da cura, repleta de amor, e esse ponto de contato torna-se como um ímã para energias vitais benéficas que entram no corpo do paciente através de seus dedos.

Uma forma de terapia de toque que opera com a energia vital do corpo envolve toques em certos pontos ao longo dos meridianos. A EFT — sigla em inglês para Técnica de Libertação Emocional — é uma modalidade psicoterapêutica alternativa que alega que, quando pressionamos certos pontos ao longo dos meridianos de uma pessoa enquanto ela está pensando em uma emoção negativa, seu ser é trazido de volta ao estado de equilíbrio, pois sua atenção para emoções negativas da mesma maneira antiga é distraída enquanto novas são escolhidas dentre as possibilidades inconscientes expandidas, materializadas na forma de uma nova associação. Há uma semelhança clara entre essa técnica e a acupuntura. Os praticantes da EFT dizem que a técnica pode curar depressão, ansiedade, dependência ou fobias. Entretanto, se a ferida emocional for profunda demais e a terapia não for capaz de curá-la completamente, outra possibilidade é a psicologia dos chakras.

Abrindo os chakras bloqueados

Um pouco mais profunda do que a terapia psicanalítica ou até do que as técnicas energéticas de psicologia é a psicologia dos chakras. A psicologia dos chakras usa a psicoterapia para remover bloqueios ou desequilíbrios da energia vital nos chakras individuais.

Alguns psicólogos vão longe demais ao sugerir que todas as doenças têm uma razão suprema; nós as causamos através de intenções confusas. Mas não podemos; em nosso ego, não temos o poder da intenção ou causação descendente. Em vez disso, o que acontece é que nossos pensamentos condicionados amplificam de maneira imprópria o movimento da energia vital que entra e sai dos chakras, aumentando a desarmonia já existente nos chakras. A psicologia dos chakras tenta harmonizar essa desarmonia. A seguir, trouxemos a descrição, ponto a ponto, de como funciona a psicologia dos chakras (desculpe, é só um vislumbre; para mais detalhes, veja o já mencionado livro de Page *Frontiers of Health*).

Eu (Valentina) uso a hatha yoga à maneira quântica com meus estudantes e pacientes, usando as asanas (posturas da hatha yoga) para auxiliar o processo criativo. Não há maneira melhor se a pessoa realmente visa "abrir" seus chakras.

Se a doença envolve o chakra básico (sistemas excretores), então o problema é insegurança, falta um aterramento saudável. Lembre-se: na cultura atual, tentamos nos aterrar assistindo a sexo e violência na tevê, por exemplo, o que é um modo nada saudável de aterramento. O que é um aterramento saudável? Tarefas simples como jardinagem ou caminhar descalço na grama podem nos ajudar no aterramento, mas isso também significa trabalhar com a energia vital no nível vital. Para trabalhar no desequilíbrio de energia vital através da mente, podemos usar a imaginação e a visualização. Por exemplo, feche os olhos e imagine que há raízes vermelhas em seu chakra básico, que se estendem até o centro da Terra.

Para o segundo chakra, podemos usar nossos relacionamentos sexuais para restaurar o equilíbrio da energia vital. Você tem ignorado seu lado feminino, se você é homem, ou seu lado masculino, se você é mulher, o que o psiquiatra suíço Carl Jung descobriu e chamou de *anima* e *animus*, respectivamente? Para integrar o homem e a mulher dentro de você (o que equilibra a sexualidade) durante a união sexual, visualize-se como sendo tanto homem quanto mulher. Essa prática de visualização pode ser feita até sem o sexo.

No caso do chakra umbilical, ou do plexo solar, como você lida com a amplificação mental da raiva e da irritação que ficam crônicas? A sua pressa e a impaciência mental são os principais fatores em jogo. Por isso, o trabalho psicológico aqui consiste em desacelerar a mente através da meditação.

A hostilidade é uma contração da energia no coração e, por isso, o objetivo da psicoterapia nesse chakra é expandir o coração. Como dizia o conselho que Swami Sivananda, mestre espiritual da Índia que viveu no século passado, costumava dar: "Seja bom, faça o bem", como nos simples atos de entrega aos necessitados, mantendo a bondade no coração. Isso expande o coração. Além do mais, quando você se ama, fica disponível para amar os outros, pois a energia não sai do chakra cardíaco; isso bane a hostilidade.

Volta e meia, a energia vital de outras pessoas chega até o chakra cardíaco, produzindo uma contração da consciência, especialmente quando somos naturalmente simpáticos (lembre-se dos neurônios-espelho). Se for o seu caso, tente manter-se objetivo, sem se identificar com os problemas dos outros, mantendo-se amável, e para isso invoque a não localidade (treinamento da empatia).

A visualização é de grande ajuda para lidar com a supressão da energia vital no coração, o que produz o mau funcionamento do sistema imunológico. Você pode visualizar que está colocando um refletor em torno do seu corpo para refletir de volta toda a energia vital recebida sempre que interagir com pessoas de energia negativa (para fazer esse exercício, é útil vestir roupas brilhantes). Pode visualizar células T assassinas energéticas lutando com intrusos no seu corpo e vencendo a batalha. Em alguns workshops de potencial humano, os líderes demonstram a eficácia da visualização fazendo você visualizar sua dor de cabeça e tornando-a cada vez menor. De fato, para algumas pessoas, a dor de cabeça é literalmente visualizada indo embora. As imagens guiadas são usadas rotineiramente para alívio de dores crônicas e para acelerar a cura e abrandar o desconforto causado por ferimentos. A visualização é útil para trabalhar com os chakras de modo geral.

Como funciona a visualização? A visualização alimenta sementes de novo significado com potencialidade para maiores expansões no inconsciente, processando e habilitando sua consciência a fazer escolhas em um grupo maior de novas possibilidades. Isso se refere principalmente à criatividade situacional, mas geralmente costuma ser bem eficaz.

No caso do desequilíbrio da energia vital no chakra laríngeo, lidando com a frustração da expressão, mais uma vez, a tarefa psicológica consiste em encontrar caminhos para que a criatividade situacional entre em cena. Se não houver caminhos disponíveis no cenário público (nem todos nascem com o talento necessário), então se dedique a cenários criativos particulares, menores. Por exemplo, seja criativo na jardinagem, culinária, relacionamentos, cantarolar no chuveiro, dançar ao som de rock'n'roll, escrever em um diário, desenhar no papel, tentar compreender ideias científicas etc.

Ao lidar com o bloqueio da energia vital no terceiro olho, relacionado com a supressão, a pergunta a se fazer é: "O que esse bloqueio está me impedindo de fazer?". A resposta, naturalmente, é que ele está impedindo você de expressar plenamente suas possibilidades de significado, negando a facilidade do foco. Quando temos dores de cabeça, por exemplo, não conseguimos nos concentrar. Mentalmente, você está levando seu repertório aprendido de habilidades, bem como a si mesmo, muito a sério. Seja mais leve. Há muitas outras possibilidades para explorar; portanto, aprenda a lidar com elas.

As conferências científicas que tratam do novo paradigma costumam incluir humor e riso como atividades regulares. Na conferência europeia de psicologia transpessoal de 2000, em Assis, na Itália, participamos da meditação do riso por meia hora por dia. Eu (Valentina) uso habitualmente exercícios de meditação do riso para relaxar os participantes de nossos workshops de ativismo quântico.

Para trabalhar com bloqueios de energia nos chakras frontal e coronário, uma das melhores ferramentas psicoterapêuticas é uma meditação sobre a paz.

Trabalhar com todos os três chakras do cérebro é muito importante. Lembra-se da canção no filme musical *Minha Bela Dama* (*My Fair Lady*, 1964): *The rain in Spain stays mainly in the plain*? Eis uma nova letra útil para a mesma melodia: "The pain of strain is mainly in the brain."* Isso se deve à correlação direta entre o cérebro e a mente. Por isso, precisamos de práticas da energia vital para aumentar a meditação sobre a paz e adotar práticas como hatha yoga, pranayama, tai chi etc.

Um método comum para curar todos os chakras é visualizar regularmente uma energia vital saudável em cada chakra. Faça com um parceiro a meditação dos chakras descrita antes. Essa meditação, que também envolve muita visualização, pode ser usada para curar os chakras.

Cuidando do mental: o nível da informação

Na atual cultura materialista, quando os médicos falam sobre estratégias para termos boa saúde, incluímos boa higiene, boa nutrição, exercícios e check-ups regulares (naturalmente, com um especialista em medicina convencional). Na verdade, eles só estão falando dos cuidados com o corpo físico. Em contraste, a saúde positiva começa quando começamos a cuidar também de nossos corpos vital, mental, supramental e até sublime.

O que significa ter uma boa higiene para o corpo vital ou mental? Assim como a higiene física nos diz para evitar ambientes físicos nocivos, higiene mental significa evitar a poluição vital e mental. E informação e mídia social é poluição mental — em parte, inevitável; mas você sairá prejudicado caso se dedique demais a ela.

O episódio a seguir apareceu na tira cômica *Dilbert*.

Dilbert diz a um de seus colegas:

— Meus aparelhos digitais reduziram tanto a minha atenção que agora não consigo me concentrar no trabalho.

No quadrinho seguinte, ele continua:

---

* Em português, as frases diriam literalmente "A chuva na Espanha cai sobretudo na planície" e "A dor da tensão está principalmente no cérebro". [N. de T.]

— Preciso de uma dose de dopamina a cada quatro segundos, ou fico procurando outra coisa para fazer.

Qual a reação de seu colega diante disso? Ele diz:

— Você se incomoda muito se eu ficar brincando com meu celular enquanto você resmunga sem parar?

Sim, é engraçado, mas também é triste. Quando ouço alguém dizer que a internet tirou a pessoa do tédio, eu estremeço. Sim, mas a que preço?

Cuidando do mental: o nível do significado

Nutrir o mental significa alimentarmo-nos de boa literatura, boa música, poesia, arte, tudo aquilo que normalmente chamamos de alimento da alma, que não é menos importante do que a alimentação normal. Entretenimento que provoca riso e alegria é preferível a outro que faz você se sentir "pesado". Essa é a regra geral da nutrição mental.

Como exercitamos o mental? Para o corpo mental, o exercício é a concentração — por exemplo, a repetição mental de um mantra como "Om". Você pode praticar isso enquanto trabalha ou pode se sentar e praticar a meditação da concentração, como na prática da meditação transcendental.

Saltos quânticos criativos ocasionais são importantes para o corpo mental, porque só então a mente processa significados verdadeiramente novos em função do novo contexto envolvido. Há uma história sobre o artista impressionista belga René Magritte. Um dia, ele estava caminhando pela rua quando um bolo na vitrine de uma confeitaria o desviou do caminho. Ele entrou e perguntou pelo bolo. Mas, quando o confeiteiro levou o bolo da vitrine até ele, Magritte o rejeitou. "Quero outro". "Por quê?", perguntou o confeiteiro. Magritte respondeu: "Não quero o da vitrine, porque as pessoas ficaram olhando para ele". Do mesmo modo, é mais saudável se sua mente não processar apenas esses pensamentos que todos estão processando. Essa é a importância da criatividade. Finalmente, uma notícia muito boa do *front* empírico: Neurocientistas descobriram que, no longo prazo, a meditação aumenta o nível de felicidade. A tarefa dos neurocientistas é desenvolver assinaturas neurocientíficas da felicidade. Na década de 1970, os pesquisadores norte-americanos Richard Davidson e Daniel Goleman consolidaram seus trabalhos anteriores para criar uma medida de felicidade. Geralmente, existem estruturas cerebrais nos dois lados do cérebro, pois tanto o hemisfério esquerdo quanto o direito têm um córtex pré-frontal.

E aqui está a assinatura: a atividade no córtex pré-frontal no hemisfério esquerdo (com sigla LPFC em inglês) está correlacionada com afeto positivo — felicidade; e uma mudança de atividade para a direita (RPFC) significa afeto negativo — tristeza. Com efeito, a pesquisa mostra que praticantes de meditação de longa data passam tranquilamente por esse teste.

Meditação

No próximo nível de sofisticação, podemos analisar a causa do comportamento que está provocando o problema de saúde. Nesse nível, estamos prontos para lidar com a causa de nosso comportamento, os *doshas* mente-cérebro: excesso de intelectualismo e excesso de déficit de atenção e hiperatividade.

Como lidamos com o excesso de intelectualismo? Bem, o intelectualismo nos mantém afastados do corpo, afastados da experiência das emoções. As emoções tornam-se um estorvo, algo de que nos envergonhamos, algo que precisa ser suprimido a todo custo. Como disse o escritor irlandês James Joyce em um de seus contos, "Um caso doloroso": "O sr. Duffy vivia a uma pequena distância de seu corpo". É desse modo que todos os intelectuais vivem a vida. Naturalmente, o remédio consiste em dedicar-se ao corpo. É bom fazer exercícios, é bom fazer massagens, faz bem até abraçar as pessoas.

Eu mesmo (Amit) fui intelectual, há muitos anos. Quando fazia trabalho espiritual intenso, na década de 1980, o dosha mente-corpo do intelectualismo, embora ainda não fosse um problema de saúde, tornou-se um problema para mim, porque bloqueou minha abertura espiritual. Lembro-me de ter ido a um workshop e o líder desse encontro (o médico Richard Moss) me receitar "fisicalidade suculenta", que eu deveria receber na forma de abraços de meus colegas de workshop. E funcionou.

Uma técnica complementar é a meditação com o propósito de nos conscientizarmos dos sentimentos, a fim de não os suprimir com mecanismos de defesa ou racionalização. Os intelectuais são bons para se concentrar ou manter o foco em uma atividade. Por isso, para os intelectuais, a meditação concentrada — a repetição mental de um mantra, por exemplo — é bem natural para os intelectuais. Para perceberem o padrão de seu dosha, além disso, eles precisam praticar a observação relaxada, vendo tudo que surge em sua percepção-consciente interior sem julgar nada, inclusive o observador, tal como a testemunha deve fazer diante de evidências em um tribunal.

Como alguém trabalha com o excesso de hiperatividade? Aqui, o objetivo básico é desacelerar.

Faça um experimento. Faça uma pausa para o café agora mesmo, enquanto está lendo este livro. Não há pressa, o livro não vai sair correndo. Prepare o café como parte de um ritual, prestando atenção em cada etapa. Quando o café estiver pronto, sente-se com uma xícara dele. Leve a xícara lentamente até sua boca e dê um gole. Observe a reação: "Ah...". Você se sente relaxar, você se sente feliz.

É fácil racionalizar: A felicidade é uma boa xícara de café. Mas um pouco de experiência deve convencê-lo facilmente de que a felicidade não é algo inerente ao café, mas vem da expansão momentânea de sua consciência. Acima de tudo, o ato de desacelerar é uma forma de expandir a consciência e produzir felicidade, uma sensação sublime.

Agora, você está percebendo de que a hiperatividade o está privando: a felicidade. E quanto mais você mantém a hiperatividade, mais esta o priva da felicidade. Primeiro, vem a falta de sono. Dormir é algo sublime, ficamos na consciência íntegra. Depois, vêm os problemas de relacionamento: mais separação e menos felicidade. Finalmente, a doença: a separação chegou ao máximo. Desacelerar, por si só, abre espaço para a dissolução da separação.

Em 1991, eu (Amit) fui convidado para uma conferência sobre yoga, na Índia, para falar sobre consciência e física quântica. De modo geral, eu estava me levando um pouco a sério demais. Então, um dos professores me perguntou: "O que você faz quando está sozinho?". E minha inflação psicológica desmoronou. Eu tive de admitir para mim mesmo que, quando estava sozinho, sentia-me inquieto e entediado, sempre procurando algo para fazer. Percebi que precisava desacelerar.

Como desaceleramos? Só conseguimos fazer certo número de pausas para o café por dia. Além disso, o café, por conter cafeína, aumenta a hiperatividade. A resposta primária aqui também é meditação, mas a abordagem diante da meditação é diferente.

Aqui nos Estados Unidos, a hiperatividade é comum nas crianças, e essas crianças costumam sofrer de transtorno do déficit de atenção. Isso, claro, quando a hiperatividade já é patológica, mas o déficit de atenção está associado habitualmente à hiperatividade, até mesmo em adultos. Portanto, as pessoas hiperativas precisam aprender a focalizar sua atenção, que é o objetivo das formas habituais de meditação chamadas meditação da concentração, que inclui a repetição mental de um mantra, tal como na Meditação Transcendental. No começo, é útil aprender a concentrar-se também em outros objetos, como a chama de uma vela, a respiração e assim por diante.

Nessa forma concentrada, a meditação ficou famosa por causar a "resposta do relaxamento", graças à pesquisa pioneira do cardiologista norte-americano Herbert Benson; esse é o tema de seu livro *The Relaxation Response*.

Pratique um pouco. Sente-se confortavelmente, feche os olhos, respire uniformemente e repita um mantra comum, como a palavra sânscrita "Om", em sua mente. Naturalmente, sua mente irá encontrar distrações, mas assim que você descobrir uma distração, traga com firmeza a mente de volta ao mantra. Faça isso por cinco minutos.

Agora, abra os olhos. Quantas vezes você se afastou do mantra? Cinco vezes? Vinte e cinco vezes? É difícil, não é? Dá muito trabalho. Por isso, prepare-se. É preciso praticar a sério para silenciar a mente o suficiente e manter a atenção durante algum tempo.

Yoga quântica para a mente

Ainda mais sofisticadas e sutis são as técnicas que lidam com a raiz dos doshas mente-cérebro e o abuso dos próprios gunas mentais. Lembre-se que os doshas são produzidos pela aplicação desequilibrada dos gunas, as qualidades mentais com as quais nascemos. Se pudermos equilibrar as qualidades de sattva e rajas (e também tamas — a inércia —, porque com frequência não usamos tamas o suficiente quando sattva e rajas dominam nossa persona), então os doshas da mente-cérebro não irão mais nos incomodar.

Em princípio, é fácil. As pessoas sattva precisam atuar mais em problemas do mundo cotidiano e da vida cotidiana, o que exige apenas habilidades de rajas e tamas natural. E as pessoas rajas precisam estar mais interessadas na criatividade fundamental, no contexto do próprio pensamento, no domínio arquetípico do amor, da beleza e da justiça. E as duas espécies de pessoas, sattva e rajas, precisam praticar o relaxamento, equilibrando tamas em sua vida. Precisam fazer do *do-be-do-be-do* o seu estilo de vida.

Na prática, esses truques de balanceamento formam o coração da yoga. O objetivo da yoga é integrar o *self* separado, o ego e a unidade universal do *self* quântico. Por que envolver o *self* quântico na cura? A consciência tem apenas um modo de manifestar seu propósito no mundo, e esse modo é a liberdade criativa de escolha, para escolher o novo dentre as possibilidades quânticas, a concretude singular do *insight* criativo manifestado. Mas essa liberdade criativa é o domínio do *self* quântico. Só temos o livre-arbítrio para nos curar na medida em que somos capazes de precipitar o ato de cura em nossa consciência quântica do *self*. Por isso, a yoga é fundamental.

Como sattva ou a criatividade fundamental leva-nos para além da mente, o uso da qualidade de sattva já é uma yoga; chama-se *yoga jnana* (que significa sabedoria). Rajas, por outro lado, é a tendência a usar as descobertas de sattva com propósitos mundanos de formação de impérios, empregando a criatividade situacional e habilidades na solução de problemas. Rajas pode ser usado para engrandecimento pessoal e egoísta, atendendo apenas ao ego. Se, no entanto, os atos de rajas são feitos com altruísmo pelo bem do mundo, então esses atos também se tornam yoga. Isso se chama *karma* (que neste contexto significa ação) yoga. Na verdade, karma yoga aplica-se melhor a serviço do amor, e a yoga do cultivo do amor chama-se *bhakti* (que significa amor) yoga.

Portanto, o ato de balanceamento para a pessoa com sattva em excesso consiste em praticar jnana yoga com um pouco de karma yoga e bhakti yoga. E o ato de balanceamento para a pessoa de rajas consiste em praticar karma yoga em conjunto com jnana e bhakti yoga.

Há outro balanceamento que precisa ser feito: o balanceamento da mente, do vital e do físico. É chamado raja yoga, codificado pelo grande iogue Patanjali. O raja yoga incorpora hatha yoga — posturas físicas, e pranayama, práticas de respiração. Desnecessário dizer que no Ocidente a combinação de hatha yoga e pranayama é o que chamam de yoga. Mas a meta de raja yoga é integrar a ação do corpo físico, do corpo de energia e do corpo mental, para que o ego possa se integrar com o *self* quântico. Portanto, as práticas iniciais de hatha yoga e pranayama são complementadas pelas práticas de meditação e por saltos quânticos criativos.

Repetindo: se você tem praticado posturas de hatha yoga, sua primeira impressão pode ser a de que são apenas exercícios de alongamento. Entretanto, você está deixando de ver uma ou duas coisas. Primeiro, as posturas de hatha yoga precisam ser feitas lentamente; com isso, a consciência se expande enquanto você se alonga. Segundo, na hatha yoga, é preciso prestar atenção naquilo que está acontecendo internamente, especialmente o fluxo de energia vital. O segundo objetivo da hatha yoga é praticado mais diretamente via Pranayama, as práticas de respiração. Perceba ainda que quando prestamos atenção na respiração, seu ritmo se desacelera e com isso desaceleramos a atividade de nossos órgãos internos.

O corpo supramental (nível intuitivo)

A nutrição para o nível supramental abrange o foco em:

1. Dedicar-se às intuições — pensamentos intuitivos e sentimentos nobres.

2. Dedicar-se à criatividade situacional para acompanhar as intuições através do processo criativo. Isso será muito facilitado adaptando-se ao estilo de vida *do-be-do-be-do*, com ênfase no fazer intercalado com relaxamento e desapego, um conceito que introduzimos antes.
3. Dedicar-se à experiência do fluxo.

Em nossos workshops, nós (Amit e Valentina) conduzimos os participantes em uma meditação de fluxo, seguindo uma ideia apresentada originalmente pelo místico cristão francês Irmão Lawrence (1614-1691), um cozinheiro simplório e de bom coração, que se dedicava àquilo que chamava de "praticar a presença de Deus para atingir a iluminação".

Em nossa versão dessa prática, você começa sentado confortavelmente e faz um rápido exercício de percepção corporal para trazer a energia vital desde o chakra frontal ativo até o corpo. Depois, leva a energia do amor ao seu coração. Isso pode ser feito de diversas maneiras. Pense em um ente querido (seu principal relacionamento) ou reverenciado (como Jesus, Buda, Maomé ou Ramana Maharshi), ou simplesmente no amor de Deus. Depois de sentir a energia em seu coração, desfoque a atenção (tal como você faz quando passa do olhar concentrado para o olhar "suave"). Deixe que sua atenção se volte para atividades periféricas que estão acontecendo à sua volta — sons, imagens, até tarefas. Deixe que se forme um fluxo entre sua atenção difusa no coração (ser) e as coisas ao seu redor (fazer). Imagine que você está tomando uma ducha usando touca de banho. A água molha todo o seu corpo, mas não os seus cabelos. Do mesmo modo, as tarefas mundanas distraem sua atenção dos sentimentos em todos os chakras, mas nunca do seu coração. Depois que pegar o jeito, você pode fazer o que o Irmão Lawrence fazia — viver sua vida no fluxo.

Recordando o dharma

A descoberta e a realização de nosso dharma pessoal irão nos tornar mais autênticos, e, ao mesmo tempo, mais capazes de descobrir os recursos necessários para resolver quaisquer problemas. Cada um de nós tem um dom divino, extraordinário e único, que nos confere nossa unicidade e a razão para termos encarnado. Infelizmente, porém, um número muito grande de nós sacrifica esse dom divino no altar do conformismo e do mimetismo. A maneira como reagimos a eventos e a maneira como aspiramos a certos ideais sempre é e sempre será única.

Como disse Yogi Berra, jogador norte-americano de beisebol: "Se você não sabe aonde está indo, pode acabar chegando em outro lugar".

Na verdade, não saber qual é nosso destino essencial significa ignorar nossa própria missão voluntária no universo, servindo aos propósitos ou às dores alheias — as atividades autocentradas de outras pessoas — e esse estado agudo de ignorância nos levará a uma direção diferente daquela à qual nossa alma aspira (mesmo quando a mente ainda não percebeu). Quando fazemos isso, tudo está na direção de nosso dharma — e tudo que é maravilhoso e divino dentro de nós irá florescer. Quando escutamos esse apelo de nosso Coração, também descobrimos os imensos recursos pelos quais podemos alquimiar e transformar todos os nossos problemas e obstáculos. A transformação irá começar de dentro, e seus ecos também serão mais ou menos ouvidos do lado de fora.

Nosso dharma é uma confluência entre os anseios mais profundos de nosso coração e os requisitos mais importantes da realidade externa; quando ambos esses aspectos estão em harmonia, nossas explorações arquetípicas não dão a sensação de esforço.

Confúcio, filósofo chinês, disse: "No momento em que descobrir sua missão de vida e puder exercer a profissão que seu coração realmente deseja, você nunca mais irá trabalhar, nem por um único dia". O trabalho torna-se uma brincadeira — *lila*, uma comemoração, uma atividade tão bela e fascinante que não iremos senti-la como um esforço.

Nutrindo o corpo sublime

Desenvolver a sensibilidade às intuições e seguir suas intuições através da criatividade fundamental é a maneira de manter nutrido seu corpo sublime (o *self* quântico e a inteireza que está além dele).

Para o corpo sublime, o exercício dos preguiçosos é o sono. Mas quando despertamos do sono, embora nos sintamos felizes de fato, sempre permanecemos os mesmos, mesmo que tenhamos desfrutado a existência sem a cisão sujeito-objeto durante o sono. Isso acontece porque a probabilidade é de que apenas os padrões habituais de possibilidade de nosso inconsciente pessoal estão disponíveis para processamento pela consciência durante o sono cotidiano.

Eu (Valentina) sempre enfatizo a higiene mental para meus clientes e estudantes de yoga quântica. Qualquer negatividade a que você se apegue irá aflorar em seus sonhos e tornar seu sono agitado. As especialidades médicas de meu pai estavam muito relacionadas com a prevenção, inclusive a medicina preventiva, a higiene do ambiente físico e até a higiene da radiação. Nessa linha de pensamento, ele desenvolveu sua intuição enquanto praticava a medicina geral, e, já nos seus últimos anos de vida, percebeu também a importância da higiene mental e emocional, graças a minhas sugestões. Do mesmo modo, aprendi, com seu exemplo, que a medicina é realmente uma profissão maravilhosa e um meio de vida repleto de significado.

Isso muda quando aprendemos a dormir tendo em mente a criatividade. Então, podemos atingir estados semelhantes ao sono, mas, quando acordamos, nossa criatividade interior explode e podemos até nos transformar. Este "sono criativo" é o melhor exercício para o corpo sublime.

capítulo 14

lição 5 da medicina preventiva: yoga quântica para uma cura quântica

Doenças da mente-corpo consistem em males crônicos nos quais a imposição de um significado mental errado provoca desarmonia em nossos corpos vital e físico. Mais especificamente, o significado mental errado força as pessoas a se esquecerem da fisiologia superior que nossos ancestrais já atingiram e está disponível para todos, para os órgãos dos chakras cardíaco e umbilical.

Não é possível corrigir um problema mantendo-se no mesmo nível que criou o problema. Por isso, a cura da mente e do corpo envolve mudanças no contexto do significado que a mente estabeleceu para o mau funcionamento de nossos corpos vitais e físicos.

O contexto do pensamento mental correto vem do domínio supramental da consciência na forma do arquétipo da inteireza; para mudar o contexto e adotar outro, novo e correto, nós, seres mentais, temos de dar um salto até o supramental. Esse é um salto quântico descontínuo de criatividade fundamental, motivo pelo qual esse tipo de cura é chamado de cura quântica.

A expressão "cura quântica" foi intuída criativamente pelo médico Deepak Chopra, mas a explicação que ele deu foi provisória. Em *O médico quântico*, mostrou-se a cura quântica como a culminação do processo criativo. Neste livro, o novo conhecimento das autoidentidades nos chakras cardíaco e umbilical permitiu-nos construir um mapa muito mais detalhado daquilo que envolve o processo.

Criatividade fundamental na cura

Aquilo que chamamos de sabedoria do corpo, ilustrada espetacularmente pelo efeito placebo, é um exemplo de autocura, mas ele está ritualizado em nós: tudo que precisamos fazer é manter ativa a intenção de cura. Se você a perder, a fé na palavra de um médico, como na cura por placebo, torna a ativar sua intenção de cura e deve lhe dar um vislumbre de sua própria capacidade de cura. Para manifestar de fato todo o escopo dessa capacidade, o programa completo da criatividade, é essencial percorrer todos os estágios do processo criativo, que culmina nada menos do que em um *insight* quântico sobre a mudança de contexto que precisamos fazer em nosso estilo de vida. Esse *insight* é, em si, tão poderoso que geralmente ocorre a cura rápida do órgão afetado. Contudo, para que a cura seja duradoura, a pessoa precisa corresponder ao *insight* obtido e pôr em prática o novo estilo de vida; quanto a isto, não se iluda.

Como esse novo *insight* trata de um arquétipo, ele também pode ser abordado desde o plano vital, adicionando mais poder ao processo. Para acionar a criatividade vital, o paciente precisa se concentrar no chakra envolvido na doença onde a energia está bloqueada.

Suponha que, em vez de uma crença, ele esteja recebendo a cura de outra pessoa, como no efeito placebo; os pacientes trabalham com a convicção (que é "ardente" em função da urgência da situação) de que já têm o novo software — mental e vital — em potencial para curar a fisiologia que eles só precisavam descobrir e implementar em seu estilo de vida.

Como agora há uma emergência, manter a intenção de cura não representa problema para a maioria das pessoas. Agora, começa o processo criativo: *do-be-do-be-do* (fazer-ser-fazer-ser-fazer) e tudo o mais.

A primeira etapa da cura criativa é a preparação. Os pacientes seriam estimulados a fazer uma pesquisa sobre sua doença (claro que com muita ajuda de seus médicos, que irão atuar mais como colaboradores com empatia) e meditar sobre ela. Essa meditação mostrará prontamente aos pacientes o papel dos doshas mente-cérebro no trato do estresse emocional, e como seus hábitos de mentalização de sentimentos e supressão ou expressão das emoções, conforme for o caso, podem contribuir para a doença. Uma das causas básicas do acúmulo do estresse emocional também ficará clara: a velocidade do *do-do-do* (fazer-fazer-fazer) — pressa e afobação — aumenta a busca dos desejos orientados para realização, ansiedades e devaneios. Portanto, o primeiro propósito do estágio de preparação será desacelerar o processamento consciente mental e vital e criar uma atitude aberta e receptiva, uma primeira etapa essencial para toda e qualquer criatividade.

No estágio seguinte, os pacientes e seus médicos tentariam diversas técnicas de medicina mente-corpo — yoga, pranayama, chi kung etc. (Elas podem ser novas para o paciente, e neste caso talvez o curador precise bancar também o professor.) Esse também é o estágio da criatividade, no qual usamos estímulos não aprendidos e pensamento divergente para gerar ondas de possibilidade que antes não sofreram colapso no vital, mental e supramental que se expandem no inconsciente; mas não mostramos preferências em meio às possibilidades conscientes que geramos. Como só a escolha da causação descendente pode criar um evento de consciência total da percepção-consciente, o que está envolvido é o processamento inconsciente — o processamento sem percepção-consciente. Em outras palavras, esse estágio é a combinação alternada de preparação e incubação — *do-be-do-be-do*.

Há casos bem conhecidos de terapia artística, na qual os pacientes procuram se curar mergulhando em belas obras de arte espiritual, preferivelmente criadas por sua própria imaginação curadora. A arteterapia não funciona com todo mundo. Mas como a arteterapia chega a funcionar para algumas pessoas? Quando a arte é inspirada pela imaginação de emoções curadoras, não demora para que o processamento consciente ceda lugar também ao processamento inconsciente, e é o *do-be-do-be-do* que inspira novas manifestações artísticas e abre nova perspectiva para as possibilidades de cura.

De modo similar, certas posturas da yoga que acompanham visualizações adequadamente projetadas, com imagens arquetípicas evocativas da cura, farão a mesma coisa — produzir novas possibilidades de sentimentos vitais e pensamento mental para a escolha da consciência.

Movimentos no estilo *do-be-do-be-do* — alternando movimentos como a dança ou tai chi com o relaxamento da meditação curadora — também funcionam.

Mais cedo ou mais tarde, um gatilho aparentemente inconsequente provoca o salto quântico do *insight*. Espontaneamente, um novo contexto supramental e a gestalt vital-mental que o representa aparecem manifestados na consciência total da percepção-consciente. O *insight* leva à mudança contextual corretiva da maneira como a mente lida com as emoções. A manifestação inicial do *insight* começa em seguida: livres dos grilhões da mentalização, quando os novos campos litúrgicos são vivenciados, os velhos programas de software e a própria fisiologia do órgão voltam a ser funcionais em um nível saudável, às vezes de forma bem dramática.

Há alguns relatos bem-sucedidos de tratamento de pacientes com câncer por meio da visualização criativa, à qual o cenário acima se aplica. Aqui, é particularmente pungente a descrição da cura quântica de uma pessoa através da visualização; essa história foi extraída do livro *O caminho da cura*, do autor Marc Barasch. Uma paciente escreve:

> Quando estava no México, comecei a sentir dor no peito. Atravessei a fronteira e fiz uma ressonância magnética que mostrou uma massa no meu timo conectando-se à aorta. Resolvi esperar um pouco, mas uma nova imagem de ressonância magnética, obtida seis meses depois, mostrou que ela ainda estava ali.
>
> Resolvi passar uma semana no centro de cura de Carl Simonton na Califórnia, e imaginei "tubarões devorando células cancerígenas", tal como recomendaram. Mas, quase no final da semana, tive uma visão extremamente nítida e espontânea que não estava no programa. Vi a massa no meu timo como um cubo de gelo que começou a derreter em gotas grandes, espantosas. Foi a primeira vez na vida que uma imagem clara como essa apareceu do nada. Então, eu soube no mesmo instante que as gotas eram apenas lágrimas. A minha vida inteira, apesar de todas as perdas, eu nunca tinha sido capaz de chorar. Agora, a opressão que eu sentia antes estava derretendo; as mortes e o abuso na minha infância, o relacionamento não resolvido com meu ex-marido. A emoção mostrou-se disponível subitamente e foi muito poderosa. Quatro meses depois, fiz outra ressonância magnética e a massa havia desaparecido — não havia sinal dela. Não precisei de outros tratamentos. O que quer que essa massa tenha sido, disseram que a única maneira de saber que ela existiu foram as duas imagens anteriores (Barasch, 1993, p. 273-274).

Essas experiências variam. O exemplo acima foi uma visão. Em seu livro *The Black Butterfly*, o médico norte-americano Richard Moss fala de uma paciente com câncer que participou de um de seus workshops. Durante o workshop, ela se mostrou desafiadora e não respondeu às diversas tentativas de energizá-la feitas por Moss. Mas, em dado momento, Moss rompeu sua casca e ela respondeu, participando de uma dança espontânea que a levou a uma experiência dramática de *ahá!*. Na manhã seguinte, a paciente acordou sentindo-se tão melhor que Moss mandou-a para um check-up. Seu câncer havia desaparecido.

A paciente do relato de Moss vivenciou o *insight* criativo ahá! mais comum, mas um salto criativo no domínio vital deu início ao processo. Pacientes também contam que vivenciaram a própria escolha quando a pureza da intenção de cura se cristalizou. Como exemplo, eis o relato do médico Deepak Chopra feito em seu livro *A cura quântica*, sobre a cura de uma paciente de câncer através de *insight* repentino:

... uma senhora tímida de mais de 50 anos veio me procurar há dez anos queixando-se de fortes dores abdominais e de icterícia. Imaginando que ela sofresse de cálculos biliares, encaminhei-a imediatamente à cirurgia; porém, quando estava na mesa, revelou-se um grande tumor maligno que lhe invadira o fígado, com ramificações por toda a cavidade abdominal. Julgando o caso inoperável, os cirurgiões fecharam a incisão sem tocar em nada. Como a filha pediu para não contarmos nada à mãe, disse-lhe que os cálculos biliares haviam sido removidos e que a operação fora bem-sucedida. Imaginei que a família contaria a verdade depois de algum tempo, porque provavelmente a mulher tinha poucos meses de vida — pelo menos poderia vivê-los com tranquilidade.

Oito meses depois, espantei-me ao vê-la de volta a meu consultório. Vinha fazer exames de rotina, que não revelaram icterícia nem dores, ou qualquer sinal de câncer. Só um ano depois ela me fez um comentário estranho.

— Doutor — disse ela —, há dois anos eu tinha certeza de que estava com câncer, e eram apenas cálculos biliares; então, jurei a mim mesma que nunca mais ficaria nem um dia doente na vida.

O câncer dessa senhora nunca reapareceu. Ela não usou nenhuma técnica e aparentemente se curou a partir de uma profunda resolução, o que lhe bastou. Também devo chamar esse caso de evento quântico, devido à transformação fundamental em nível mais profundo que o dos órgãos, tecidos, células e até do DNA, ocorrida diretamente na fonte de existência do corpo, no tempo e no espaço.*

Portanto, é fácil concluir que a cura espontânea do câncer decorre do aparecimento súbito de um surto tão dinâmico na atividade do sistema imunológico que o crescimento canceroso é eliminado em dias, até em horas. O uso do processo criativo faz com que esse tipo de cura através do salto quântico esteja disponível para qualquer paciente.

Repetindo, o mau funcionamento do sistema imunológico deve-se a um processamento vital e mental defeituoso — excesso de mentalização, intelectualismo, supressão da energia do amor no chakra cardíaco, todos têm seu papel. O salto quântico até o supramental é acompanhado de uma passagem do significado mental e o desbloqueio da energia do amor no chakra cardíaco. Então, isso pode ter um efeito dinâmico desejado no sistema imunológico na forma da reativação de seu programa de software, removendo as células cancerosas com tamanho vigor que a cura se processa muito rapidamente.

---

* Versão extraída da edição brasileira do livro *A cura quântica*, traduzida por Evelyn Kay Massaro e Marcília Britto (Rio de Janeiro: Best Seller, 2013. p. 112). [N. de E.]

Também é importante falar do estágio final do processo criativo — a manifestação — nessa cura quântica criativa. A manifestação não está completa apenas com a reativação de programas vitais necessários para o funcionamento normal do(s) órgão(s) envolvido(s). Lembre-se, os doshas vital-físico e da mente-cérebro ainda estão lá. Depois que a remissão acontece, o paciente precisa levar à manifestação, usando o novo *insight*, algumas das mudanças de estilo de vida que são proporcionais à mudança de contexto do processamento mental e o processamento de sentimentos, caso se deseje que a remissão seja estável e permanente. Um estilo de vida que produz intelectualismo excessivo e reações defensivas, por exemplo, precisa dar lugar a outro mais equilibrado e que permite que o amor se manifeste regularmente.

Por que a maioria dos casos de cura por placebo parece ser apenas de curas temporárias? A confiança de que "estou recebendo um medicamento do meu médico, em quem confio" leva à reativação da intenção de cura do paciente e a consciência responde, reorganizando os contextos conhecidos de significado da mente e permitindo temporariamente que a mente e os órgãos vitais-físicos façam as mudanças necessárias. Em outras palavras, são exemplos de cura devido à criatividade situacional. Esses ajustes situacionais não são adequados para longos períodos porque a situação fica mudando.

A ideia da cura quântica através do processo criativo pode ser invocada por qualquer um? Um médico de Bangalore, Índia, chamado dr. B. Monappa Hegde, resolveu verificar isso por conta própria para curar um edema na retina. O evento está documentado. Dr. Hedge e Amit escreveram um trabalho conjunto sobre o caso.

Perguntas e respostas

Autores: Mas, se a consciência escolhe, e a consciência está em nós, por que não escolhemos sempre a "saúde"? Por que chegamos a ter doenças ou desconfortos?

Físico Quântico: Ah, a sutileza quintessencial da escolha. Na década de 1970, Fred Alan Wolf criou o lema da Nova Era: "Nós criamos nossa própria realidade". Ele teve boa intenção, mas foi muito mal compreendido. No começo, as pessoas tentaram manifestar Porsches, imagine, seguindo o ditado de Wolf. Elas não conseguiram e por isso, durante algum tempo, tentaram manifestar vagas para estacionar seus carros e ficaram satisfeitas.

Brincadeiras à parte, em nosso ego habitual, somos ignorantes e condicionados a sofrer devido à ignorância acerca de nosso poder de cura. A escolha sempre acontece dentre as possibilidades disponíveis. Quando estamos no ego, só as possibilidades condicionadas ficam disponíveis com grande probabilidade; por isso, é fácil perder de vista a escolha criativa pelo bem-estar.

Autores: Portanto, depois que ficamos doentes, é necessário um salto quântico caso queiramos nos curar apenas pela autocura.

Físico Quântico: É isso. É isso que Mary Baker Eddy não percebeu, e, por isso, até hoje, a ciência cristã abre-se para o desastre para muitos de seus praticantes ao proibir totalmente a ajuda médica. Nem todos estão prontos para dar saltos quânticos agindo sozinhos e descobrindo um novo significado contextual do arquétipo da inteireza. Para eles, os sistemas médicos, por mais limitados que sejam, são indicações melhores.

Ademais, a cura criativa seria quase milagrosa se a doença estivesse apenas no nível físico. Uma coisa é a ciência cristã confinar-se à cura mente-corpo. Mas a imposição global de exigências de criatividade de nível tão elevado de todos os paroquianos doentes, mesmo sofrendo de uma infecção bacteriana, é imprudente.

Yoga quântica

Desenvolvemos um profundo programa de transformação chamado de yoga quântica. Boa parte dele se refere à manutenção da saúde e à cura. A meta experimental geral da yoga quântica é a capacidade de viver e de agir a partir de estados de consciência inclusivos e expandidos.

Cada uma das anedotas citadas acima sugere um exercício de yoga quântica para remoção de bloqueios de energia no chakra cardíaco.

1. *Do-be-do-be-do* com visualização.

   Deite-se confortavelmente (*shavasana* — a postura do cadáver) e visualize que seu coração e a área do peito estão congelados, como se houvesse blocos de gelo cercando o chakra cardíaco. Sinta o peso e o frio do gelo. Após algum tempo, imagine que o gelo está derretendo e se transformando em lágrimas, lágrimas de alívio do pesar por todo o amor que foi suprimido em sua vida.

2. *Do-be-do-be-do*: alternando a dança e o repouso.

   Isso é feito em quatro etapas.

   1) Agitem bastante todas as partes do corpo durante alguns minutos.

   2) Alguém deve dizer PAREM. Todos param ao mesmo tempo e ficam imobilizados na mesma posição, fazendo meditação de atenção plena (*mindfulness*).

3) Depois, alguém grita DANCEM. Comecem a dançar, lentamente no começo, mas vão ganhando velocidade e vigor com o tempo; todos se concentram mentalmente, prestando atenção nos movimentos da energia na parte de cima do corpo.

4) Depois, alguém diz MEDITEM. Sentem-se na *bajarasana* (ajoelhar sentando-se sobre os pés). Meditem sobre o bem--estar.

O episódio final acima sugere a importância da pureza de sua intenção de cura. A pureza de intenção é crucial para saltos quânticos de criatividade fundamental, toda criatividade. Nossa criatividade é ilusória, pois nossas intenções são muito conflitantes, muito confusas. Entretanto, a boa notícia é que você pode fazer uma prática para desenvolver o poder de intenção. Ela consiste em diversos estágios.

1. Comece com uma intenção de cura desde o seu ego; é onde você está. Todavia, use a arte ou a música de cura para inspirá-lo. Ou seja, você manifesta a intenção de cura para si mesmo, a cura para sua doença específica, mas a partir de uma consciência expandida.

2. No segundo estágio, permita que a intenção egoica de cura para si mesmo se generalize, tornando-se a intenção de cura para todos. Afinal, se todos forem curados, você também estará incluído.

3. No terceiro estágio, permita que sua intenção seja mais como uma prece: permita que a cura aconteça caso isso esteja de acordo com o movimento intencional da consciência.

4. No quarto estágio, a prece silencia e torna-se uma meditação.

capítulo 15

lição 6 da medicina preventiva: vá mais fundo em sua prática de cura quântica

Uma das razões pelas quais as pessoas ficam doentes é que elas não ousam viver. Depois, aparece uma doença e o grande problema não é a pessoa ficar doente. O grande problema é que quando a doença aparece, a pessoa fica paralisada diante dela. Diante da doença, o maior problema das pessoas é que se sentem desesperadas; não conseguem fazer nada para se curar.

Imagine que você está sofrendo de uma doença e não sabe se curar sozinho; além disso, você não tem a perspectiva correta. Bem, é assim porque basicamente você vivenciou essa perspectiva estreita da vida em uma homeostase — o nível básico da condição humana; você supõe que não precisa ir mais longe. Por isso, não se dá o suficiente, não se expõe o suficiente, não acha que tem recursos, como as infinitas possibilidades prometidas pela física quântica, e é por isso que, quando uma doença aparece, você tem muita dificuldade para enfrentá-la.

Em uma alma generosa, que também é, por falar nisso, uma alma muito otimista, você procura e encontra novas possibilidades. Qualquer doença pode ser curada. Como você chegou ali, irá sair dali, não há problema se sabe como curar. Você sempre tem um horizonte, uma perspectiva pela frente. Até morrer é uma possibilidade que você pode levar em conta com bastante generosidade.

"Tudo bem, esta será minha última aventura. Devo sair após aquela última cena no palco? Vamos ver como funciona." Há pessoas que têm tentado isso, e o que aconteceu foi que, no último instante, houve o salto quântico de cura, como se o *self* quântico dissesse: "Na verdade, chega de sofrer. Já foi, foi apenas outra experiência intensa em sua vida bem intensa. Volte a trabalhar agora, porque você e eu temos muito mais coisas para fazer".

Há uma parábola que diz: "No inferno, há mesas repletas de comida, mas com colheres muito grandes. As pessoas passam fome porque não conseguem usar essas colheres. No céu, as mesas são postas da mesma maneira, com muita comida e colheres grandes, mas as pessoas alimentam-se umas às outras com as colheres".

Se uma pessoa me procurar (Valentina) para uma cura quântica com a ideia: "E se não der certo?", eu não darei início ao processo de cura dessa pessoa. Não teria sentido — você não pode fazer nada para ajudá-la. Mesmo se eu fosse ambígua — "Posso tentar curar você, vamos ver se funciona; se não der certo, tenho outras opções" —, isso comprometeria a situação. Por exemplo, no caso do câncer de mama, os médicos estão sempre dizendo às mulheres: "Veja se há caroços nos seus seios; faça isso todos os meses". É claro que, se você procurar caroços com frequência, provavelmente acabará encontrando um.

Portanto, não dá para falar em cura quântica de verdade antes de transformar essa atitude. É um processo completo: se consertarmos isso, na verdade, estaremos consertando a maioria dos problemas e não precisamos de mais nada. Você não pode imaginar, por exemplo, quantos problemas, especialmente relacionados com a área do peito, são resolvidos simplesmente dizendo para as pessoas serem generosas. É imediato. Funciona rapidamente. Ser generoso, dar, dar, dar — não há problema, dê tudo e, depois, não restará problema.

O processo de cura começa quando ficamos conscientes do que somos e do que fazemos, das ressonâncias que temos com os arquétipos e assim por diante. Entenda, é uma questão de autenticidade: a maioria de nossos problemas de saúde é gerada pela diferença de percepção entre aquilo que somos de fato e o que pensamos que somos, qual é a realidade e como a percebemos. Essas duas coisas conflitam mutuamente e criam a doença. Quando resolvemos aquela, sobra muito pouco — só alguns ossos para emendar e coisas do tipo.

Como aprofundamos a conexão com o *self* quântico? Faça do *self* quântico seu Deus pessoal. Depois, conecte-se com ele através da prece ou orientando seu amor para esse Deus interior. Essa maneira de se relacionar com Deus é uma coisa muito dinâmica; é o relacionamento mais dinâmico que teremos, pois pode nos transformar muito. A pessoa que mantém um relacionamento com um Deus pessoal é uma pessoa que aceita a ideia de cura e transformação. Quando Deus entra dessa maneira em nossa vida, a vida torna-se uma jornada contínua de criatividade e transformação. A cura quântica pode acontecer regularmente. Quando a criatividade para, quando a transformação para, a morte aparece.

Portanto, a pessoa que mantém um relacionamento com um Deus pessoal é uma pessoa que está pronta para a vida. A pessoa que tem medo da vida é uma pessoa que tem medo de Deus, uma pessoa que não mantém um relacionamento pessoal com Deus, uma pessoa que está fugindo de Deus e da realidade. Precisamos manter um relacionamento pessoal com Deus. Relacionar-se com o *self* profundo não é religião — não é dogma ou crença desnecessária.

Quando nós, médicos e curadores, tentamos curar alguém, eis a primeira coisa que temos de curar em nossos pacientes: seu relacionamento com Deus precisa se tornar pessoal. Claro, para ateus declarados, é melhor usar o conceito da Unidade do que a palavra Deus.

O que acontece quando temos um relacionamento pessoal com Deus? Nos estados contínuos de comunhão extática com Deus na forma do *self* quântico, somos inspirados a nos dedicar à construção da alma. É então que nos dedicamos à criatividade fundamental e abordamos o mundo arquetípico; a cura quântica vem desse nível supramental arquetípico de nosso ser. No começo, essas comunhões são breves e fracas, mas crescem constantemente; depois, como nossa comunhão com Deus fica mais forte, isso gera alguns efeitos permanentes: uma vida de criatividade e transformação permanentes.

Como temos acesso à potencialidade infinita, por exemplo, não jogamos mais o jogo de soma zero, no qual o seu ganho deve vir da minha perda e vice-versa. Em vez de competir, agora nos tornamos infinitamente generosos. Quanto menos estamos em contato com Deus, mais nos tornamos mesquinhos. Sentimo-nos pobres, sentimo-nos solitários, como pequenas criaturas indefesas em um universo imenso e ainda por cima caótico. Além disso, se queremos colher a última gota de prazer, qualquer última gota de felicidade a que temos acesso, então, quanto mais tentamos, mais essa felicidade se esvai por entre os dedos — pois essa é a lição, naturalmente. A consciência criou a ciência da manifestação dessa maneira a fim de disponibilizá-la para todos, mesmo aqueles que precisam ser atingidos por uma doença grave para explorar suas potencialidades quânticas.

Além disso, como sentimos de maneira permanente e com frequência cada vez maior a presença do espírito divino dentro do nosso ser, iremos ficar cada vez menos limitados na maneira como amamos e nos dedicamos à inteireza, o arquétipo da saúde.

Incondicionalidade. Seremos capazes de amar sem condições, sem impor quaisquer condições a nós mesmos: "Vou amar esta pessoa, caso isto aconteça"; "Vou amar se tiver isso..."; "Vou amar se estiver no meu caminho". Vamos amar, simplesmente, e esse amor, como mostramos antes, levará ao fato de que descobrimos a fonte da felicidade — a expansão da consciência —, e não aquela condição com a qual amamos e que confundimos com a fonte da felicidade. E essa é a resposta à questão: "Como podemos amar sem quaisquer limites?". O amor sem quaisquer limites já é o pano de fundo perfeito para a cura; na verdade, ele reequilibra automaticamente o nosso ser.

Em suma, podemos dizer que a chave é esta: trazer um Deus pessoal para nossas vidas é essencial para a cura quântica completa. Na verdade, esta é a verdadeira fonte de sofrimento do ser humano: não perceber esta Presença, a presença de um Deus pessoal, olhando para nós. Criamos a ilusão de que estamos separados, de que somos independentes e separados; esse é nosso grande melodrama. Tudo o mais é apenas uma projeção fora de nosso melodrama interior. Comportamo-nos como a criança que grita, mas não aceita o abraço da mãe porque, na verdade, ela está gritando pelo afeto da mãe. Mas ela não sabe disso e fica esperneando; vai gritar até ficar exausta de tanto chorar, então relaxar e cair nos braços de sua mãe.

Assim, é isso que acontece às vezes quando as pessoas ficam gravemente doentes. É por isso que encontramos, entre pacientes em fase terminal, algumas pessoas que são curadas milagrosamente, mas na verdade a primeira coisa que podem descrever é o fato de terem visto a luz, de terem sentido essa extraordinária energia pacífica, harmonizadora e divina; então, subitamente, a doença some e sua vida começa a se transformar.

Quando falamos da autocura usando a criatividade quântica, na primeira fase temos de desenvolver e implementar uma maneira objetiva, distanciada e lúcida de ver a doença. Temos de ser firmes, mas otimistas, e ver a possibilidade de a doença ser uma consequência dos enganos que cometemos antes, admitindo que talvez, de certo modo, tenhamos criado nossa doença. Esse é o primeiro passo.

Ver a doença como efeito de seu estilo de vida errado o abrirá para novas possibilidades de exploração e uso de muitos métodos de criar ressonâncias alternativas e diferentes em seu ser — métodos como ervas medicinais, acupuntura, cura pelos chakras, musicoterapia e arteterapia, hipnoterapia, meditação e técnicas similares, e, se elas não funcionarem direito, pratique a criatividade quântica, *do-be-do-be-do* (fazer-ser-fazer--ser-fazer) e o processo criativo. Esse é o segundo passo.

O segundo passo — o processo criativo da criatividade fundamental — requer crucialmente o desenvolvimento de uma característica cuja falta é muito sentida hoje em dia. É a perseverança. No segundo passo, temos de visualizar constantemente, firmemente, repetidamente, que somos saudáveis, que estamos tendo ressonâncias muito boas com os arquétipos que estamos explorando e com as expansões de consciência — temos de nos visualizar em um estado muito harmonioso. Essa visualização criativa e firme precisa ser praticada mesmo quando estamos nos sentindo para baixo, mesmo quando o salto quântico não acontece depressa, mesmo se estivermos completamente esmagados por nossa dificuldade de progredir. A visualização e a imaginação ativa são milagrosas quando seguidas do relaxamento, do processamento inconsciente das possibilidades trazidas pela visualização. Mas precisamos praticar esse *do-be-do-be-do* com resiliência, lembrando-nos constantemente de que os fracassos são os pilares do sucesso.

A pessoa responsável vai pagar o preço, porque ela compreende o que irá receber. A coisa milagrosa é que, enquanto é curado por alguma coisa, na verdade você é curado por muitas outras coisas que nem percebeu que estavam conectadas com a doença. Portanto, na realidade, quando o processo espiritual de cura termina — quando você pode dizer "Agora estou curado" — você está, na verdade, com uma consciência muito mais elevada do que aquela que tinha antes de começar o processo de cura, pois está curando muitas coisas que estavam ligadas à doença visível e que não havia identificado. Por isso, o processo de cura não é como as pessoas costumam acreditar: "Ah, só preciso curar este resfriadinho, não deve levar mais de uma semana".

Uma parte da sua mente irá dizer: "Oh, nem gosto dessa teoria. Perseverança, uma ova. Quero me curar mais depressa; quero isso agora!". Essa parte da sua mente está arrependida de ter aceitado um absurdo como "eu crio minha própria realidade". Ela quer a pílula azul — basta engoli-la, não precisa fazer todas essas coisas complicadas.

Sem perseverança, sem resiliência, a cura quântica não irá acontecer. Não importam os métodos espantosos que tivermos, a chave aqui é a perseverança. Você pode se perguntar: "Como podemos aumentar a perseverança?". Antes de mais nada, você precisa desenvolver a atitude do autoperdão. Perdoe-se por seus fracassos. Segundo, não se leve tão a sério. Então, você aceitou um monte de histórias sobre a força de suas intenções e que elas sempre se manifestam. Sabe, não é assim; não quando exigem criatividade. Portanto, desenvolva a humildade.

No final das contas, a resposta sobre como ser perseverante é espantosamente simples: perseverando. É assim que você aumenta a perseverança.

Quando você persevera e se entrega, a consciência responde com inspiração e resolução. Para ressoar, a prática é a alternância entre intenção e entrega.

Meditação profunda

Por que precisamos empregar etapas e estágios para que o processo criativo funcione? A probabilidade de se descobrir uma nova ideia ou um novo estado de bem-estar e cura é praticamente zero. É por isto que a sabedoria espiritual é importante: só a graça de Deus leva você lá. Então, por que tanta tolice? Para provar nossa sinceridade, para demonstrar que realmente chegamos a um impasse, como um conflito entre dois opostos que não podemos resolver. É então que buscamos atingir o céu, quando podemos dizer: "Estou pronto para ir além dos limites do esforço humano". Patanjali chama esse processo de *Ishwara Pranidhana*.

Existe algum modo de contornar todos esses estágios e ir direto para a Graça de Deus, Ishwara Pranidhana? Sim, existe, é a estrada real; na verdade, não é um atalho, e sim um modo muito poderoso não só de provocar um salto quântico de cura, como também de resolver até problemas ocultos de saúde, problemas que ainda não se manifestaram como sintomas. A meditação profunda, praticada sistematicamente, mantém não apenas as ressonâncias negativas afastadas de nós, tornando-nos imunes a toda espécie de influência estranha, como também produz um estado consciente de expansão prolongada de consciência.

A meditação profunda é o segredo da cura. Como é nossa prática habitual de percepção-consciente? Mantemo-nos na percepção-consciente; pensamos em obter a ressonância positiva, ela não vem. Depois de algum tempo, relaxamos, soltamo-nos. Mas, depois de algum tempo, pensamos que antes nossas ressonâncias foram negativas. Então, novamente, concentramo-nos na percepção-consciente, em nos mantermos positivos, expandirmo-nos e voltamos a pensar: "Puxa, é mesmo, estou espantado, como eu estava mal antes, muito mal, tão mal que nem acredito". Novamente, voltamos à prática da percepção-consciente. Com muita atenção, meditamos sobre as ressonâncias positivas, e então aquele pensamento volta: "Agora, percebo a diferença; vou focalizar a percepção-consciente, isso funciona", e, depois de meia hora disso, pensamos: "Uau, meditei por meia hora. Meu Senhor, fiz isso; com certeza, dominei a *mindfulness*".

Isso não é meditação profunda. A meditação profunda consiste em atingir uma ressonância positiva e seguir em frente — não pensamos, não avaliamos, só ficamos ali. Por quanto tempo? Talvez meia hora baste, talvez cinco minutos; todos temos nossas tarefas materiais, serviços e deveres a fazer. Mas a diferença é realmente perceptível. Quando você sai da meditação profunda, não volta para a contração. De algum modo, as ressonâncias negativas se reduzem.

Portanto, é algo que exige treino. Não é tão fácil concentrar-se para conseguir uma ressonância positiva e ficar nela durante algum tempo. Isso implica que você deveria treinar a mente caso não consiga fazê-lo com facilidade, implica um pouco de esforço para treinar o foco e assim por diante. Sempre prescrevemos um ou dois saltos quânticos de criatividade situacional para ter fé no processo.

A meditação profunda é um caminho real que, de fato, tem poderes milagrosos de cura, mas não funciona tão facilmente. Estou falando da meditação ióguica, o tipo de meditação que os verdadeiros profissionais fazem — a meditação com bondade e amor no coração, conectando-se diretamente com seu Deus pessoal. Não estamos falando apenas de nos sentarmos sem mexer o corpo, sem ficarmos inquietos ou sentarmo-nos de olhos fechados durante certo tempo, observando os pensamentos que passam como nuvens no céu, sem nos apegarmos a eles, até nos distrairmos e voltarmos para a percepção-consciente — essas são as práticas habituais. Já vi pessoas ficarem sentadas durante três horas, sem ocorrência alguma além de dor nos joelhos.

Foram feitos experimentos em hospitais da Índia com pacientes tentando praticar meditação profunda e muitos tiveram êxito na cura do diabetes e outras doenças. E aqueles que tiveram sucesso foram os que realmente conseguiram entrar em meditação profunda, um estado de consciência expandida durante um período considerável. Isso implica muita disciplina e treinamento por parte desses pacientes; não pense que foi fácil.

O antigo editor da publicação norte-americana *Saturday Review*, Norman Cousins, escreveu sobre sua autocura da condição de espondilite anquilosante, uma doença degenerativa que atrofia o tecido conectivo da espinha. Especialistas estimaram que sua chance de recuperação era de 0,2%. Cousins parou de tomar os medicamentos convencionais e substituiu-os por megadoses de vitamina C, sempre em contato com seu médico. Porém, o mais importante foi o fato de assistir a filmes engraçados (na maioria, antigas comédias de W. C. Fields e dos irmãos Marx) e ler suas revistas em quadrinhos preferidas durante todo um fim de semana. Após essa maratona, diz Cousins que se recuperou completamente de sua condição e retomou sua vida bastante produtiva.

Claro que os céticos permanecem como tal. Há um rumor de que Cousins teria usado medicamentos homeopáticos em segredo, pois estava hesitante em admiti-lo publicamente. Será que atingiu a meditação profunda e se manteve nela, com estados contínuos de ressonância positiva durante todo o fim de semana? Creio não só que ele pode ter feito isso, como é bem provável que o tenha feito. Afinal, nenhuma meditação precisa ter um formato oficial.

> *"Reze como se tudo dependesse de Deus e aja como se tudo dependesse de você."*
>
> — Santo Agostinho

capítulo 16

gerontologia quântica: viva quanticamente, viva com saúde, viva mais, morra feliz

Se você já leu livros sobre velhos ditados, talvez se lembre deste: "O país que não tem pessoas idosas deveria comprar algumas". Ou este: "Os idosos são as pessoas mais sábias; são amigos da sabedoria". Mas na nossa cultura é o contrário: a doença de Alzheimer e outras condições crônicas tornaram-se boas amigas dos idosos, tomando o lugar da sabedoria.

Não faz muito tempo que se detectou o primeiro caso de Alzheimer, que agora está atingindo proporções epidêmicas. Atualmente, cerca de 1% dos norte-americanos sofrem da doença de Alzheimer, mas os dados são alarmantes porque, para idosos com mais de 65 anos, o índice de mortes decorrentes da doença aumentou espantosos 146% entre 2000 e 2018. Isso deveria ser um aviso sério à humanidade: como as pessoas tendem a não processar mais significado, o repertório da memória também não é muito necessário. Hoje em dia, as pessoas são individualistas e defendem seus territórios nos relacionamentos emocionais; isso produz inflamação do sistema imunológico, o que, por sua vez, contribui para a placa nos neurônios da memória, consistente em depósitos de proteína beta-amiloide. Pouco a pouco, as memórias passam a ficar de fora do alcance da recordação consciente, levando à demência que chamamos de doença de Alzheimer. Assim, em vez de mais velhas e mais sábias, geralmente as pessoas ficam mais velhas e dementes.

Que maneira de terminar a vida. Isso causa um ônus enorme para a sociedade. Então, por que está acontecendo? Porque falta uma boa ciência da saúde e um sistema de educação da saúde que ensine as pessoas a viver.

A pergunta de um milhão de dólares é esta: o que faz as pessoas ficarem mais velhas e mais sábias? Na falta disso, o que pode garantir aos idosos qualidade de vida e morte digna? Obviamente, a menos que haja a continuidade da qualidade de vida à medida que envelhecemos, de que serve a longevidade?

Com efeito, os dois resultados — qualidade de vida e longevidade — estão relacionados. Hoje, temos evidências conclusivas de que viver a vida com propósito leva a uma vida mais longa. Na juventude, tínhamos no mínimo alguns propósitos; nessa época, dedicamos a vida atendendo a necessidades mais baixas, mas quando temos alguma profissão, podemos explorar um pouco os arquétipos — abundância (pessoas de negócios), poder (políticos e líderes em geral), a verdade (cientistas, escritores, poetas, artistas, algumas pessoas da mídia), justiça (alguns que seguem profissões ligadas ao direito), inteireza (curadores, educadores) etc. Infelizmente, o propósito da vida fica quase totalmente preso à vida profissional e, assim, quando a pessoa se aposenta, seu propósito e seus arquétipos desaparecem de sua vida.

Qualidade de vida, propósito, significado — esses itens não estão no âmbito da ciência materialista. Felizmente, até curadores alopáticos não aderem estritamente ao materialismo científico; eles recorrem à ideia da medicina baseada em evidências para verificar se significado, propósito, amor, espiritualidade e essas coisas não mecânicas ajudam os idosos a ter mais qualidade de vida sob o disfarce da medicina holística. Geralmente, todos esses estudos são positivos, a ponto de se estar fazendo algum esforço — a psicologia positiva é um exemplo — para incluir, naturalmente de forma implícita, o não físico no cuidado com os idosos em geral. Essa é uma boa notícia.

Nos países ricos, em algumas profissões, a aposentadoria não é mais compulsória. Para os idosos, essa também é uma boa notícia. De modo geral, porém, a postura materialista, isoladamente, é muito inadequada para cuidar da saúde dos idosos. Analisemos isso em detalhes.

A postura materialista diante da gerontologia consiste em separar as diferentes contribuições de três fatores discerníveis:

1. O problema da entropia — em função do estilo de vida, há certa desordem na rotina dos idosos;

2. Doenças, crônicas ou causadas por acidentes, bactérias e vírus, especialmente aquele primeiro;
3. Deterioração provocada pelo processo natural de envelhecimento.

Naturalmente, o tratamento materialista é a alopatia — drogas, principalmente para curar a doença, além, talvez, de uma abordagem holística para corrigir parte dos transtornos do estilo de vida que causam estresse emocional, como a solidão.

Segundo a American Holistic Health Association (Associação Americana de Saúde Holística): "A saúde holística é uma abordagem diante da vida que enfatiza a conexão entre mente, corpo e espírito, com a meta de fazer com que tudo funcione da melhor maneira possível para que você disponha de grande bem-estar. Um dos principais componentes da abordagem holística consiste em assumir a responsabilidade por seu bem-estar, fazendo escolhas cotidianas que o coloquem no comando de sua saúde".

Isso parece bom, mas o problema é que, sem compreender a natureza não material da mente e do espírito, e sem levar em conta os sentimentos vitais, a medicina holística que está sendo desenvolvida também é inadequada.

Gerontologia quântica

O que podemos fazer para ajudar a cuidar dos idosos, agora que temos a teoria para nos orientar — a ciência quântica somada à ciência baseada em evidências?

A resposta da ciência quântica é: muito. Com efeito, estamos reformulando a gerontologia — o trato dos idosos — e tornando-a uma gerontologia quântica.

Um artigo publicado na revista científica *Journal of Gerontology*, de autoria de Alexandra M. Freund *et al.*, alega que a motivação é a chave para um envelhecimento saudável. De fato, a dificuldade na mudança de estilo de vida, passando de um pouco saudável e sedentário para outro saudável e ativo é a motivação. É fácil falar de exercícios simples de manutenção, que já mencionamos em um capítulo anterior. Muitas dessas práticas, como yoga e meditação, já se encontram por aí há tempos, de uma forma ou de outra. No entanto, é a motivação que impede as pessoas de usar o conhecimento disponível. E, sim, que seja dado o crédito: parte da percepção-consciente recente sobre esse conhecimento foi orientada sob o paradigma do holismo.

Já existe a percepção-consciente, também nos modelos da psicologia humanística, transpessoal e profunda, de que o desenvolvimento humano é moldado por dois impulsos psicológicos.

1. Hilotropia — expressão usada pelo psiquiatra Stan Grof para referir-se ao impulso rumo à individualidade do ego e à separação;
2. Holotropia — o impulso pela inteireza, pelo *self* quântico, não para a salvação espiritual ou a autorrealização, mas para a integração de todos os conflitos em uma compreensão do arquétipo da inteireza.

Um estudo do desenvolvimento humano mostra que na maioria das pessoas o que predomina é o apelo da hilotropia. Porém, segundo a ciência quântica da consciência, há dois períodos de exceção que os tibetanos antigos chamavam de *bardo* — uma passagem para novas explorações. Uma delas se dá na puberdade e dura toda a adolescência. A segunda ocorre na meia-idade, entre os 40 e os 60 anos, e é chamada de transição da meia-idade. Em função do despertar do impulso rumo à holotropia, essas pessoas que despertam têm motivação adicional para mudar seu estilo de vida. A gerontologia quântica funciona melhor com esse despertar explícito. As tarefas da gerontologia quântica são tríplices.

1. Ajudar as pessoas a se tornar idosas e sábias, começando pela transição da meia-idade, através de um programa prolongado que envolve a personificação dos arquétipos pela ciência quântica da manifestação e criatividade, tanto no nível mental quanto no vital — em outras palavras, conduzindo as pessoas através daquilo que chamamos de yoga quântica da construção da alma. Algumas pessoas, na meia-idade, contraem mesmo doenças crônicas em função de abusos em seu estilo de vida anterior. Isso costuma gerar a motivação adicional para um estilo de vida saudável durante a convalescença de um tratamento alopático.
2. Ajudar as pessoas a reconhecer o apelo da holotropia, mas decidindo não passar pela transição da meia-idade; em lugar disso, elas devem voltar ao padrão anterior, reenquadrando seu passado e enfatizando o positivo. Geralmente, essas pessoas têm doenças crônicas mais tarde, especialmente depois dos 60 anos, e precisam de cuidados terapêuticos e médicos de algum tipo pelo resto da vida.
3. Ajudar pessoas que não se enquadram em nenhuma das duas categorias acima — ou seja, pessoas que não despertam para a holotropia na meia-idade e deixam-se deteriorar, tornando-se um "problema da idade" que precisa de cuidados em um asilo ou ambiente similar. O desafio é: podemos melhorar o tratamento tão pobre que atualmente é dado a esse grupo de idosos, de longe o

mais comum segundo a cultura materialista, de valores confusos e de visão de mundo polarizada em que vivem?

É nessa última categoria de pessoas que os princípios holísticos estão sendo aplicados hoje com algum sucesso, sendo também uma importante oportunidade para o empreendedorismo quântico.

Na primeira categoria, as pessoas que estão prontas para a construção da alma são o foco primário da abordagem quântica para a vida e o modo de vida. Neste capítulo, iremos nos concentrar no primeiro e no segundo grupo de pessoas, aquelas que reconhecem o chamado da holotropia. Iremos falar da questão do envelhecimento e dos problemas da longevidade, esboçando uma estratégia integrativa de saúde quântica para essas pessoas.

De que maneira as práticas de saúde para pessoas mais velhas diferem daquelas tratadas anteriormente como medicina preventiva? A evolução biológica fornece-nos um conjunto de funções fisiológicas universais com as quais nascemos, entre as quais os mecanismos que ditam a longevidade e o envelhecimento. A crença que domina a comunidade biológica é que a fisiologia humana é permanente e não podemos mudar as funções fisiológicas dos órgãos. Portanto, o efeito do envelhecimento — como a morte das células — sobre os órgãos causa a deterioração das funções orgânicas.

A oposição a essa ideia vem da milenar tradição espiritual do tantra, desenvolvida inicialmente na Índia e depois no Tibete. No tantra, encontramos a ideia mística da kundalini — a energia enrolada nos chakras inferiores, sexual e básico — e seu misterioso despertar, a elevação da energia que abre todos os chakras acima desses. Poucas pessoas, no entanto, relatam essa experiência do despertar. Menos ainda mostram sinais tangíveis de tal "abertura".

Eu (Amit) fiquei curioso sobre esse fenômeno porque tive uma experiência de abertura enquanto estava fazendo o que pareceu ser um exercício em quatro etapas envolvendo agitação do corpo, meditação, dança lenta e outra sessão de meditação. Em retrospecto, depois que desenvolvi uma teoria sobre a criatividade mental, vi aquilo que fiz como um exercício *do-be-do-be-do* (fazer-ser-fazer-ser-fazer) de energia vital, e comecei a considerar a ideia de que talvez minha experiência (e a experiência do despertar da kundalini em geral) signifique um salto quântico para novos movimentos de energia vital. Em outras palavras, o despertar da kundalini é o salto quântico da criatividade vital.

Tratamos antes de aspectos da criatividade vital em conexão com o guna de tejas e o dosha pitta em conexão com o chakra umbilical (ou do plexo solar) e o coração. O despertar tradicional da kundalini inclui na equação o chakra frontal. Sob a orientação da ciência quântica, agora podemos incluir mais dos chakras do cérebro na equação do despertar da kundalini.

Por que isso é importante? Envelhecer, como dizem os pesquisadores convencionais, envolve a redução "normal" das funções dos órgãos nos diversos chakras. Como a fisiologia não é fixa na ciência quântica, se o chakra pode ser aberto, os órgãos do chakra podem se comportar de maneira quanticamente mais coerente, o que pode reduzir ou até eliminar a deterioração. Desse modo, para pessoas que permitem a ocorrência de uma transição como resposta à chamada da holotropia, sugerimos o recurso a seguir para que tenham uma qualidade contínua de vida e uma morte com dignidade.

1. Desenvolver uma revisão no sistema de crenças, começando pela compreensão completa do significado e do propósito da vida e da morte, em particular da ideia da reencarnação.
2. Desenvolver uma nova perspectiva acerca do envelhecimento, em especial da convicção de que a qualidade de vida é mais importante do que a quantidade. Isso consiste em examinar como o envelhecimento leva a uma capacidade menor de extrair o suco da vida com a fisiologia existente, bem como em saber se o esforço para ter uma fisiologia melhor vale a pena.
3. Dedicar-se a práticas que visem a uma fisiologia melhor. Isso resulta no desenvolvimento geral de circuitos cerebrais emocionais positivos. Essa é a chave para a qualidade de vida através da eliminação do estresse emocional e do reforço de uma tendência psicológica positiva.

O item 1 foi tratado ao longo deste livro e, por isso, não é necessário falar mais dele, exceto para nos lembrar de que ver a morte como uma passagem para a próxima vida — como os pesquisadores tibetanos descobriram há séculos — elimina um componente importante do medo e da aversão pelo risco que vêm com a idade, principalmente o medo da morte. A compreensão da reencarnação também nos dá uma nova e importante perspectiva: quando você morre, seus bens materiais não vão com você; aquilo que o acompanha é seu karma, suas características e padrões de hábitos do karma, suas propensões adquiridas. Quando você percebe isso, sua vida tardia torna-se um preparativo para a próxima, dando-lhe motivação para desenvolver novos hábitos e criar software saudável para a reentrada na vida com significado, propósito e arquétipos.

Haverá alguma punição como o karma por suas indiscrições passadas, sem dúvida, inclusive doenças crônicas severas como câncer, doenças cardíacas ou artrite. Mas de uma coisa você pode ter certeza: não precisará recear o Alzheimer e coisas do tipo. A morte digna estará assegurada.

Teoria do envelhecimento

Numerosas teorias tratam do envelhecimento, mas geralmente se encaixam em duas categorias principais: envelhecimento como um estado programado e envelhecimento resultante do acúmulo de danos.

A morte programada faz parte do software de toda célula viva. O pesquisador Leonard Hayflick descobriu aquilo que hoje chamamos de Efeito Hayflick. Uma célula só consegue se dividir cerca de cinquenta vezes. A cada divisão da célula, a extremidade da célula, chamada telômero, fica menor; após cerca de cinquenta divisões, mais ou menos, ele desaparece totalmente e a célula morre. Esse software genético também sugere que a vida humana média não deve ser superior a cerca de cem anos.

Alguns pesquisadores enfatizam que o envelhecimento é mais uma deterioração dos programas fisiológicos de sobrevivência do que uma parte programada do desenvolvimento celular individual. Em vista disso, se o software é complexo, como nos animais superiores, o software será distribuído por muitas células individuais; se uma célula crucial para uma parte desse software complexo morre, a função ficará comprometida. Além do mais, haverá fatores celulares ambientais: acúmulo de oxidantes, ruptura de caminhos reguladores do hipotálamo e da pituitária até outras glândulas cruciais para o funcionamento do órgão etc.

Há, é claro, mecanismos de reparo: a regeneração. Há células-tronco e a potencialidade litúrgica deve estar disponível para programar novamente algumas delas e reparar a complexidade perdida. Mas a questão é mais complexa do que isso. As células-tronco também morrem; elas também estão sujeitas ao Efeito Hayflick. Ademais, segundo a ciência quântica, existe a questão da vontade de viver que ativa a sabedoria do corpo. É fato que, quando envelhecemos, nossos ferimentos levam mais tempo para sarar. Isso pode se dever, em parte, a uma redução geral da vontade de sobreviver.

É seguro concluir que esse acúmulo de danos ao software, amplificado pela capacidade reduzida de reparar mecanismos, é afetado pela senescência programada — o Efeito Hayflick. A complexa interação entre ambiente e predisposição genética pode resultar no envelhecimento. Em outras palavras, a morte celular programada e o envelhecimento resultante de danos às células não são mutuamente exclusivos, e, juntos, ambos lidam com a razão para envelhecermos e a forma como esse processo se dá.

Agora, o remédio da medicina quântica integral deve estar claro. Adotamos técnicas de manutenção de software da yoga quântica, com técnicas de cura quântica (para ativar o mecanismo de reparos) além dos programas de nutrição do Ayurveda e da naturopatia — ervas e suplementos alimentícios.

Para pessoas mais aventureiras, há também a construção da alma e a possibilidade de uma fisiologia ainda mais avançada.

A seguir, examinamos alguns detalhes da deterioração da função de órgãos individuais e tentamos avaliar a eficácia de um programa de gestão de saúde da medicina quântica integrativa para todos os grupos de órgãos importantes.

Deterioração da função do órgão com o envelhecimento

Segundo o gerontologista norte-americano G. E. Taffet: "As mudanças no envelhecimento do corpo em geral estão relacionadas com a perda de complexidade na função fisiológica, como a reação cardíaca, neurológica e do estresse". Com a morte das células, quando há menos potencialidades quânticas para manter a disponibilidade da homeostase, dá-se um fenômeno chamado homeostenose. A "estenose" é uma palavra médica genérica usada para denotar o estreitamento de uma passagem.

Mecanismos corporais, como o ritmo circadiano de manutenção da temperatura corporal, o acúmulo do cortisol do estresse no plasma e a secreção de melatonina pela glândula pineal e o sono, são afetados pela falta geral de criatividade situacional — vayu vital. Essa falta de criatividade vital para fazer pequenos ajustes no software é responsável pela inflexibilidade geral do sistema para efetuar pequenas mudanças como resposta à necessidade do momento. A falta de criatividade vital de vayu leva ao acúmulo do dosha de vata no nível físico, a ponto de ainda ser costume, na cultura indiana, dizer "eu tenho vata" para se referir a problemas de saúde muito antigos.

Por isso, o envelhecimento não pode ser corrigido por ajustes situacionais automáticos, esse é o ponto. A suposta sabedoria do corpo, o espectro condicionado de potencialidades com que vayu trabalha, não está mais cumprindo seu papel, e tejas — a criatividade fundamental — precisa ser convocada.

Os convencionalistas prescrevem exercícios físicos e agilidade mental. Dados recentes mostram que fazer essas coisas em grupos (e colocando com isso a não localidade em ação) funciona ainda melhor, mas nem isso basta. Você precisa adicionar remédios ayurvédicos quânticos e ióguicos. Até o Ayurveda tradicional lembra um ponto muito importante: a homeostenose geral que dizemos que faz parte do envelhecimento também se deve a um acúmulo de toxinas — *ama*, em sânscrito — causado pelo dosha kapha. A limpeza do acúmulo de toxinas é feita por Panchakarma — um ritual de limpeza de cinco etapas comentado antes. Se a isso você acrescenta uma combinação de ervas ayurvédicas e exercícios vitais à maneira quântica, ótimo.

Um breve lembrete: dizemos que os exercícios vitais feitos à maneira quântica são "yoga quântica". Qual é a diferença? Na yoga habitual, há dois estilos dominantes — yoga rápida e yoga lenta. A yoga rápida difere pouco de exercícios de alongamento físico — *do-do-do*. A yoga lenta, por outro lado, quando prestamos atenção nos movimentos vitais, é uma tentativa de transformar a prática de asanas da yoga em um estilo *do-be-do-be-do* de exercício vital; mas temos que encarar os fatos: o *do-do-do* ainda predomina. Se, por outro lado, quando praticamos yoga alongando-nos como os animais, ou seja, mantendo a posição por algum tempo, fazemos o equivalente vital do *be-be-be*. Se praticamos esses dois estilos em sequência, produzimos o processo *do-be-do-be-do* de perfeição para a criatividade. Claro que isso resulta ocasionalmente em saltos quânticos de energia vital, um minidespertar da kundalini que pode restaurar a sabedoria de cura do corpo.

O sistema é restaurado da seguinte maneira: quando o sistema quântico salta até o funcionamento superior, os órgãos funcionam em um nível elevado. Alguns órgãos obtêm um repouso necessário enquanto outros funcionam em um modo quântico mais coerente. Nesse modo, novas potencialidades criativas podem ser manifestadas para programar uma célula-tronco para a regeneração da parte faltante da fisiologia complexa.

Se tivéssemos de praticar yoga quântica simultaneamente para todos os sistemas físicos que estão funcionando errado, a prática seria muito difícil. Felizmente, exceto no caso de algumas síndromes geriátricas como fadiga crônica ou esclerose múltipla, nossa fisiologia se deteriora de sistema em sistema, dependendo de seu estilo de vida específico. Nos capítulos anteriores, comentamos um pouco a deterioração do estilo de vida sobre os órgãos dos chakras umbilical e cardíaco — respectivamente, os sistemas gastrointestinal e cardiovascular e imunológico. Aqui, veremos mais alguns.

Mas falemos sobre uma coisa do sistema cardiovascular: o endurecimento das paredes arteriais e o enrijecimento das veias. A vitalidade letárgica (dosha kapha) leva ao acúmulo de ama em toda parte quando a inércia prevalece de modo geral. A ação pontual de vayu mantém o problema longe. Na velhice, o excesso de vata torna-se a ordem do dia, vayu não funciona e, em virtude do ama acumulado (moléculas de inflamação e de colesterol), as artérias endurecem e as veias se enrijecem, resultando em hipertensão.

A pressão arterial elevada é uma condição tão perigosa na velhice (pois aumenta as chances de ataque cardíaco e de derrame) que prescrevemos não só remédios ayurvédicos (ervas), remédios naturopáticos (suplementos alimentares e naturais) e exercícios de yoga quântica, como também remédios alopáticos, como medicamentos para pressão arterial.

Envelhecimento e o sistema excretor

A seguir, analisaremos algumas mudanças causadas pelo envelhecimento no sistema excretor, decorrentes principalmente de mudanças na atividade dos músculos lisos e da absorção de nutrientes pelo corpo através da ingestão de alimentos.

1. Redução na produção de saliva.
2. Dessincronização da contração e relaxamento do movimento dos músculos lisos, afetando o controle do esfíncter e tornando a engulição menos eficaz.
3. Metabolismo alterado das proteínas e absorção de nutrientes.
4. Maior tempo de trânsito para o movimento das fezes.
5. Atrofia da mucosa gastrointestinal, a ama.
6. Redução da força dos músculos do cólon.
7. Redução do tamanho do fígado e do pâncreas.

O item 1 leva à perda do apetite. Segundo o Ayurveda, isso se deve ao desequilíbrio dos diversos sabores: precisamos satisfazer todos os seis sabores, doce, azedo, salgado, amargo, pungente e adstringente. O remédio ayurvédico é *rasayana* — a cura pelo equilíbrio da dieta com a inclusão de todos os seis sabores. Isso envolve a correção consciente da preferência que você desenvolveu em virtude do agravamento de dosha.

De modo geral, com vata e kapha agravados, preferimos o doce, azedo, salgado e amargo, e os sabores adstringente e pungente promovem tejas, que é precisamente aquilo que rasayana prescreve como parte do remédio.

Os itens de 2 a 6 contribuem para a constipação. Panchakarma também ajuda aqui, assim como alimentos com fibras adequadas. Quando isso não basta, ervas ayurvédicas são mais eficazes do que laxantes alopáticos tradicionais. Entretanto, todas são apenas curas temporárias.

Para fazermos um remédio duradouro, precisamos recorrer à yoga quântica — criatividade vital e mental, neste caso, porque a emoção negativa do medo entra em cena de maneira importante.

Transformar medo em coragem é básico em todas as aplicações da yoga quântica para o controle de qualidade da velhice. Aqui, o componente mental é o sistema de crenças errado; já tratamos disso.

O item 7 é um problema do chakra umbilical e exige exercícios de yoga quântica e criatividade fundamental para a regeneração usando células-tronco.

Envelhecimento dos órgãos do chakra umbilical: metabolismo e gordura visceral na velhice

Existe a crença generalizada de que o metabolismo se reduz progressivamente com a idade, e que muitos problemas da velhice, como obesidade e diabetes tipo 2, acontecem principalmente por causa disso. No entanto, essa crença precisa mudar radicalmente — e, felizmente, isso está acontecendo. Dados clínicos recentes estabeleceram que o metabolismo muda radicalmente com a idade de quinze meses, caindo de uma taxa bastante elevada para metade dessa taxa, e depois, com cerca de 60 anos, ele começa a decrescer progressivamente. Entre os 20 e os 60 anos, a taxa metabólica se mantém aproximadamente constante, embora o valor exato varie de pessoa para pessoa. Em outras palavras, há muita heterogeneidade para a taxa metabólica, um fato que apoia a teoria de heterogeneidade dos doshas no Ayurveda.

Mas o que é mais importante notar é isto: a energia (física) gasta pelo metabolismo por pessoas que fazem exercícios regularmente irá para a formação muscular, enquanto no caso das pessoas sedentárias, a energia vai para atividades de manutenção (*do-do-do*) e — adivinhe só — para a resposta ao estresse emocional, a inflamação imunológica e a gordura visceral. É esta última que leva à disfunção dos órgãos do chakra umbilical. Gordura visceral é a gordura abdominal que se acumula na cavidade abdominal, produzindo aquilo que é conhecido como "barriga de cerveja". Ela aparece principalmente nos homens e contrasta com todas as outras gorduras, como a gordura subcutânea ou a gordura das mulheres nas coxas, quadris e nádegas.

Em pequena quantidade, a gordura visceral atua como um reservatório extra ou de emergência de energia física. Todavia, como a gordura visceral excessiva cobre os órgãos do umbigo, como fígado, estômago e pâncreas, bem como os espaços entre esses órgãos, ela impacta sua atividade, causando seu mau funcionamento.

Um dos modos de ação desse mau funcionamento é aquilo que chamam de síndrome metabólica — a resistência à insulina, ou a perda da sensibilidade da célula à insulina. Em uma situação normal, as células musculares ao redor do pâncreas se encharcam de insulina, permitindo a absorção do açúcar, especialmente a glicose da corrente sanguínea. Na resistência à insulina, essas células não absorvem o açúcar da corrente sanguínea e com isso produzem elevada taxa de açúcar no sangue, sintomática do diabetes tipo 2.

Na meia-idade, a yoga quântica pode ajudar a impedir a gordura visceral e a síndrome metabólica. O desequilíbrio de ojas — inércia — é que permite o acúmulo excessivo de gordura abdominal. A yoga ativa a criatividade vital — vayu — e mantém os sistemas em equilíbrio. Mais importante ainda, ativando tejas conforme necessário, a yoga quântica pode elevar a fisiologia, reprogramando as células-tronco com sensibilidade normal à insulina e absorvendo o açúcar excessivo da corrente sanguínea.

Embora a taxa metabólica permaneça a mesma enquanto passamos pela idade adulta e pela meia-idade, a maioria das pessoas sedentárias começa a desenvolver a barriga de cerveja e a ganhar peso (obesidade) na meia-idade, o que continua a ser um problema depois caso essa condição não seja tratada adequadamente. O consenso sobre o desenvolvimento da obesidade é que esta se deve a causas menores, como predisposição genética e mudanças hormonais, bem como a fatores mais sérios, como estilo de vida estressante e hábitos alimentares — o que, como e quando comemos aquilo que queremos. Muitos dos que desenvolvem a obesidade estão sob estresse emocional e comem alimentos processados e pouco nutritivos apressadamente, não só quando estão com fome, mas também quando estão estressados.

Envelhecimento dos órgãos do chakra cardíaco

Quanto aos efeitos do envelhecimento sobre os órgãos do chakra cardíaco, o fenômeno da involução tímica — a redução do tamanho da glândula timo — precisa ser levado em consideração. A involução tímica pode afetar nossa capacidade de suspender a atividade do timo em uma idade avançada, tornando o salto quântico necessário para o amor mais difícil de ser realizado. Do ponto de vista da ciência quântica, este é um problema que todos deveriam tratar antes dos 60 anos, quando a involução tímica começa a se instalar.

Em outras palavras, se você continua com a "síndrome do homem de ferro" na velhice, ficará mais vulnerável a transtornos do sistema imunológico, como a reação autoimune que fica prejudicada, e boa parte da ciência quântica terá perdido a potência para você.

Nesse mesmo sentido, outro efeito da idade madura é a redução da medula óssea vermelha, que são as células-tronco tanto das células sanguíneas vermelhas quanto brancas. Essa é uma má notícia, pois a criatividade fundamental no chakra cardíaco pode requerer células-tronco para regeneração.

Mudanças do envelhecimento no sistema endócrino: a criatividade no chakra do mesencéfalo

Os efeitos do envelhecimento sobre as glândulas produzem certa atrofia e decréscimo na secreção hormonal. As mudanças na ação hormonal podem ser a mudança mais aparente no envelhecimento. Essas mudanças na função ocorrem de forma mais marcante na produção de insulina e na manutenção do nível da glicose; aqui, o mau funcionamento é responsável pelo diabetes tipo 2.

A excreção das fezes previne o acúmulo do vata excessivo e seu agravamento; de modo similar, a excreção da urina livra-nos do excesso de pitta — o ama gástrico. Essas duas funções são afetadas por mudanças na glândula adrenal — a origem dos hormônios do estresse.

Agora, focalize o pâncreas, que controla a produção de insulina para manter o nível de glicose do sangue. A relação entre o pâncreas e o estômago (além do fígado e da vesícula biliar) é similar à relação entre o timo e o coração, só que é invertida. Quando jejuamos, dando descanso ao estômago, o pâncreas torna-se mais quântico e coerente em seu ritmo, e, da mesma forma, a produção de insulina fica mais regular. Isso previne tanto a hiperglicemia quanto a hipoglicemia, ambas fatores importantes do diabetes tipo 2.

A transpiração — o produto das glândulas sudoríparas — é uma das maneiras de eliminar os acúmulos excessivos de kapha do corpo. Portanto, aqui temos outro sinal de alerta da velhice: você está suando o suficiente?

A glândula tireoide controla a taxa de metabolismo do corpo. Geralmente, o envelhecimento produz hipotireoidismo. A saúde da tireoide depende da ingestão adequada de iodo e é fácil de se manter. Preste atenção em sua dieta e veja se o iodo está adequado sempre que perceber os sintomas do hipotireoidismo, como fadiga, aumento da sensibilidade ao frio, rosto inchado etc.

A glândula pituitária é a glândula-mestre e é, por sua vez, controlada pelo hipotálamo, uma glândula do mesencéfalo que é notável por produzir a oxitocina, o hormônio do amor. A principal função do hipotálamo é manter a homeostase do corpo: ela faz isso controlando a glândula pituitária. A chave é o hipotálamo: a ciência quântica sugere uma nova maneira de obtermos o controle consciente sobre todo o sistema glandular, inclusive as glândulas endócrinas.

Anteriormente, focalizamos o controle cerebral dos chakras do corpo. Na ciência quântica, o cérebro só pode dar potencialidade para a escolha da consciência. Para produzir qualquer software, precisamos da consciência total da percepção-consciente — a autoidentidade — para causar o colapso da experiência e gerar memória. Como o controle pelo cérebro começa nos mamíferos com o desenvolvimento do mesencéfalo, devemos postular que os mamíferos têm um chakra no mesencéfalo e uma autoidentidade associada a ele, ativa no primeiro ano de vida do bebê e que fica inconsciente com o desenvolvimento gradual do *self* cortical após esse primeiro ano. É assim que perdemos o controle consciente das funções do mesencéfalo, consistindo na administração de circuitos emocionais negativos e de prazer e no hipotálamo.

Como recuperamos o controle? A ideia de usar a criatividade vital e o despertar da kundalini sugere-se por si mesma. Podemos fazer isso? Há evidências, na literatura espiritual, de mestres da kundalini com tamanha equanimidade emocional que esta só pode vir do despertar da autoidentidade do mesencéfalo e da restauração do controle consciente sobre o software dos órgãos do mesencéfalo.

As práticas *do-be-do-be-do* da yoga quântica e do chi kung devem ser adequadas para despertar o chakra do mesencéfalo. Naturalmente, a designação de uma yoga quântica específica para o chakra do mesencéfalo irá requerer certa tentativa e erro e esforços concentrados, algo que está sendo pesquisado.

Há ainda uma prática da medicina taoísta que pode ser útil. A energia vital bloqueada nos chakras inferiores — *jing* — deve ser elevada ou transformada em *shen* — a energia vital do chakra despertado do mesencéfalo. Fazemos isso pela visualização repetida de uma luz que vai iluminando gradualmente o corpo, começando pelos chakras inferiores e subindo até o mesencéfalo.

Quando a velhice se instala, temos desafios opondo-se a práticas como essa por causa do declínio geral na massa cerebral. A redução da resposta do cérebro à atividade hormonal ocorre com o envelhecimento, afetando tanto o cérebro como o funcionamento do corpo em geral. Fique atento a isso e comece suas práticas na meia-idade.

O envelhecimento do sistema nervoso e o córtex: órgãos do chakra frontal

O envelhecimento do córtex e do sistema neurológico consiste em uma perda de 30% da massa cerebral, inclusive a matéria cinzenta, por volta dos 80 anos. Sem dúvida, isso irá produzir um declínio geral na produção de neurotransmissores, certa perda de memória e a redução da reação a estímulos externos e internos etc.

Atualmente, a principal preocupação de saúde com o cérebro é a demência, especialmente a doença de Alzheimer. Os pesquisadores do Alzheimer falam de um misterioso processo de inflamação e procuram explicá-lo em termos vagamente materiais. Contudo, a verdade é que ninguém sabe por que o Alzheimer aparece. Talvez a compreensão da medicina alopática sobre a doença de Alzheimer evolua, tal como evoluiu a compreensão acerca do colesterol.

Vamos explicar. Há décadas, a crença alopática era que precisávamos controlar o acúmulo do colesterol para prevenir ataques cardíacos das coronárias. Em silêncio, os médicos alopáticos mudaram completamente sua postura diante do colesterol depois que muitos especialistas começarem a mostrar como era absurdo tornar a molécula do colesterol, produzida em quantidade pelo próprio corpo, culpada pelo bloqueio das artérias coronárias. Gradualmente, depois de repetidos estudos clínicos, concluiu- -se finalmente que o bloqueio das artérias pelo colesterol não é a causa da obstrução, mas sim o gatilho e também o efeito de uma inflamação, esta a causa real do bloqueio arterial. Mas o que é inflamação?

Os pesquisadores não cometeram o mesmo erro no trato do Alzheimer: eles não dizem que a proteína amiloide é a causa do Alzheimer; apontam corretamente para a inflamação como a causa. Novamente, porém, o que é a inflamação e o que a produz?

Em termos materiais, a inflamação consiste em moléculas inflamatórias produzidas por um sistema imunológico muito ativo e que está funcionando errado. Mas o que faz com que o sistema imunológico funcione errado? Se você perguntar a um especialista em Ayurveda sobre coisas como bloqueio arterial e placas amiloides que cobrem neurônios de memória, ele dirá que tudo é efeito de um estilo de vida que causa um dosha vata. Quando eu (Amit) ouvi isso pela primeira vez, nem prestei atenção. Dosha vata não é algo específico o suficiente para ser útil — pelo menos, foi o que pensei.

Mas, após certa deliberação consciente, meu processamento inconsciente levou-me a uma nova ideia. Talvez a inflamação não seja física no modo como se inicia; talvez se inicie por um fenômeno vital como o agravamento de vata, ou, mais precisamente, o agravamento de vata e de kapha, o desequilíbrio yin-yang.

Eis como funciona o desequilíbrio yin-yang: é uma propensão do estilo de vida — o equivalente vital de um dosha da mente e do cérebro de hiperatividade mental. Na hiperatividade mental, a mente se move de forma inconstante de uma coisa para outra; quando surge uma situação real, a mente não consegue focalizar ou aplicar sua qualidade de rajas (a capacidade de acionar a criatividade situacional) para resolver o problema de forma criativa. Na inflamação, o vital-físico já adquiriu o hábito de se distrair facilmente e não consegue recuperar o foco quando necessário.

Como a inflamação das artérias, a inflamação dos neurônios da memória é o produto do mau funcionamento imunológico em virtude da solidão e da falta de amor na vida da pessoa idosa. Os neurônios são órgãos; normalmente, seus órgãos-V funcionam por inércia — ojas. O acúmulo de kapha — a vitalidade estagnada — produz ama, beta-amiloide, nos locais de inflamação; normalmente, outro mecanismo — vayu, criatividade vital — opera para limpar a ama. Com as moléculas inflamatórias no local, a criatividade vital não consegue operar, e a beta-amiloide (ou colesterol para as artérias) vai se acumulando.

Em termos simples, em virtude do agravamento de vata, a sabedoria corporal do paciente tem dificuldade para fazer os ajustes criativos vitais no software vital a fim de ativar as proteínas necessárias para limpar a bagunça, produzindo demência.

O que produz esse agravamento de kapha-vata? É um problema de estilo de vida. O processamento de informações produz hiperatividade mental, que, por sua vez, produz hiperatividade vital no software vital dos neurônios de memória do cérebro. Desse modo, nosso estilo de vida moderno, com processamento constante de informação, pode estar predispondo os jovens a ter Alzheimer no futuro. Indivíduos que processam informações excessivamente também correm um risco maior de sofrer um declínio cognitivo geral com a idade. Essas mudanças decorrentes da idade podem incluir:

- Redução da produção de neurotransmissores como serotonina e acetilcolina, o que pode causar distúrbios do sono.

- Redução de pontos de absorção de dopamina: os transportadores de dopamina reduzem os sentimentos positivos da alimentação e do prazer sexual.
- Esgotamento dos pontos de vinculação do neurotransmissor GABA — ácido gama-aminobutírico.
- Redução na quantidade de fibras nervosas dos sistemas motor, sensorial e nervoso autônomo. Isso reduz a capacidade de processamento e resposta sensorial do idoso.
- Redução na velocidade de condução dos sinais elétricos através dos nervos. Isso pode afetar nossa facilidade intuitiva, que requer a autoidentidade quântica envolvendo a participação quântica coerente e simultânea dos diversos órgãos do cérebro.
- Declínio da taxa de transdução de sinal entre o tronco encefálico e a medula espinhal.
- Atrofia muscular — deterioração geral da atividade muscular.
- Enfraquecimento da resposta dos batimentos cardíacos a mudanças na pressão arterial.

É necessário enfatizar que talvez nunca encontremos drogas alopáticas de cura mágica para o Alzheimer ou o declínio cognitivo em geral. A prevenção é uma solução que envolve exercícios cérebro-mente-vitais, à maneira quântica. Uma solução ainda melhor pode envolver o chakra coronário. O principal órgão desse chakra é o lobo parietal, que cria uma imagem homuncular de todos os órgãos do corpo que pode ser usada para monitorar o corpo. Assim, o lobo parietal é responsável pela identidade geral do corpo, mas suas experiências, que requerem uma autoidentidade separada, são inconscientes em nós.

O que acontece se pudermos assumir o controle consciente do lobo parietal? Isto é, se pudermos despertar a autoidentidade nele? Afinal, ele tem todas as necessidades hierárquicas entrelaçadas. Um chakra coronário despertado pode ser tudo aquilo de que precisamos para impedir o declínio cognitivo.

Síndromes geriátricas

Certas condições de saúde, chamadas síndromes geriátricas, ocorrem com mais frequência nos idosos. Essas condições costumam levar à morbidade e a resultados insatisfatórios de cura em pacientes idosos e com doenças crônicas. A lista consiste em:

- erupções generalizadas na pele;

- mudanças no padrão do sono;
- distúrbios no modo de andar, como quedas frequentes;
- déficits sensoriais, como perda da audição;
- perda de peso e desequilíbrio nos nutrientes;
- fadiga;
- tontura;
- fragilidade;
- delírio.

Do ponto de vista da ciência quântica, essas síndromes atuam como avisos: indicam a necessidade urgente de atenção ao cuidado holístico com a saúde. Nossos estudos preliminares indicam que a abordagem da medicina quântica integrativa, quando instituída, elimina esses sintomas quase imediatamente.

Idosos e doença: gripe e Covid-19

Para os jovens, o vírus é um transtorno — um transtorno que produz sofrimento, com certeza, mas não mais do que isso. Para os idosos, até a infecção gripal é uma crise. E se for o atual coronavírus, Covid-19, a crise pode ser uma clara ameaça à vida.

A ciência quântica diz que experimentamos medo e ansiedade em nossa psique. Os objetos da psique são objetos quânticos. Em contraste com a física newtoniana, que é determinista, inflexível e imutável, a física quântica é a física da possibilidade. Quando você se comporta a partir da homeostase condicionada, sua psique também se torna newtoniana, tornando-o presa da negatividade embutida. Cabe a você — cabe a todos nós — escolher manter-se na homeostase condicionada e newtoniana da psique ou optar pela abordagem quântica. Sim, a ciência quântica diz que você pode dizer não ao condicionamento. Se você tem a intenção de escolher novas possibilidades, a consciência superior irá ouvi-lo, desde que sua intenção esteja sincronizada com os movimentos intencionais da consciência. Se estiver, você conseguirá manifestar o seu desejo.

Nosso problema com o coronavírus tem tanto aspectos físicos quanto mentais. O aspecto físico é encontrar medidas preventivas: que possibilidades podemos escolher para nos manter fisicamente saudáveis nesta época em que o coronavírus está se espalhando exponencialmente — quer dizer, além das medidas higiênicas óbvias, das quais o isolamento é a opção mais eficaz, mas causa ansiedade mental em razão da ruptura com nossas rotinas normais de funcionamento?

Aspectos físicos da Covid-19

Primeiro, pense nos aspectos físicos da Covid-19. O que é um vírus? Como funcionam os vírus? Na física quântica, distinguimos entre vivo e não vivo. Só o vivo pode ter consciência, pode viver, ter experiências. O não vivo existe no inconsciente, e, a menos que um ser senciente o vivencie, o não vivo não tem existência manifestada.

O vírus é uma estrutura semiviva; embora não seja vivo, é uma fita potencial de molécula de ácido nucleico potencialmente replicável. Ele não pode se replicar, mas precisa das proteínas do anfitrião para ajudá-lo a criar suas próprias proteínas e, então, pode se reproduzir, vivendo e multiplicando-se rapidamente nos órgãos apropriados do anfitrião. Se os órgãos não estão funcionando adequadamente, ele pode derrotar o mecanismo de defesa dos órgãos: o sistema imunológico.

Ouvimos nossos especialistas em medicina alopática falarem muito sobre o fortalecimento do sistema imunológico. Eles não têm uma teoria sobre o que faz o sistema imunológico e outros órgãos funcionarem, mas aprenderam muito com dados empíricos. Por isso, falam de alimentos que podem nos ajudar: gengibre, cebola, alho, cúrcuma, laranjas e outros, todos muito bons.

Entretanto, será que podemos fazer algo melhor, agora que temos uma ciência do software vivo, o corpo vital, na ciência quântica? Os órgãos têm um hardware físico molecular que é governado por leis físicas. Mas o software vivo é intencional e as leis físicas são casuais; as leis intencionais governam os corpos sutis da psique porque são não físicas. Essas leis do software quântico do vital estão nos dizendo muitas coisas novas, das quais a mais importante é a ciência por trás dos chakras. Temos de aprender a usar essa nova ciência.

O sistema imunológico envolve os chakras cardíaco e umbilical. No coração, temos a crucial glândula timo, que distingue entre as moléculas do corpo e moléculas estranhas, eliminando as moléculas estranhas. O sistema imunológico é nosso sistema de defesa.

Contudo, esta é uma forma prosaica e material de pensar na função imunológica. A maneira consciente de pensar nela é que a glândula timo distingue entre "mim" e "não mim". Funciona assim: eu vejo você; para mim, você é não mim, e o sistema imunológico do meu corpo irá me defender de você. Mas, se eu amo você, incluo você entre as coisas que sinto que são "mim". O que aconteceu? Meu sistema imunológico foi posto momentaneamente em suspensão.

Para seu bem-estar, o sistema imunológico precisa dessa suspensão contínua porque ela lhe proporciona descanso, tal como o neocórtex.

Sempre que existe um *self* para ter experiências, existe a necessidade de descanso. Só há três chakras com os quais temos essa experiência: o neocórtex, o coração e o umbigo. Todos os órgãos desses chakras precisam de descanso.

Voltando ao coronavírus. Um de seus anfitriões preferidos é um pulmão que funciona mal; outro, os vasos sanguíneos. O mau funcionamento implica que a conexão hardware-software, físico-vital está errada. Se os pulmões (ou os vasos mais grossos) estão saudáveis, o vírus não obtém seu anfitrião preferido e seus efeitos serão brandos.

Portanto, eis nossa primeira dica quântica preventiva de cura para melhorar o software vital dos pulmões e/ou dos vasos sanguíneos. Um remédio imediato é este: respire, respire, respire. O oxigênio é letal para o vírus.

Naturalmente, porém, se o sistema imunológico estiver saudável, terá sucesso ao impedir um ataque brando. Mesmo que os pulmões (e os vasos sanguíneos) não estejam lá muito bons, mas o sistema imunológico esteja saudável, haverá complicações, mas mais cedo ou mais tarde o sistema imunológico terá sucesso; é só uma questão de tempo. O paciente vai sobreviver.

A situação fatal é aquela em que os pulmões e o sistema circulatório não estão saudáveis, e nem o sistema imunológico. Então, quando sua resposta fraca não ajuda os pulmões, ele fica furioso, funciona de modo exagerado, fica excessivo, e são as reações desse sistema imunológico excessivo que acabam matando o corpo.

Logo, nossa segunda dica quântica preventiva de cura é esta: a maneira de impedir o mau funcionamento do sistema imunológico é dar-lhe o merecido descanso. Há outro sintoma interessante do coronavírus: a fadiga generalizada do corpo, que, como já comentei, deve-se à desconexão geral entre o hardware e o software vivos. Essa é uma indicação de que o coronavírus se introduziu em todos os órgãos do corpo.

Assim, a terceira dica de cura quântica é esta: mantenha todos os seus softwares vitais em equilíbrio dinâmico. Seja criativo ao cuidar de seu corpo vital, todo ele. (Veja o Capítulo 13.)

Aspectos mentais/emocionais da Covid-19

Não deve ser surpresa lembrar que os aspectos emocionais do trato com a pandemia do coronavírus surgem da ruptura com nossa rotina diária; além disso, somos, na maioria, pessoas ativas, *do-do-do*, e não estamos acostumados a ficar sozinhos. Nosso humor oscila com frequência, mesmo no trabalho. Mas os negócios e a cultura da repressão às emoções prevalecem. Em nossa própria companhia, mesmo com o trabalho sendo feito em casa, as oscilações de humor nos assustam e, na verdade, visitamos a geladeira com mais frequência para manter a ansiedade a distância. Estamos sofrendo daquilo que meu amigo, o cineasta norte-americano Carl Blake, chama de "abusidade". Pessoas que sofreram abusos na infância, com histórico de desenvolvimento e memória traumática como resultado, têm a tendência a comer demais e a desenvolver obesidade. Essas tendências podem voltar rapidamente na meia-idade e na velhice.

Outras têm problemas de relacionamento. Hoje em dia, as pessoas nunca aprendem ou têm a oportunidade de aprender sobre os relacionamentos, especialmente relacionamentos íntimos. Para a maioria das pessoas, tudo acontece no trabalho.

Muitas pessoas que moram sozinhas sofrem de solidão. Isso acontece porque elas nunca aprenderam a se amar. Além disso, o que há para amar se suas psiques estão repletas de lixo emocional, em uma cultura que não lhes ensina higiene emocional?

Algumas das questões mentais e emocionais são as mesmas que as físicas e vitais: como fazer a higiene adequada de seu cérebro, a fisiologia do órgão e manter o software vital saudável? Questões adicionais incluem como manter saudável o sistema imunológico e como prevenir sua tendência ao excesso de defensividade devido à preocupação com necessidades mais simples de sobrevivência. O remédio quântico consiste em passar a focalizar as necessidades mais elevadas, como aprender a amar o parceiro e também a si mesmo. Essas questões já foram discutidas em capítulos anteriores (veja, em especial, os capítulos 9 e 12). Desse modo, se você segue um estilo de vida quântico e aprendeu as lições da medicina quântica integrativa, pode superar desafios da saúde, mesmo em uma idade mais avançada.

Como você pode fortalecer um par de pulmões mais fraco (além da circulação sanguínea)? A prática *do-be-do-be-do* envolvendo a prática pranayama de respiração faz milagres no fortalecimento dos pulmões, e, com efeito, de todos os órgãos. Consiste em alternar a inspiração profunda: os órgãos entram em funcionamento de forma intensa, um a um, quando você inspira e fornece oxigênio aos órgãos de seu abdômen, peito e garganta. Esta é a fase *do* (fazer). Depois, você prende a respiração por alguns segundos. Em sânscrito, isso se chama *kumbhaka*, mas você a reconhece facilmente como a fase *be* (ser) do processo criativo. Então, você expira lentamente, para que a desoxigenação se dê enquanto o órgão vai parando de funcionar, interrompendo o movimento de energia vital. Repita isso algumas vezes.

Perceba que os pulmões envolvem o chakra cardíaco e o chakra laríngeo. A função do chakra laríngeo é a expressão — fala, canto etc. A fala envolve a língua, que também é um órgão da fala, razão pela qual muitas vítimas de Covid sofrem a perda do sentido do paladar. Uma prática muito boa para fortalecer o chakra laríngeo é cantar no chuveiro — os azulejos refletem o som, produzindo reverberação, e seu canto parece inspirador, até para você.

Os aspectos mais sombrios da psiquiatria no monopólio das grandes farmacêuticas

Por que houve um aumento tão dramático no número de casos de doenças mentais e, invariavelmente, um maior uso de drogas psiquiátricas, vendidas apenas com receita, nos últimos anos? Será apenas porque mais pessoas estão ficando mentalmente deficientes? Ou será por causa de um sem-número de aspectos sombrios e sinistros relacionados à conexão entre a psiquiatria e a máquina de lucros das Grandes Farmacêuticas? À luz dessa questão, eis alguns dos mais sombrios aspectos da psiquiatria no monopólio das Grandes Farmacêuticas.

A teoria do desequilíbrio químico: um escândalo das grandes farmacêuticas?

As grandes farmacêuticas faturam trilhões de dólares com a venda de drogas psiquiátricas criadas com base na teoria do desequilíbrio químico; boa parte para pessoas mais velhas. O princípio amplamente aceito do desequilíbrio químico parte da ideia de que doenças mentais como a depressão (da qual muitas pessoas idosas sofrem) são causadas pelo desequilíbrio de neurotransmissores químicos como dopamina no cérebro. Não há evidências, por exemplo, que provem que a causa aceita da depressão seja o desequilíbrio do neurotransmissor serotonina.

Embora seja promovido rigorosamente pelas grandes farmacêuticas, por muitos psiquiatras e por representantes de vendas e de marketing, o modelo de tratamento de doenças mentais por drogas farmacêuticas, que expande portfólios e gira fortunas, baseia-se em muita ficção. Com a teoria do desequilíbrio químico, que, de novo, não tem bases, a tragédia é que os pacientes nunca alcançam a cura, embora algumas drogas reduzam os sintomas a níveis toleráveis. Como os pacientes continuam sofrendo, precisamos perguntar: e os perigosos efeitos colaterais dessas drogas, especialmente para os idosos?

Do lado encorajador, as pesquisas sugerem que os desequilíbrios imunológicos, e não a neuroquímica defeituosa, são as causas de doenças mentais graves, como a depressão clínica. A boa notícia é que alguns pesquisadores estão passando a uma teoria da psicose baseada na inflamação imunológica. Nesse caso, a resposta da ciência quântica é simplesmente um sistema imunológico saudável, um despertar do coração etc. como medicina preventiva. Se a prevenção não funcionar, o paciente precisa tentar a cura quântica do vital e também do mental para devolver significado e propósito à sua vida, uma vez que a falta de significado e de propósito é a causa raiz da psicose, especialmente a depressão.

Em suma, podemos dizer apenas que a medicina quântica integrativa abrange um terreno muito maior do que a estrutura holística habitual, tanto na prevenção de doenças quanto na cura dos idosos. É literalmente equivalente ao programa de saúde mental positiva da psicologia transpessoal iniciada pelo psicólogo norte-americano Abraham Maslow.

A melhor opção para qualquer pessoa é responder positivamente à holotropia na meia-idade, sempre que o impulso aparecer, entrando então em um estilo de vida quântico e criativo de construção da alma, a fim de conquistar tanto a saúde quanto a felicidade. Essa é a verdadeira prática holística de saúde.

capítulo 17

lição 7 da medicina preventiva: saúde holística sob a visão quântica

Sabe-se que o poeta inglês John Keats escreveu isto para um amigo: "Chame o mundo, por favor, / O 'Vale da construção da alma'". Esse, segundo a ciência quântica, é o propósito essencial da vida humana. Se servirmos a esse propósito, o mundo será mesmo um lugar melhor para as gerações vindouras viverem.

Antes de tudo, falemos sobre o conceito de alma. A confusão surge porque também usamos a palavra "alma" para denotar o "mim" que sobrevive à morte e depois renasce. Será que os dois usos denotam a mesma coisa? Sim, poderiam; mas, realisticamente, para 85% pessoas, provavelmente não o fazem. Iremos tentar compreender a razão.

A alma também é uma estação que postulamos na suposta grande cadeia do ser: corpo, mente, alma, espírito. Nesse uso, o ego é parte da fisiologia corporal normal com que nascemos; do mesmo modo, a mente, que permanece no domínio daquilo que é conhecido. A alma é uma estação da consciência total da percepção-consciente além do ego; há uma progressão de tais estações. O espírito, naturalmente, refere-se ao *self* quântico.

Nesse caminho, a alma é uma estação atingida quando investigamos e incorporamos aquilo que é desconhecido — tanto vital quanto mental. Há ainda o desconhecido trivial da imaginação. Não é isso. Aqui, chega-se ao desconhecido passando os contextos do sentimento e pensamento para os arquétipos. Ele dá saltos quânticos e de criatividade.

Para o vital, é preciso tejas — a capacidade de criatividade vital fundamental —, e, para o mental, é preciso sattva — a criatividade mental fundamental —, para descobrir novo contexto arquetípico. É nisso que consiste o desafio da construção da alma.

Os arquétipos trazem propósito à sua vida. A mente, quando elevada pelos arquétipos, traz de volta o significado; ela vê os sentimentos gerados pela elevação arquetípica como positivos. Com a exploração arquetípica, você pode desenvolver emoções positivas e pode criar circuitos cerebrais emocionais positivos envolvendo o chakra do corpo, bem como o do cérebro. Essas emoções positivas são a chave para a vida elevada da alma — na expansão da consciência.

A expansão da consciência é vivenciada como a felicidade. Desse modo, não só você está tendo o nível da alma da saúde positiva de que já falamos como também a saúde mental positiva. Qual é o ponto? A felicidade lhe traz a motivação tão necessária para a jornada da alma. Isso e o impulso da holotropia, que é intenso na meia-idade.

Os passos dados na jornada da felicidade são um assunto com importância própria e são apresentados no livro de Amit *Psicologia quântica e a ciência da felicidade*, escrito em colaboração com a psicóloga Sunita Pattani.

A jornada da felicidade nos dá o software da alma, mas não a capacidade de usar o software como e quando necessário, apropriadamente e sem esforço. Essa capacidade é a inteligência, e é dela que precisamos para ter uma identidade da alma. O modo de desenvolver a inteligência, especialmente a inteligência arquetípica ou supramental, está além do escopo deste livro.

É preciso fazer mudanças importantes em seu sistema de crenças — a primazia da consciência em vez da primazia da matéria, a natureza não física dos sentimentos, pensamentos, intuições e arquétipos, e a verdadeira criatividade. A mudança mais radical do sistema de crenças para o ocidental é a reencarnação.

Reencarnação: desenvolvendo uma perspectiva saudável para a morte e o morrer

Se alguém perguntar o que faz com que os custos com a saúde continuem a aumentar nos Estados Unidos, uma possível resposta seria, segundo muitas pessoas, o dinheiro que gastamos para manter as pessoas vivas nos últimos três meses de suas vidas. A morte não é considerada apenas dolorosa e indesejável, mas essencialmente um encontro com o grande vazio, o nada, o grande fim. E essa é a fonte do medo da morte.

Mas a ciência dentro da primazia da consciência diz-nos rapidamente que é outra coisa. A consciência é a base da existência — ela nunca morre. Adicionalmente, temos os corpos sutis, o mental e o vital, de que a personalidade surge com o condicionamento. Quando vemos o condicionamento mental e vital, percebemos que ele é o resultado da modificação da matemática, os algoritmos que determinam as probabilidades associadas às possibilidades quânticas. A memória "quântica" dessas modificações não está escrita localmente em lugar nenhum e, por isso, pode sobreviver à existência local de um espaço-tempo para outro, dando-nos o fenômeno popularmente chamado de reencarnação. Aquilo que sobrevive, portanto, não são corpos, mas propensões do uso da mente e do corpo vital, propensões que chamam popularmente de karma.

Mas por que reencarnamos? Porque leva tempo para despertar a alma e a inteligência supramental. São necessárias muitas permutações e combinações de padrões vitais e mentais (que os orientais chamam de karma) e muitos saltos quânticos até aprender, finalmente, os contextos que constituem a inteligência supramental.

Então, conforme essa perspectiva, o que é a morte? A morte é uma parte importante da jornada de aprendizado em que estamos. A morte é um período prolongado de processamento inconsciente, o segundo estágio mais importante da criatividade. A evidência disso é encontrada nas experiências de quase-morte.

As experiências de quase-morte são conhecidas há algum tempo. Algumas pessoas que podem ser consideradas clinicamente mortas, devido, por exemplo, a uma parada cardíaca, relatam experiências numinosas após serem ressuscitadas — saída do corpo, encontro com um mestre espiritual, a passagem por um túnel etc. Como explicar essas experiências que implicam uma divisão sujeito-objeto, já que a pessoa está clinicamente morta? A explicação é o processamento inconsciente e o colapso por escolha retardada. Os pacientes que passaram por experiências assim estavam processando possibilidades inconscientemente, enquanto mortos; só depois de reanimados é que suas ondas de possibilidade sofreram colapso e sua experiência ocorreu retroativamente. Esse colapso retroativo de todo um caminho de eventos, que leva até o evento atual, é chamado de "escolha retardada" na física. É como se o paciente não tivesse sido reanimado e continuado a fazer o processamento inconsciente até tornar a nascer. E o inconsciente que é processado é principalmente o inconsciente coletivo, o que é bem útil para a criatividade.

Doença como oportunidade

Mencionamos antes que muitos curadores da mente e do corpo pensam que a doença é a criação do paciente. "O que você ganha criando sua doença?" é uma das perguntas mais feitas aos pacientes. Esse tipo de pergunta só confunde o paciente e faz com que se sinta culpado.

No entanto, o curador da mente e do corpo está vendo aqui uma oportunidade que o paciente precisa perceber, se estiver pronto para ela. A pergunta correta seria: "Agora que você tem a doença, em vez de lhe atribuir um significado negativo, pode dar-lhe um significado positivo? Imagine que você assumiu a responsabilidade pela doença e se pergunta: 'Por que criei esta doença para mim? O que quero aprender com ela?'".

A doença é uma expressão de enorme incongruência. Em um ferimento físico, por exemplo, o hardware do órgão ferido torna-se incongruente com seu software; isso nega a sensação de vitalidade naquele órgão, a sensação de falta de vitalidade que vivenciamos como desconforto. Se a doença se origina no nível mental em virtude da mentalização de um sentimento, a incongruência será vivenciada em todos os níveis — mental, vital e físico. Pensamos uma coisa, sentimos outra, e o corpo físico age de uma terceira maneira.

Como restabelecemos a congruência para que a mente, as energias vitais e as representações físicas atuem em congruência? A resposta, em síntese, é: inteligência supramental. A doença da mente e do corpo é uma oportunidade fantástica, um toque de despertar bem forte para fazer a inteligência supramental — *buddhi* em sânscrito — acordar. Os antigos videntes da Índia conheciam a inteligência supramental.

Quando nos valemos da inteligência supramental em nossos atos de criatividade, podemos usar um salto quântico de *insight* criativo a serviço da criatividade externa, ou podemos usá-lo para explorar a nós mesmos, em uma criatividade interna. Do mesmo modo, se só estamos interessados na inteligência supramental para curar nossa doença, é como lidar com a criatividade externa. É bom, mas estamos limitando a aplicação. É plenamente possível usar a inteligência supramental adquirida na cura quântica para uma melhor exploração criativa do domínio mental/vital/físico, com o objetivo de crescer espiritualmente. Depois, é a criatividade interna, que é ótima. Recomendamos-lhe a leitura do livro *Paz, amor e cura*, do médico norte-americano Bernie Siegel, que relata muitas anedotas sobre pessoas excepcionais que seguiram o caminho da doença para a cura e para a inteireza íntima.

Inteligência supramental

Saúde e felicidade exigem um nível de existência elevado, no qual a perda de softwares complexos que ocorre com a idade é mais do que compensada pela disponibilidade de novas potencialidades para criar softwares novos e melhores. Se você começa a construir a alma na meia-idade, não terá por que se preocupar com a disponibilidade de células-tronco para regeneração.

Entretanto, temos aqui outro passo importante. Você produziu softwares novos, mas não mudou. Você ainda está no seu ego. Você precisa escolher conscientemente os novos circuitos emocionais positivos para manter a positividade. Em seus momentos inconscientes, e sempre há alguns, você pode se tornar vítima de velhos hábitos que podem gerar doença e tristeza.

O remédio consiste em dar um salto quântico acerca de quem você é, concomitantemente com o desenvolvimento do novo software. Essa série crucial de saltos quânticos leva você a estações da alma sucessivamente mais elevadas.

Quais são as características dessas estações? O que você tem agora e não tinha antes? Você tem inteligência real, uma inteligência superior ao QI, que finge ser a inteligência atualmente. Inteligência é a capacidade de agir apropriadamente, conforme as necessidades do momento.

O mais alto escalão da inteligência é a inteligência supramental: ela vem da exploração dos arquétipos supramentais, culminando com o arquétipo da inteireza e a integração de todas as nossas dicotomias e conflitos.

Desse modo, a jornada arquetípica de exploração, de construção da alma, termina como uma jornada do arquétipo da inteireza. Em seu treinamento como curador, é a jornada na qual você esteve o tempo todo. Agora, ela está adequadamente codificada e cientificamente tratada. Estamos convencidos de que essa forma de pensar a seu próprio respeito e de sua exploração deve ajudá-lo a integrar a sua profissão à sua vida.

Corpo sem idade, mente eterna

O título desta seção foi adaptado do título de um dos livros de Deepak Chopra publicado na década de 1990, talvez um pouco à frente do seu tempo. Mais tarde, o desenvolvimento da ciência quântica viria mostrar que é impossível chegar a uma mente eterna, pois isso implicaria um *self* quântico vivendo perpetuamente centrado no presente. Nosso cérebro não permite isso. Mas que tal um corpo sem idade? Que tal a imortalidade?

Um grande sábio da Índia védica, Yajnabalkya, teve uma carreira de ensino depois de atingir a iluminação. Agora, estava pronto para se aposentar e ir para o Himalaia. Ele perguntou à sua jovem esposa, Maitreyi, que também era sua discípula, se ela queria abrir mão de todo aquele conforto para acompanhá-lo. Como resposta a esse pedido, Maitreyi disse estas palavras:

Yenaham namrita shyam
Tenaham kim kuriyam

Em português: "O que faço com aquilo que não me torna imortal?". Dito isso, ela foi explorar novas estações da alma e mais inteligência supramental com seu marido. Mas como alguém pode não enxergar a importância da busca humana, não pela imortalidade, mas por um corpo sem idade, vivendo com saúde até o último alento?

Mencionamos estudos recentes que mostram que viver uma vida com propósito prolonga a existência e sua qualidade. A inteligência supramental, além de nos conferir uma excelente fisiologia dos órgãos, também trabalha no nível celular e muda a fisiologia prescrita para a célula, conforme codificado pelo Efeito Hayflick? Ainda não sabemos, mas nós, coautores, esperamos que sim.

bibliografia

ACHTERBERG, Jeanne. 1985. *Imagery in Healing:* Shamanism and Modern Medicine. Boston: Shambhala.

ADAMS, Patch. Instituto Gesundheit!. Disponível em: https://www.patchadams.org/. Acesso em: 6 jan. 2023.

ADAMS, Scott. 2018. A dopamine hit. Tira diária sindicalizada em quadrinhos Dilbert, de 27 de março de 2018. Disponível em: https://dilbert.com/. Acesso em: 6 jan. 2023.

ADER, Robert. 1981. *Psychoneuroimmunology.* Nova York: Academic Press.

ASPECT, Alain. 1976. Proposed experiment to test the nonseparability of quantum mechanics. *Physical Review.* D 14:1944.

BARASCH, Marc Ian. 1993. *The Healing Path:* A Soul Approach to Illness. Nova York: Tarcher/Putnam. [*O caminho da cura.* Rio de Janeiro: Nova Era, 1997.]

BARTLETT, Zane. 2014. *Embryo Project Encyclopedia*: Leonard Hayflick 1928 – . Phoenix: Universidade Estadual do Arizona. Disponível em: http://embryo.asu.edu/handle/10776/8042. Acesso em: 6 jan. 2023.

BENSON, Herbert; KLIPPER, Miriam Z. 1975. *The Relaxation Response.* Nova York: William Morrow & Company.

BENSON, Herbert; STARK, Marg. 1996. *Timeless Healing:* The Power and Biology of Belief. Nova York: Scribner.

BESSINGER, Donivan. 2009. *Foundations of Noetic Medicine:* Practicing the Medicine of the Mind. North Charleston, SC: BookSurge Publishing.

BYRD, Randolph C. 1988. Positive therapeutic effects of intercessory prayer in a coronary care unit population. *Southern Medical Journal.* 81(7):826-29.

CHOPRA, Deepak. 1989. *Quantum Healing:* Exploring the Frontiers of Mind/Body Medicine. Nova York: Bantam-Doubleday. [*A cura quântica:* o poder da mente e da consciência na busca da saúde integral. Rio de Janeiro: Best Seller, 2013.]

CHOPRA, Deepak. 1993. *Ageless Body, Timeless Mind:* The Quantum Alternative to Growing Old. Londres: Random House. [*Corpo sem idade, mente sem fronteiras*: a alternativa quântica para o envelhecimento. Rio de Janeiro: Rocco, 2012.]

CHOPRA, Deepak. 2000. *Perfect Health:* Harness the Power of Ayurveda to Balance Mind and Body. Nova York: Three Rivers Press. [*Saúde perfeita*: cura, rejuvenecientos e bem-estar com a medicina indiana. Rio de Janeiro: Best Seller, 2009.]

CHOPRA, Deepak; SHELDRAKE, Rupert; PURCE, Jill. 2006. *Of Sound Mind & Body:* Music & Vibrational Healing. DVD e vídeo por streaming. Dirigido por Sound Healing, produzido por Jeff Volk. São Francisco: Macromedia Publishing (DVD). Seattle, WA: Amazon Studios (streaming on-line na Amazon Prime).

COUSINS, Norman. 1979. *Anatomy of an Illness as Perceived by the Patient:* Reflections on Healing and Regeneration. Nova York: W. W. Norton.

COUSINS, Norman. 1989. *Head First:* The Biology of Hope. Nova York: Dutton.

Dalai Lama Renaissance. 2009. Dirigido por Khashyar Darvish, apresentando Dalai Lama, Harrison Ford, Michael Beckwith, Fred Alan Wolf, Amit Goswami e outros. DVD. Los Angeles: Wakan Films/financiado por Wakan Foundation for the Arts.

DOSSEY, Larry. 1992. *Meaning and Medicine:* Lessons from a Doctor's Tales of Breakthrough and Healing. Nova York: Bantam Books.

DOSSEY, Larry. 2001. *Healing Beyond the Body:* Medicine and the Infinite Reach of the Mind. Boston: Shambhala Publications. [*A cura além do corpo*: a medicina e o alcance infinito da mente. São Paulo: Cultrix, 2004.]

DROUIN, Paul. 2014. *Creative Integrative Medicine:* A Medical Doctor's Journey Toward a New Vision of Healthcare. Nova York: Balboa Press.

EMOTO, Masaro. 2005. Traduzido para o inglês por Horiko Hosoyamada. *The True Power of Water:* Healing and Discovering Ourselves. Nova York: Atria/Simon & Schuster.

EIGEN, Manfred. 1996. *Steps towards Life:* A Perspective on Evolution. Oxford, Reino Unido: Oxford University Press.

FRAWLEY, David. 1989. *Ayurvedic Healing:* A Comprehensive Guide. Salt Lake City, UT: Passage Press.

FRAWLEY, David. 1999. *Yoga and Ayurveda:* Self-Healing & Self-Realization. Twin Lakes, WI: Lotus Press.

FREIDMAN, Howard S.; BOOTH-KEWLEY, Stephanie. 1987. The 'disease- prone' personality. A meta-analytic view of the construct. *American Psychology.* 42(6):539-55.

FREUND, Alexandra M. *et al.* 2021. Motivation and Healthy Aging: A Heuristic Model. *Journal of Gerontology.* Series B 76, suplemento 2 (out.): S97 – S104.

FUNG, Jason. 2016. *The Obesity Code:* Unlocking the Secrets of Weight Loss. Vancouver: Greystone Books.

FUNG, Jason; MOORE, Jimmy. 2016. *The Complete Guide to Fasting:* Heal Your Body through Intermittent, Alternate-Day, and Extended Fasting. Las Vegas: Victory Belt Publishing.

GERBER, Richard. 2001. *Vibrational Medicine:* The #1 Handbook of Subtle Energy Therapies. Rochester, VT: Bear & Company/Inner Traditions. [*Medicina vibracional*: uma medicina para o futuro. São Paulo: Cultrix, 1997.]

GOLEMAN, Daniel. 2005. *Emotional Intelligence:* Why It Can Matter More Than IQ. Nova York: Random House. [*Inteligência emocional.* Rio de Janeiro: Objetiva, 2011.]

GOLEMAN, Daniel; DAVIDSON, Richard J. 2017. *Altered Traits:* How Meditation Changes Your Mind, Brain, and Body. Nova York: Avery/Penguin Random House. [*Traços alterados*: a ciência revela a forma como a meditação modifica a mente, o corpo e o cérebro. Lisboa: Temas e Debates, 2018.]

GOLEMAN, Daniel; DAVIDSON, Richard J. 2018. *The Science of Meditation:* How to Change Your Brain, Mind and Body. Nova York: Penguin Life.

GOLEMAN, Daniel; GURIN, Joel (org.). 1993. *Mind-Body Medicine:* How to Use Your Mind for Better Health. Nova York: Consumer Reports Books.

GOSWAMI, Amit. 1995. *The Self-Aware Universe:* How Consciousness Creates the Material World. Nova York: Jeremy P. Tarcher/Putnam. [*O universo autoconsciente*: como a consciência cria o mundo material. 4. ed. São Paulo: Goya, 2021.]

GOSWAMI, Amit. 2004. *The Quantum Doctor:* A Quantum Physicist Explains the Healing Power of Integral Medicine. Charlottesville, VA: Hampton Roads. [*O médico quântico.* São Paulo: Cultrix, 2006.]

GOSWAMI, Amit. 2008. *Creative Evolution:* A Physicist's Resolution Between Darwinism & Intelligent Design. Wheaton, IL: Quest

Books/Theosophical Publishing House. [*Evolução criativa*: uma resposta da nova ciência para as limitações da teoria de Darwin. 2. ed. São Paulo: Goya, 2015.]

GOSWAMI, Amit. 2013. *Physics of the Soul:* The Quantum Book of Living, Dying, Reincarnation, and Immortality. Charlottesville, VA: Hampton Roads. [*A física da alma*: a explicação científica para a reencarnação, a imortalidade e as experiências de quase morte. 4. ed. São Paulo: Goya, 2021.]

GOSWAMI, Amit. 2013. *Quantum Creativity:* Think Quantum, Be Creative. Nova York: Hay House. [*Criatividade quântica*: verdadeira expansão do potencial criativo. 3. ed. São Paulo: Goya, 2021.]

GOSWAMI, Amit. 2017. *The Everything Answer Book:* How Quantum Science Explains Love, Death, and the Meaning of Life. Charlottesville, VA: Hampton Roads. [*Consciência quântica*: uma nova visão sobre o amor, a morte e o sentido da vida. 2. ed. São Paulo: Goya, 2021.]

GOSWAMI, Amit. 2022. *See the World as a Five Layered Cake*. Delhi, India: Blue Rose Publishers.

GOSWAMI, Amit; ONISOR, Valentina R. 2019. *Quantum Spirituality:* The Pursuit of Wholeness. Delhi, India: Blue Rose Publishers. [*Espiritualidade quântica*: a busca da inteireza. São Paulo: Goya, 2021.]

GOSWAMI, Amit; ONISOR, Valentina R. 2021. *The Quantum Brain:* Understand, Rewire and Optimize Your Brain. Eugene, OR: Luminare Press.

GOSWAMI, Amit; PATTANI, Sunita. 2022. *Quantum Psychology and the Science of Happiness*. Eugene, OR: Luminare Press. [*Psicologia quântica e a ciência da felicidade*: o caminho para a saúde mental positiva. São Paulo: Goya, 2022.]

GROF, Stan. 2019. *Realms of the Human Unconscious:* Observations from LSD Research. GautamBuddha Nagar, India: Souvenir Publishers.

GROF, Stan; GROF, Christina. 2010. *Holotropic Breathwork:* A New Approach to Self-Exploration and Therapy. Série sobre Psicologia Transpessoal e Humanística. Albany, NY: SUNY/Excelsior Editions.

GROSSINGER, Richard. 2001. *Planet Medicine:* Origins. Berkeley, CA: North Atlantic Books.

GROSSMAN, Richard L. 1985. *The Other Medicines:* An Invitation to Understanding Them & Using Them for Health & Healing. Nova York: Doubleday.

HAHNEMANN, Samuel. 2008. *Organon of Homeopathic Medicine* (1836). Whitefish, MT: Kessinger Publishing.

HOFSTADTER, Douglas R. 1999. *Gödel, Escher, Bach:* An Eternal Golden Braid. Nova York: Basic Books.

HOWARD, Benedick. 2005. Cymatics: Highlights of a Meeting with Sir Peter Guy Manners and Benedick Howard. *DreamWeaving International*. Disponível em: https://www.bibliotecapleyades.net/ciencia/ciencia_cymatics05.htm. Acesso em: 6 jan. 2023.

INSTITUTO DE TECNOLOGIA DE TÓQUIO. 2012. Entrevista com Yoshinori Osumi. *Elucidating the Mechanism of Autophagy:* It All Started with a Microscope: Autophagy, the Survival Strategy of Organisms. Disponível em: https://www.titech.ac.jp/english/public-relations/research/stories/ohsumi. Acesso em: 6 jan. 2023.

JOYCE, James. 2017. A Painful Case. *In: Dubliners*. Edinburgh: CrossReach Publications. [Um caso doloroso. *In: Dublinenses*. São Paulo: Penguin; Companhia das Letras, 2018.]

KAPLEAU, Roshi Philip. 1989. *The Three Pillars of Zen:* Teaching, Practice, and Enlightenment. Nova York: Anchor. [*Os três pilares do zen*: ensinamento, prática, iluminação. Belo Horizonte: Itatiaia, 1978.]

KENT, J. T. 2002. *Repertory of the Homeopathic Materia Medica and a Word Index*. Uttar Pradesh, India: B. Jain Publishers.

KOESTENBAUM, Peter. 1974. *Managing Anxiety:* The Power of Knowing Who You Are. Hoboken, NJ: Prentice Hall.

KRAGH, Helgi. 2012. *Niels Bohr and the Quantum Atom:* The Bohr Model of Atomic Structure 1913–1925. Oxford, Reino Unido: Oxford University Press.

LAD, Vasant. 1984. *Ayurveda:* The Science of Self-Healing—A Practical Guide. Santa Fé, NM: Lotus Press.

LE FANU, James. 1999. *The Rise and Fall of Modern Medicine*. Nova York: Carrol & Graf.

LIPTON, Bruce H. 2016. *The Biology of Belief:* Unleashing the Power of Consciousness, Matter & Miracles. Nova York: Hay House. [*A biologia da crença*. São Paulo: Butterfly, 2007.]

MACRAE, Norman. 1992. *John von Newmann:* The Scientific Genius Who Pioneered the Modern Computer, Game Theory, Nuclear Deterrence, and Much More. Nova York: Pantheon Books.

MARKOLIN, Caroline. 2007. *German New Medicine (*GNM*):* Dr. Hamer's Medical Paradigm. Disponível em: https://archive.org/details/MarkolinCarolineGermanNewMedicineDr.HamersMedicalParadigm20078P. Acesso em: 6 jan. 2023.

MASLOW, Abraham H. 2013. *A Theory of Human Motivation*. Mansfield Centre, CT: Martino Publishing.

MATTSON, Mark P. 2022. *The Intermittent Fasting Revolution:* The Science of Optimizing Health and Enhancing Performance. Cambridge, MA: MIT Press.

MOSLEY, Michael. 2020. *The Fast 800 Diet:* Discover the Ideal Fasting Formula to Shed Pounds, Fight Disease, and Boost Your Overall Health. Nova York: Atria/Simon & Schuster.

MOSS, Richard. 1981. *The I That Is We:* Awakening to Higher Energies through Unconditional Love. Berkeley, CA: Celestial Arts.

MOSS, Richard. 1987. *The Black Butterfly:* An Invitation to Radical Aliveness. Berkeley, CA: Celestial Arts.

MOTZ, Julie. 1998. *Energy Healer:* An Energy Healer Reveals the Secrets of Using Your Body's Own Energy Medicine for Healing, Recovery, and Transformation. Nova York: Bantam Books/Random House.

PAGE, Christine. 1992. *Frontiers of Health:* How to Heal the Whole Person. Saffron Walden, Reino Unido: C.W. Daniel.

PAGLIARO, Gioacchino *et al.* 2017. Human Bio-Photons Emission: An Observational Case Study of Emission of Energy Using a Tibetan Meditative Practice on an Individual. *BOAJ Physics.* 2(4):1-9.

PELLETIER, Kenneth R. 1977. *Mind as Healer, Mind as Slayer:* A Holistic Approach to Preventing Stress Disorders. Nova York: Delta.

PELLETIER, Kenneth R. 1981. *Longevity:* Fulfilling Our Biological Potential. Nova York: Delacorte Press.

PENROSE, Roger. 1996. *Shadows of the Mind:* A Search for the Missing Science of Consciousness. Oxford, Reino Unido: Oxford University Press.

PERT, Candace B. 1999. *Molecules of Emotion:* The Science Behind Mind-Body Medicine. Nova York: Simon & Schuster.

PICKLES, Andrew *et al.* 2016. Parent-mediated social communication therapy for young children with autism (PACT): long-term follow-up of a randomized controlled trial. *The Lancet* 388 (10059): 2501 – 09.

RADIN, Dean; LUND, Nancy; EMOTO, Masuro; KIZU, Takashige. 2008. Effects of Distant Intention on Water Crystal Formation: A Triple--Blind Application. *Journal of Scientific Exploration.* 22(4):481-93.

RAHE, Richard; HOLMES, Thomas H. 1967. The Social Readjustment Rating Scale. *Journal of Psychosomatic Research.* 11:213-18.

RAMACHANDRAN, V. S. 2012. *The Tell-Tale Brain:* A Neuroscientist's Quest for What Makes Us Human. Nova York: W. W. Norton. [*O que o cérebro tem para contar*: desvendando os mistérios da natureza humana. Rio de Janeiro: Zahar, 2014.]

RUSSELL, Ronald. 2007. *The Journey of Robert Monroe:* From Out-of-Body Explorer to Conscious Pioneer. Charlottesville, VA: Hampton Roads.

SACKS, Oliver. 2008. *Musicophilia:* Tales of Music and the Brain. Nova York: Vintage/Random House.

SALOVEY, Peter; BRACKETT, Marc A.; MAYER, John D. (org.). 2004. *Emotional Intelligence:* Key Readings on the Mayer and Salovey Model. Portchester, NY: Dude Publishing/National Professional Resources.

SASTRI, V. V. Subrahmanya. 2004. *Tridosha Theory:* A Study on the Fundamental Principals of Ayurveda. Kottakkal/Kerala, India: Radhakrishna Press.

SCHILPP, Paul Arthur. 1974/1988. *The Philosophy of Karl Popper.* 2 vols. LaSalle, IL: Open Court Publishing.

SCHLITZ, Marilyn; AMOROCK, Tina; MICOZZI, Marc S. 2004. *Consciousness and Healing:* Integral Approaches to Mind-Body Medicine. St. Louis, MO: Elsevier.

SEARLE, John R. 1994. *The Rediscovery of the Mind.* Cambridge, MA: MIT Press. [*A redescoberta da mente.* São Paulo: Martins Fontes, 2006.]

SHELDRAKE, Rupert. 1983. *A New Science of Life:* The Hypothesis of Morphic Resonance. Los Angeles: Tarcher. [*Uma nova ciência da vida.* São Paulo: Cultrix, 2014.]

SIEGEL, Bernie S. 1993. *Peace, Love & Healing:* Bodymind Communication & the Path to Self-Healing—An Exploration. Nova York: Harper Perennial. [*Paz, amor e cura:* um estudo sobre a relação corpo-mente e a autocura. São Paulo: Summus, 1996.]

SVOBODA, Robert E.; LADE, Arnie. 1995. *Tao and Dharma:* Chinese Medicine and Ayurveda. Twin Lakes, WI: Lotus Press. [*Tao e dharma:* medicina chinesa e Ayurveda. São Paulo: Pensamento, 1998.]

The Quantum Activist. 2009. Produzido e dirigido por Renee Slade e Ri Stewart, escrito por Ted Golder, com Amit Goswami. DVD. Portland, OR: Intention Media/BlueDot Productions. [*O ativista quântico.*]

THOMPSON, Jeffrey D. 1996/2010. Sounds—Medicine for the New Millennium. *Center for Neuroacoustic Research.* Disponível em: http://neuroacoustic.org/. Acesso em: 6 jan. 2023.

TILLER, William A. s.d. Discovering the Power of Human Intention. *Tiller Foundation.* Disponível em: https://www.tillerfoundation.org/_files/ugd/bbbea2_da7a72c09e154d529bfee0aacf225de8.pdf. Acesso em: 6 jan. 2023.

ULLMAN, Dana. 1987. *Homeopathy:* Medicine for the 21st Century. Berkeley, CA: North Atlantic Books.

VOLK, Jeff. 2020. *Cymatics, Sound, Vibration and Creation:* How Sound Animates Our World. Vídeo no *YouTube.* Ashland, OR: Rogue Valley Metaphysical Library. Disponível em: https://www.youtube.com/watch?v=lM3oHWUjsgo. Acesso em: 6 jan. 2023.

WAYNE, Michael. 2005. *Quantum Integral Medicine:* Towards a New Science of Healing and Human Potential. Saratoga Springs, NY: iThink Books.

WEIL, Andrew. 1983. *Health and Healing:* Understanding Conventional and Alternative Medicine. Boston: Houghton Mifflin.

What the Bleep Do We Know? 2004. Filme escrito, produzido e dirigido por William Arntz, Mark Vincente e Betsy Chasse. Com Marlee Matlin e outros. Distribuído por Gravitas Ventures, Estados Unidos. [*Quem somos nós?*]

WILLOW, Katherine. 2019. *German New Medicine, Experiences in Practice:* An introduction to the medical discoveries of Dr. Ryke Geerd Hamer. Publicação da autora.

YANCHi, Liu. 1988. *The Essential Book of Traditional Chinese Medicine—* Volume I: Theory, and Volume 2: Clinical Practice. Traduzido para o inglês por Fang Tingyu e Chen Laidi. Nova York: Columbia University Press.

TIPOGRAFIA: Baltica [texto]
Rival Sans [entretítulos]
PAPEL: Pólen Natural 70 g/m^2 [miolo]
Cartão Ningbo Fold 250 g/m^2 [capa]
IMPRESSÃO: Rettec Artes Gráficas e Editora [abril de 2023]